中国华润大厦关键技术创新与实践

Key Technology Innovation and Practice of China Resources Tower

白宝军 主编
邹炜 欧卫 陈昆鹏 副主编

中国建筑工业出版社

图书在版编目（CIP）数据

中国华润大厦关键技术创新与实践 = Key Technology Innovation and Practice of China Resources Tower / 白宝军主编；邹炜，欧卫，陈昆鹏副主编. — 北京：中国建筑工业出版社，2023.6
ISBN 978-7-112-28658-4

Ⅰ. ①中… Ⅱ. ①白… ②邹… ③欧… ④陈… Ⅲ. ①超高层建筑—建筑施工—深圳 Ⅳ. ①TU974

中国国家版本馆CIP数据核字（2023）第070737号

责任编辑：姚丹宁
责任校对：王　烨

本书总结了中国华润大厦项目在超高层领域的研究成果和应用实践，从设计、施工、运维等全过程对项目关键技术创新做了系统和全面的论述。全书共分为8章，内容包括概述、组织架构、设计、施工部署及总体计划、关键施工技术、运维、春笋纪实照片、综述。

本书对类似超高层项目提供相关经验和数据分享，具有一定的参考价值。同时，本书可供超高层建筑的建设单位、设计单位、施工总承包单位和专业分包单位，以及行业内技术人员阅读和学习。

中国华润大厦关键技术创新与实践
Key Technology Innovation and Practice of China Resources Tower
白宝军　主　编
邹　炜　欧　卫　陈昆鹏　副主编
*
中国建筑工业出版社出版、发行（北京海淀三里河路9号）
各地新华书店、建筑书店经销
北京雅盈中佳图文设计公司制版
北京中科印刷有限公司印刷
*
开本：880毫米×1230毫米　1/16　印张：$16^3/_4$　字数：365千字
2023年10月第一版　2023年10月第一次印刷
定价：**234.00**元
ISBN 978-7-112-28658-4
（40980）

编委会

主　　编：白宝军

副 主 编：邹　炜　欧　卫　陈昆鹏

编委成员：刘　学　曾佳明　陈　凯　韩继飞
程　鹏　刘　鹏　陈祖豪　傅峰环
郑其蓉　郭应林　许　超　张斌顺
张　倩　朱　雷　郑睿祺　傅　斌
孔维国　黄　华　郑晓彤　金治国
吴　昊　胡建宏　吴国勤　徐小平
朱铁流　吕惠蓉　唐齐超　庄东生
何泽荣　陈红平　周家成　丁华营

前　言

中国华润大厦位于深圳市南山后海片区，毗邻深圳湾体育中心和深圳市人才公园，总高度近400m，是深圳湾第一高楼、深圳第三高楼，也是超高颜值的国际湾区地标性建筑。该项目由华润置地（建设单位）邀请建筑设计领域的“超高层建筑专家”美国KPF建筑师事务所设计，传承华润“中华大地，雨露滋润”的美好寓意，象征沐浴改革开放春风的华润蓬勃向上、开拓进取，是为华润集团八十周年献礼的精品项目。

从远处眺望，中国华润大厦如同一颗雨后春笋伫立在深圳湾畔。本项目外立面设计为竖向+斜交的双曲面形式，室内采用无柱空间设计，充分展现了功能与美学的完美融合。56根外部细柱从底部的斜肋构架延伸，以流畅的弧线在顶部汇聚形成水晶型顶盖，象征着56个民族凝心聚力，团结一心。该项目采用钢密柱外框+核心筒的结构形式，与传统结构形式相比较，极大减轻了自重，体现了建筑的简约轻盈之美。该结构形式经过精心的抗震设计和严格的专家论证，在竖向力传导和水平力抵抗具有良好的效果，适用于修长的超高层建筑。中国华润大厦也是国内首次使用这一结构形式，在结构设计方面具有里程碑的意义。项目建造过程中，中建三局华南公司使用多项创新技术，采取多专业穿插施工，从2012年10月24日奠基开工，到2018年11月28日竣工验收，如期高质量呈现了“春笋”项目，为中建三局华南公司第一个超高层项目交付了完美的答卷。在见证了中国华润大厦的“成长”同时，培养核心技术骨干力量和精锐项目团队，并以此为基础先后承接了华侨城大厦、城脉金融中心大厦、华富村超塔、海口塔等一批具有代表性的超高层建筑。该项目也为中建三局华南公司在超高层领域的持续发展总结了丰富经验，奠定了坚实基础。

本书主要阐述了中国华润大厦在设计、施工、运维过程中的创新技术应用实践，以整体施工计划为主线，对不同阶段运用的技术进行了描述，并对实施效果进行了分析，其中中建三局自主研发的第三代微凸点智能控制顶升集成平台（空中造楼机）、中央制冷机房模块化预制及装配式施工技术、BIM智慧运维技术均是国内首次使用，具有里程碑的意义。通过此书，还可以了解中国华润大厦的基本概况，以及所涉及材料、设备的重要数据，同时详细地记录了项目施工过程关键时刻的照片、大事记以及建成后的室内外实景，让大家对这个项目有更加深入的了解。本书如实记录了中国华润大厦施工全过程及创新技术的运用实践，过程中也存在不断优化和总结，为后续技术创新提供基础。

本书由中建三局华南公司牵头组织编写，编写过程中得到了建设单位、设计单位、勘察单位、施工单位、监理单位等各方参建人员的大力支持，提供了大量资料和宝贵的指导性意见。为此，再次对为本书编制付出努力的人员表示最诚挚的感谢！

由于编者水平有限，对超高层技术的理解和运用存在一定偏差，本书难免出现疏误之处，敬请读者批评指正。

目 录

037 – 053 3 设计

055 – 081 4 施工部署及总体计划

083

–

187

5 关键施工技术

1

概述

1.1 总体概况

1.1.1 简介

中国华润大厦（China Resources Tower），别名“春笋”，曾用名“华润总部大厦”。

中国华润大厦，坐落于深圳市南山区后海金融总部基地核心地段，形似春笋，建成时为深圳西部第一高楼，深圳第三高楼。对外承接城市政策红利、区域总部经济辐射，对内拥有华润深圳湾项目 72 万 m^2 复合平台加持，成为深圳滨海 CBD 核心区功能最齐全、业态组合最丰富的高品质现代化都市综合体。

图1-1 中国华润大厦

蓬勃发展的城市，是超高层建筑诞生的土壤。建筑的生命力，源于与城市和人的和谐统一。中国华润大厦打造约 400m 国际湾区地标，独树一帜的“春笋”形态破土而出，寓意新生事物迅速大量地涌现。带着华润“中华大地，雨露滋润”的初衷，与深圳湾体育中心“春茧”一道，共同寓意“雨后春笋，破茧成蝶”，成为深圳这一充满活力的年轻、先锋城市的生动写照，与深圳人敢闯敢拼、不畏艰难的城市精神相得益彰（图 1-1）。

1.1.2　工程地址

项目位于深圳市南山区后海湾，东临深圳湾；西侧紧靠科苑大道，北侧海德三道，隔海德三道与深圳湾体育中心相邻（图 1-2）。

图1-2　工程地址示意图

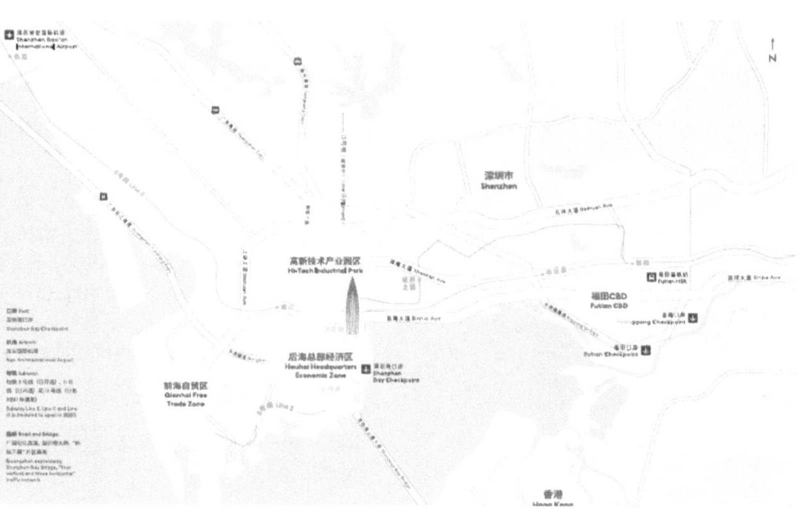

图1-3　工程地址区位图

1.1.3 工程规模

项目用地面积约 15658m²，总建筑面积约 26.77 万 m²，地上建筑面积 192232m²，地下建筑面积 75465m²，地下 4 层（不含夹层）、地上 66 层，建筑高度 392.5m，工程总造价约 22 亿元（图 1-3）。项目的技术指标如下表：

<table>
<tr><td colspan="3" rowspan="2">总用地面积（m²）</td><td colspan="2" rowspan="2">15658.41</td><td colspan="2" rowspan="2">其中</td><td>建设用地面积（m²）</td><td colspan="2">13646.74</td></tr>
<tr><td>绿地面积（m²）</td><td colspan="2">2011.67</td></tr>
<tr><td colspan="3" rowspan="2">总建筑面积（m²）</td><td colspan="2" rowspan="2">267697.11</td><td colspan="3">规定容积率</td><td colspan="2">≤ 15.38</td></tr>
<tr><td colspan="3">调整容积率（含核增面积）</td><td colspan="2">12.45</td></tr>
<tr><td rowspan="2">其中</td><td colspan="2">计容积率面积（m²）</td><td colspan="2">194890.39</td><td colspan="3">道路广场用地面积（m²）</td><td colspan="2"></td></tr>
<tr><td colspan="2">不计容积率面积（m²）</td><td colspan="2">72806.72</td><td colspan="2" rowspan="2">机动车停车位（个）</td><td>地上停车位</td><td colspan="2">0</td></tr>
<tr><td colspan="3">建筑基底面积（m²）</td><td colspan="2">3350</td><td>地下停车位</td><td colspan="2">531（本项目各地块机动车停车总数为 2000 辆）</td></tr>
<tr><td colspan="3">建筑密度（覆盖率）（%）</td><td colspan="2">24.55%</td><td colspan="2">自行车停车位（地下）</td><td>地下停车位</td><td colspan="2">80</td></tr>
<tr><td colspan="3">硬质广场面积（m²）</td><td colspan="2">2050.48</td><td colspan="2">绿地面积（m²）</td><td colspan="3">2015.71</td></tr>
<tr><td>建筑高度</td><td>裙房</td><td>—</td><td>塔楼</td><td colspan="3">392.5m（计至塔尖）</td><td>层数</td><td colspan="2">地上 66 层 / 地下 4 层</td></tr>
<tr><td>结构形式</td><td colspan="2">筒中筒结构</td><td>防火等级</td><td>一级</td><td colspan="2">类别</td><td>一类</td><td>设计使用年限</td><td>50 年</td></tr>
<tr><td rowspan="10">总建筑面积（m²）267697.11</td><td colspan="2" rowspan="6">计容积率建筑面积（m²）194890.39</td><td rowspan="6">其中</td><td colspan="2" rowspan="3">规定建筑面积（m²）190960.71</td><td rowspan="3">其中</td><td colspan="2">办公（m²）</td><td>190557.15</td></tr>
<tr><td colspan="2">美术馆（m²）</td><td>201.06</td></tr>
<tr><td colspan="2">办公配套（m²）</td><td>202.50</td></tr>
<tr><td colspan="2" rowspan="3">核增建筑面积（m²）3929.68</td><td rowspan="3">其中</td><td colspan="2">避难区（m²）</td><td>3929.68</td></tr>
<tr><td colspan="2">架空、骑楼（m²）</td><td></td></tr>
<tr><td colspan="2">其他（m²）</td><td></td></tr>
<tr><td colspan="2" rowspan="4">不计容积率建筑面积（m²）72806.72</td><td rowspan="4">其中</td><td colspan="2" rowspan="3">规定建筑面积（m²）21265.68</td><td colspan="3">办公配套面积（m²）</td><td>18146.74</td></tr>
<tr><td colspan="3">美术馆（m²）</td><td>2798.94</td></tr>
<tr><td colspan="3">物业管理用房（m²）</td><td>320</td></tr>
<tr><td colspan="2">车库及设备房面积（m²）51541.04</td><td colspan="3">车库及设备房面积（m²）</td><td>51541.04</td></tr>
</table>

图1-4　中国华润大厦

1.1.4 主要建筑功能

中国华润大厦，依托约 72 万 m^2 华润深圳湾项目，呈现一座集生态、休闲、运动、商务、居住、商业为一体的复合型湾区商务平台。

中国华润大厦作为复合型的商务平台，主要功能包括：总部办公、形象办公、精品办公、标准办公等四类办公空间，华润集团自用区及配套服务区。配套服务区设于大厦地下 4 层（不含 B1 夹层），包含文化艺术中心（囊括多功能厅、美术馆及会议中心），为商务精英打造多维度、多方位体验式文化社交空间。

项目的平面和立面主要功能（图 1-5）：

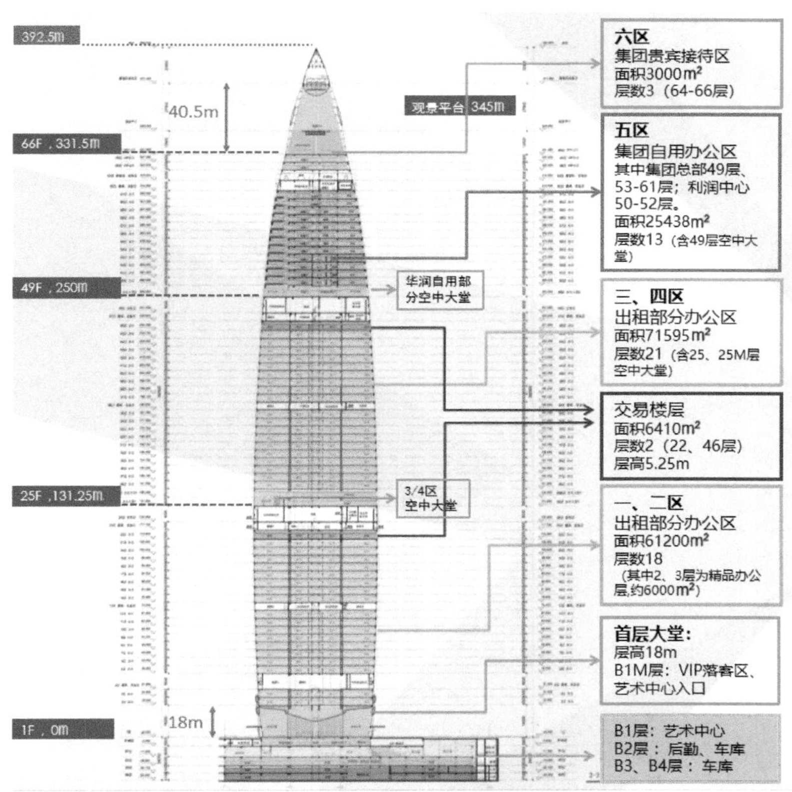

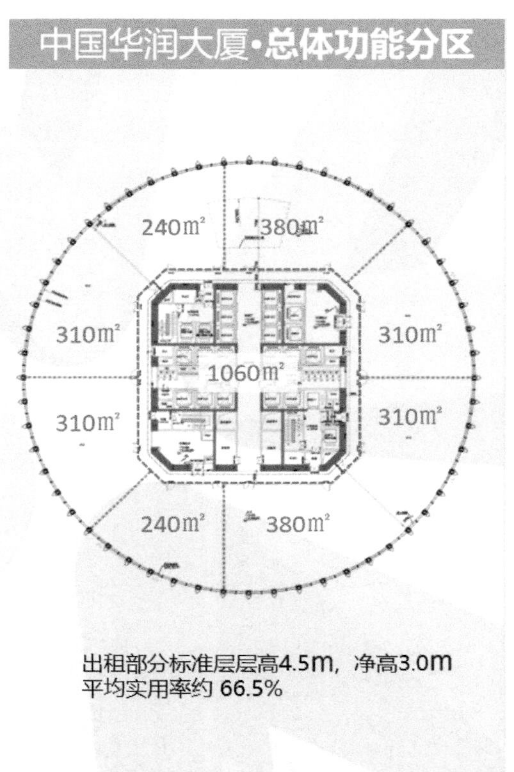

图1-5　总体功能分区图

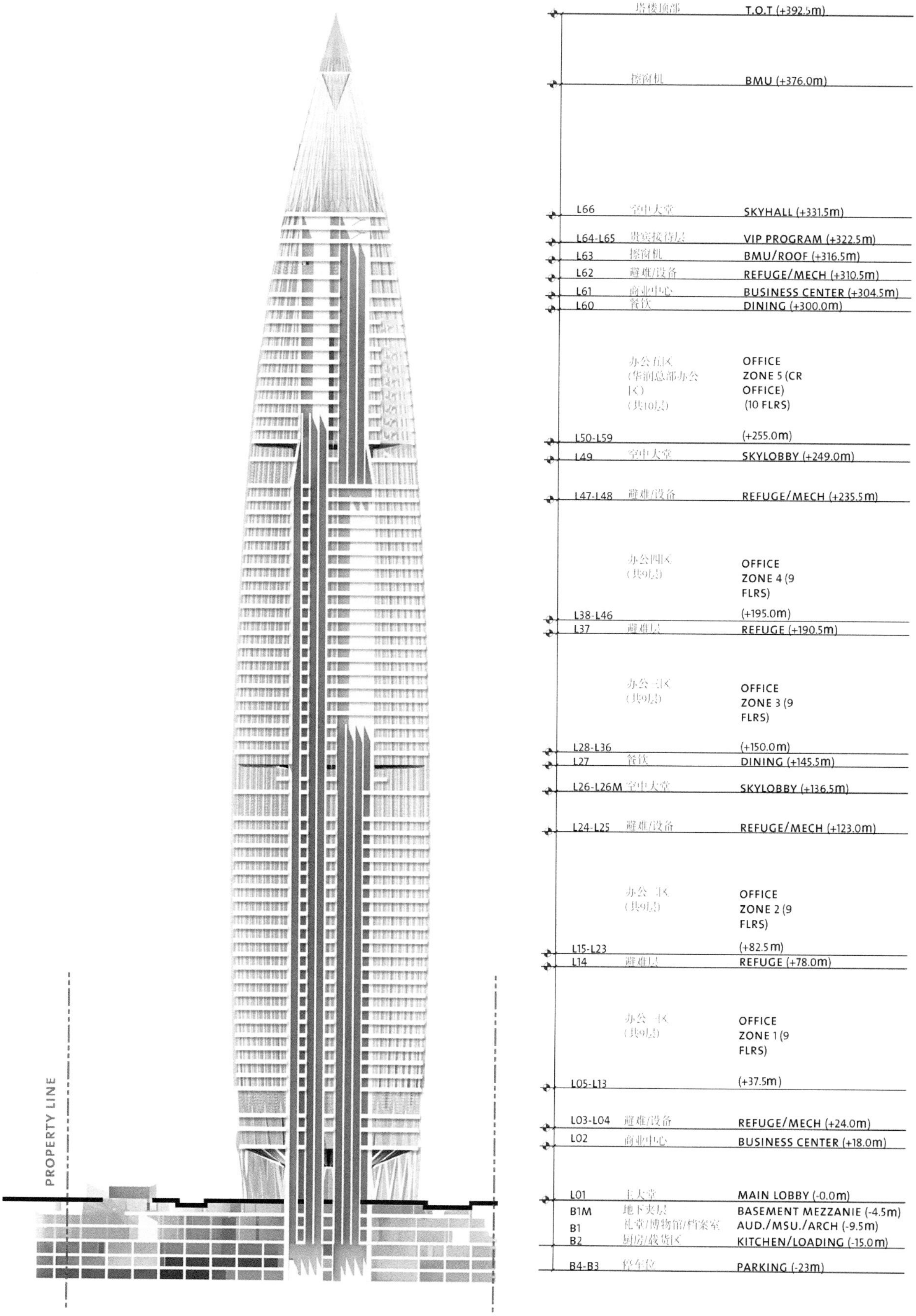

PROPERTY LINE

楼层	功能	标高
	塔楼顶部	T.O.T (+392.5m)
	擦窗机	BMU (+376.0m)
L66	空中大堂	SKYHALL (+331.5m)
L64-L65	贵宾接待层	VIP PROGRAM (+322.5m)
L63	擦窗机	BMU/ROOF (+316.5m)
L62	避难/设备	REFUGE/MECH (+310.5m)
L61	商业中心	BUSINESS CENTER (+304.5m)
L60	餐饮	DINING (+300.0m)
	办公五区 (华润总部办公区) (共10层)	OFFICE ZONE 5 (CR OFFICE) (10 FLRS)
L50-L59		(+255.0m)
L49	空中大堂	SKYLOBBY (+249.0m)
L47-L48	避难/设备	REFUGE/MECH (+235.5m)
	办公四区 (共9层)	OFFICE ZONE 4 (9 FLRS)
L38-L46		(+195.0m)
L37	避难层	REFUGE (+190.5m)
	办公三区 (共9层)	OFFICE ZONE 3 (9 FLRS)
L28-L36		(+150.0m)
L27	餐饮	DINING (+145.5m)
L26-L26M	空中大堂	SKYLOBBY (+136.5m)
L24-L25	避难/设备	REFUGE/MECH (+123.0m)
	办公二区 (共9层)	OFFICE ZONE 2 (9 FLRS)
L15-L23		(+82.5m)
L14	避难层	REFUGE (+78.0m)
	办公一区 (共9层)	OFFICE ZONE 1 (9 FLRS)
L05-L13		(+37.5m)
L03-L04	避难/设备	REFUGE/MECH (+24.0m)
L02	商业中心	BUSINESS CENTER (+18.0m)
L01	主大堂	MAIN LOBBY (-0.0m)
B1M	地下夹层	BASEMENT MEZZANIE (-4.5m)
B1	礼堂/博物馆/档案室	AUD./MSU./ARCH (-9.5m)
B2	厨房/载货区	KITCHEN/LOADING (-15.0m)
B4-B3	停车位	PARKING (-23m)

图1-6　东西向整体剖面图

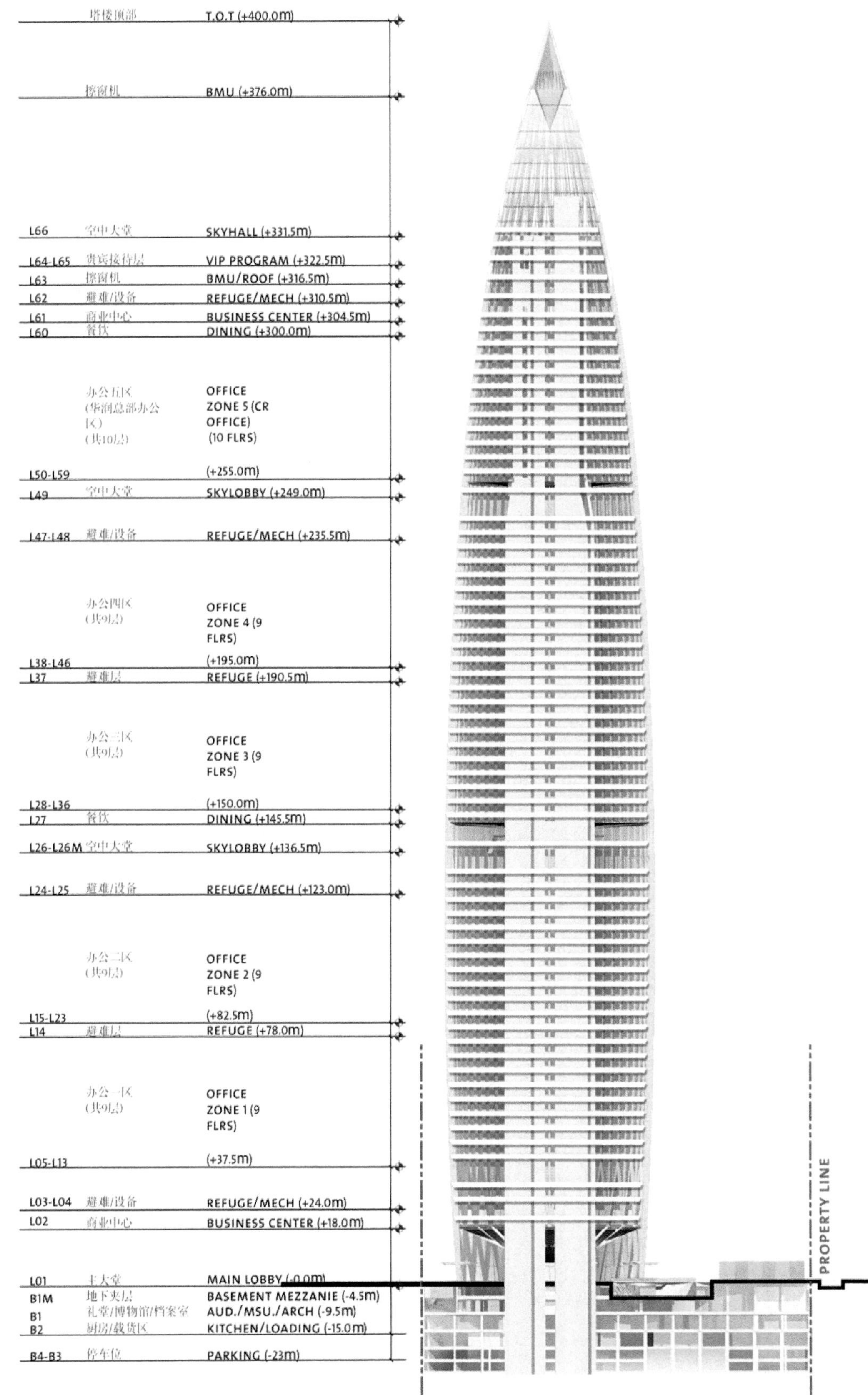

图1-7　南北向整体剖面图

1.1.5 主要参建单位

1. 相关顾问单位

序号	顾问单位类别	顾问单位名称	顾问单位logo
1	建筑顾问	KPF（建筑设计） CCDI 悉地国际（施工图设计）	KPF CCDI 悉地国际 CCDI GROUP
2	结构顾问	ARUP 奥雅纳工程 广州容柏生建筑结构设计事务所	ARUP
3	幕墙顾问	ARUP 奥雅纳工程	ARUP
4	机电顾问	WSP 科进集团	WSP
5	室内顾问	姚仁喜｜大元建筑工场（方案及施工图设计） HASSELL（方案设计） KPF（方案设计） 广州城市组（施工图设计）	H KPF CITYGROUP 城市组
6	灯光顾问	BPI 碧谱照明	BPI

续表

序号	顾问单位类别	顾问单位名称	顾问单位logo
7	交通顾问	MVA 弘达交通	SYSTRA MVA
8	景观顾问	PWP（方案设计） office ma（方案设计） KMCM 广州市科美都市景观规划（施工图设计）	PWP KMCM
9	租赁顾问	仲量联行深圳分公司	JLL

2. 工程主要参建单位

序号	单位名称	单位类别	单位logo	主要负责内容
1	华润深圳湾发展有限公司	建设单位	华润置地 品质给城市更多改变	—
2	深圳市勘察测绘院有限公司	勘察单位	深圳市勘察测绘院（集团）有限公司 创始于1981 Founded in 1981	地质勘察
3	美国 KPF 建筑事务所（Kohn Pedersen Fox Associates）	设计单位	KPF	方案设计
4	悉地国际设计顾问（深圳）有限公司	设计单位	CCDI 悉地国际 CCDI GROUP	施工图设计
5	上海市建设工程监理咨询有限公司	监理单位	BUREAU VERITAS 1828 SPM	施工工程监理

续表

序号	单位名称	单位类别	单位logo	主要负责内容
6	中建三局集团有限公司	施工总承包单位	中建三局集团有限公司	施工总承包
7	中建三局二公司安装公司	机电安装工程	中建三局二公司	机电工程
8	宝钢钢构有限公司	钢结构制作	BAOSTEEL	钢结构制作工程
9	中建钢构有限公司	钢结构制作及安装	中建钢构	钢结构安装工程
10	广州江河幕墙系统工程有限公司	幕墙工程	JANGHO	幕墙制作及安装
11	深圳唐彩装饰设计工程有限公司	精装修	唐彩装饰 TangChina decoration	1~18 层精装修
12	深圳时代装饰股份有限公司	精装修	Style 时代装饰	19~48 层精装修
13	深圳市优高雅建筑装饰有限公司	精装修 / 室外园林工程	华润置地 品质给城市更多改变 优高雅装饰 Uconia Decoration	49~66 层精装修
14	深圳市广安消防装饰工程有限公司	消防工程	广安消防	消防工程
15	深圳市全局照明科技有限公司	泛光照明工程	Gi	幕墙泛光
16	中建三局智能技术有限公司	弱电智能化工程	中国建筑	智能化工程
17	日立（中国）有限公司	电梯工程	HITACHI	垂直电梯

续表

序号	单位名称	单位类别	单位logo	主要负责内容
18	迅达（中国）电梯有限公司	电梯工程	Schindler	扶梯
19	东南电梯股份有限公司	电梯工程	东南电梯 DNDT 航天级电梯的铸造者	66~66M 液压电梯
20	成都金山现代机械有限责任公司	擦窗机	Gold mountain 金山现代	63 层擦窗机及 66 层空中大堂升降平台安装工程
21	上海普英特高层设备股份有限公司	擦窗机	point	华润总部大厦顶层擦窗机工程
22	武汉鑫拓力工程技术有限公司	阻尼器	Newtery 鑫拓力	黏滞液体阻尼器制作与供应工程
23	深圳市南供供电服务有限公司	供电工程	南供供电	供电工程
24	广州华苑园林股份有限公司	室外园林工程	华苑园林	室外园林

1.2 分部工程概况

1.2.1 建筑概况

1. 总体建筑概况

<table>
<tr><td rowspan="2">建筑面积</td><td>总建筑面积</td><td>26.77 万 m^2</td><td colspan="2">建筑用地面积</td><td>15658m^2</td></tr>
<tr><td>地上建筑面积</td><td>192232m^2</td><td colspan="2">地下建筑面积</td><td>75465m^2</td></tr>
<tr><td rowspan="3">建筑高度</td><td>66 层楼面高度</td><td>331.5m</td><td rowspan="3">层数</td><td>地上</td><td>66 层</td></tr>
<tr><td>塔楼 BMU 屋顶高度</td><td>372m</td><td rowspan="2">地下</td><td rowspan="2">4 层
（不含夹层）</td></tr>
<tr><td>塔尖高度</td><td>392.5m</td></tr>
<tr><td>建筑类别</td><td>一类</td><td>设计使用年限</td><td>50 年</td><td>防火等级</td><td>一级</td></tr>
<tr><td>地下室防水等级</td><td>1 级</td><td colspan="2">屋面防水等级</td><td colspan="2">Ⅰ级</td></tr>
</table>

2. 主要建筑做法

楼面	楼 1：金刚砂地坪（用于 B4 层车库停车区）；楼 2：金刚砂地坪（用于 B3/B2 层车库停车区）；楼 3：石材面层（用于 B4 层电梯厅等精装区域）；楼 4：地砖楼面（用于 B4 层走道）；楼 5：地砖楼面（用于 B1~3 层走道、楼梯间、前室、管理服务用房、风机房）；楼 6：石材面层（用于大堂、商业、酒店、公寓等精装区域）；楼 7：架空地板楼面（用于总部大楼办公）；楼 8：石材面层（用于商业、住宅）；楼 9：地砖楼面（用于 B1~B3 有地漏房间）；楼 10：地砖楼面；楼 11：防滑地砖楼面（用于卫生间）；楼 12：地砖楼面（用于架空层、开敞式避难层）；楼 13：水泥砂浆楼面（用于设备管井、储藏间等）；楼 14：水泥砂浆楼面（用于凸窗顶板）；楼 15：细石混凝土楼面（用于砖砌平台、坡道面层）；楼 16：瓷砖装修面层（住宅阳台、入户花园）；楼 17：石材装修面层（住宅转换层上层卧室、客厅、书房、餐厅、走道等户内房间）；楼 18：水泥砂浆地面（厨房）；楼 19：防静电架空地板；楼 20：自流平环氧地坪（停车区）；楼 21：防静电环氧树脂（电井、配电房）
墙面	内 1：乳胶漆墙面；内 2：腻子墙面（用于后勤区）；内 3：瓷砖防水墙面（用于厨房、卫生间）；内 4：吸音墙面（有隔声要求的设备房）；内 5：面砖墙面（用于公共卫生间、垃圾房、隔油间等）；内 6：石材墙面（用于大堂、商业、酒店、公寓等精装区域）；内 7：铜板墙面（用于写字楼自用区大堂、公共走道等区域）
踢脚	踢 1：水泥砂浆踢脚；踢 2：面砖踢脚；踢 3：拉丝不锈钢或成品胶合板踢脚
吊顶	顶 1：乳胶漆顶棚；顶 2：腻子顶棚（用于后勤区）； 顶 3：顶棚吸音；顶 4：保温顶棚（用于架空层、避难区顶部） 顶 5：铝板吊顶（用于大堂、商业、酒店、公寓等精装公共区域）

1.2.2 结构概况

1. 结构体系

名称	抗侧力体系	楼面体系
塔楼	密柱框架—核心筒	钢梁支承的组合楼板体系
地下室（除塔楼外）	框架体系	钢筋混凝土梁板体系

典型楼层结构体系示意图

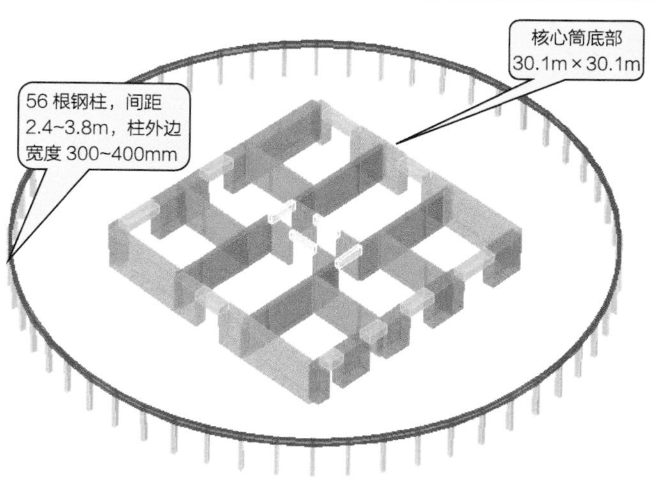

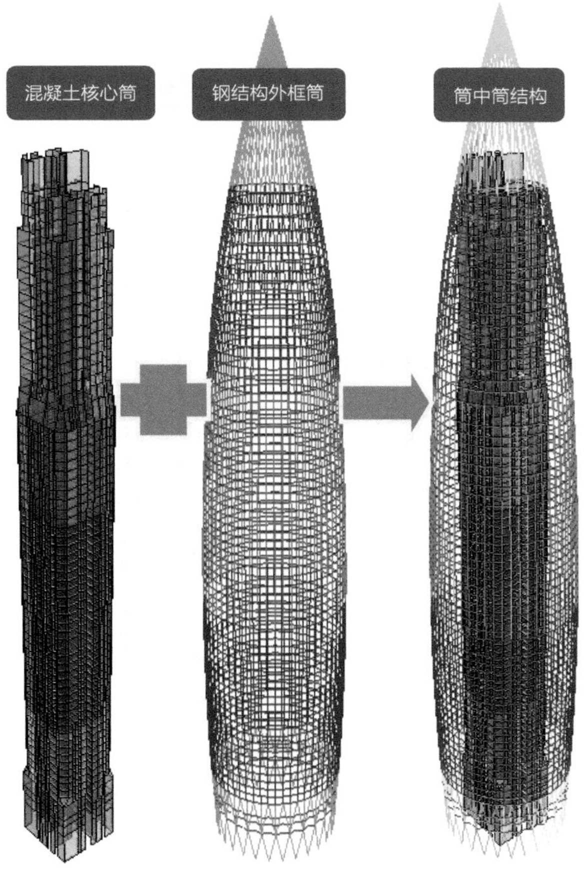

2. 钢筋混凝土结构概况

<table>
<tr><td rowspan="2">基础概况</td><td colspan="2">基础类型</td><td colspan="2">整体厚筏承台桩基础</td></tr>
<tr><td colspan="2">桩基类型</td><td colspan="2">人工挖孔灌注桩</td></tr>
<tr><td rowspan="2">结构概况</td><td colspan="2">结构类型</td><td colspan="2">密柱钢框架—核心筒</td></tr>
<tr><td colspan="2">结构设计使用年限</td><td colspan="2">50 年</td></tr>
<tr><td colspan="5">建筑抗震设防标准</td></tr>
<tr><td rowspan="2">设计基本地震加速度</td><td rowspan="2">抗震设防烈度</td><td rowspan="2">设计地震分组</td><td rowspan="2">建筑场地类别</td><td>基本风压</td></tr>
<tr><td>50 年重现期</td></tr>
<tr><td>0.10g</td><td>7 度</td><td>第一组</td><td>Ⅲ类</td><td>0.75kN/m²</td></tr>
<tr><td colspan="5">建筑分类等级</td></tr>
<tr><td>建筑结构安全等级</td><td colspan="3">建筑耐火等级</td><td>地基基础设计等级</td></tr>
<tr><td>二级</td><td colspan="3">一级</td><td>甲级</td></tr>
<tr><td colspan="5">结构构件抗震等级</td></tr>
<tr><td>构件</td><td colspan="3">楼层</td><td>抗震等级</td></tr>
</table>

续表

核心筒	B2 及以上	特一级
	B3	一级
	B4	二级
外框架	L1 及以上	二级
	B2-B1	特一级
	B3	一级
	B4	二级
框架柱、剪力墙、框架梁	B1	一级
	B2	二级
	B3 及以下	三级

设计混凝土强度等级

部位		强度等级
桩	桩护壁	C20
	华润大厦塔楼区	C40
	纯地下室（塔楼以外）	C35
地基、基础	地下室底板	C40
	基础垫层	C20
基础以上	地下室外墙	C50
	水箱、游泳池等	C40
	首层室外楼面梁、板	C35
	梁、板	C35
	柱（B4-L1）	C60
	核心筒剪力墙	C60

人工挖孔桩（合计 674 根）

分区	桩径	桩数	桩长变化范围	桩端持力层
春笋塔楼区域	2.5m	28 根	16~27.7m	中风化岩层
	4.5m	16 根		
塔楼区以外	1.2m	630 根	14~26m	全 / 强 / 中风化岩层

钢筋混凝土的环境类别

地上及地下室内部分	地下室外及其他部分	水箱
一类	二 b 类	二 a 类

地下工程抗渗等级

地下室底板	地下室外墙	地下室顶板
P10	B1：P6；B2、B3：P8；B4：P10	P6

3. 钢结构概况

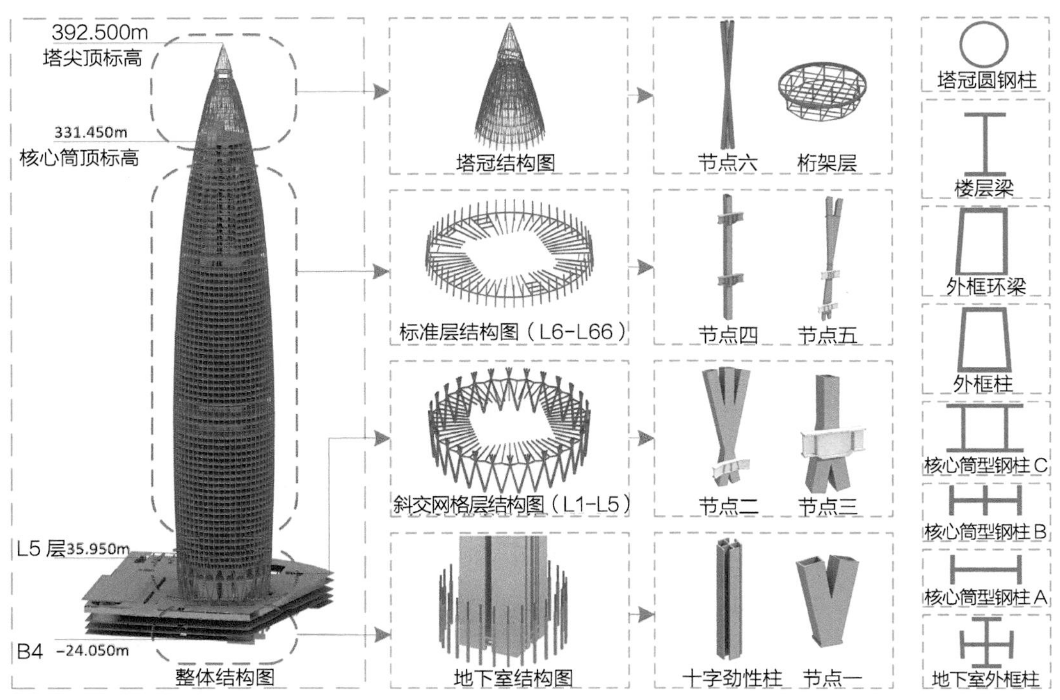

<table>
<tr><th colspan="3">平面示意图</th></tr>
<tr><td rowspan="6"></td><td colspan="2">L1 层</td></tr>
<tr><td>半径：31.661m</td><td>最长钢梁：15.7m</td></tr>
<tr><td colspan="2">面积最大 L23~L25 层</td></tr>
<tr><td>半径：34.043m</td><td>最长钢梁：18.6m</td></tr>
<tr><td colspan="2">L66 层</td></tr>
<tr><td>半径：17.590m</td><td>最长钢梁：11.1m</td></tr>
</table>

<table>
<tr><th colspan="5">构件统计</th></tr>
<tr><th>结构类型</th><th>最大截面（mm）</th><th>最大板厚</th><th>钢材材质</th><th>Z 向性能</th></tr>
<tr><td>核心筒型钢柱</td><td>H600×1000×50×50</td><td>50mm</td><td>Q345B</td><td rowspan="7">40 ≤ t<60mm，Z15；

60 ≤ t<100mm，Z25；

t ≥ 100mm，Z35；</td></tr>
<tr><td>地下室外框柱</td><td>+755×450×60×60
&787×450×60×60</td><td>60mm</td><td>Q345B</td></tr>
<tr><td>外框钢柱</td><td>750~830×755×60</td><td>60mm</td><td>Q345GJC/
Q390GJC</td></tr>
<tr><td>外框架钢梁（环梁）</td><td>口 700×700×20×40</td><td>50mm</td><td>Q345B</td></tr>
<tr><td>楼层梁</td><td>H700×300×20×40</td><td>40mm</td><td>Q345B</td></tr>
<tr><td>钢柱节点区</td><td>—</td><td>100mm</td><td>Q420GJC/
Q460GJC</td></tr>
<tr><td>塔尖</td><td>口 588×300×12×20</td><td>20mm</td><td>Q345B/ Q345GJC</td></tr>
</table>

续表

连接材料				
手工焊接用焊条	Q235		E43	
	Q345		E50	
	Q390、Q420		E55	
除锈及防腐要求				
除锈等级	Sa2.5 级和 St3 级			
表面粗糙度 Ry	40~70 μm			
防腐要求	底漆、中间漆、面漆三个涂层			
楼板要求				
楼层	楼板类型			备注
地下室	普通混凝土楼板			
地上	压型钢板			耐火极限大于 1.5 小时
局部	钢筋桁架混凝土楼板			
高强度螺栓（10.9 级）	M16~M24	扭剪型高强度螺栓	抗滑移系数	Q235 钢≥ 0.45
	M27、M30	大六角头高强度螺栓		Q345 钢、Q390 钢 ≥ 0.50
栓钉	ML15 钢			
地脚螺栓	地脚螺栓	5.6 级及以上普通螺栓		
	螺杆、螺母、垫圈	Q345B 钢（45 号）		
防火要求				
构件类型		耐火极限（小时）	构件类型	备注
外框钢柱、钢骨柱		3	非膨胀型防火涂料	
塔尖钢柱		3	非膨胀型防火涂料	
外框架钢梁（环梁）		3	非膨胀型防火涂料	
钢支撑		2	非膨胀型防火涂料	可用膨胀型防火涂料
钢梁及钢梁节点		2	非膨胀型防火涂料	可用膨胀型防火涂料
组合楼板		1.5	膨胀型防火涂料	
疏散钢楼梯	钢梯柱	3	非膨胀型防火涂料	
	钢梯梁	2	非膨胀型防火涂料	可用膨胀型防火涂料
	钢梯板	1.5	膨胀型防火涂料	

1.2.3 机电工程概况

（1）给排水系统概况

建筑给排水及消防水工程包含给水系统、排水系统、中水系统及消防水系统等 4 大系统，生活最大用水量 1551m^3/ 日，生活最大排水量 1120m^3/ 日。

序号	系统	系统概况
1	生活给水系统	市政水压不低于 0.40MPa，从市政管网不同管段分别引两根 DN200 的引入管，生活水泵房设于地下四层，内设有效容积 72m³ 的不锈钢生活水箱。地下各层由市政直接供水，25 层～屋顶为变频加压供水，其余楼层为水泵－水箱供水
2	生活中水系统	市政中水水压不低于 0.25MPa，从海德三道市政中水管引两根 DN100 中水引入管。商业中水由变频机组加压供水。泵房设于地下四层，内设有效容积 8m³ 的不锈钢中水水箱
3	消防系统	设有室内消火栓系统、自动喷水灭火系统、大空间智能型主动喷水灭火系统、气体灭火系统、灭火器等，消防水系统采用临时高压系统，竖向不分区。消防水池位于地下三层，容积 609m³，屋顶水箱 18m³。室外消防用水利用市政消火栓供水
4	排水系统	室内采用合流制

（2）暖通工程概况

通风与空调系统包含有送风、排风、防排烟、冷凝水、空调冷热水、冷却水、空调自控等 7 大系统。制冷机房设于地下 4 层，空调系统冷负荷为 7000 冷吨，总蓄冰量 20000 冷吨 / 小时，冷源系统采用 7 台水冷式冷水机组供冷（图 1-8）。

负荷需求：本项目空调系统总冷负荷为 7000 冷吨，其中包括租户 24 小时应急空调冷负荷 840 冷吨。塔楼办公层外区在冬季有热负荷需求，按照空调供热方式计算总热负荷为 1600kW。

序号	系统	系统概况
1	冰蓄冷系统	项目采用冷水机组上游串联的冰蓄冷系统，结合冷冻水温差△ t=6℃及一次泵变流量系统。设计日逐时总冷负荷为 86889RTH，根据设计日逐时总冷负荷的 23% 计算，系统可用总有效蓄冰容量为 20000RTH
2	中央制冷机房	设置于地下四层，与地下三层挑空，冷却塔设备布置在项目 P03 地块商场裙楼的屋顶。中央制冷机房内所有冷水机组均采用对大气臭氧层没有破坏作用的环保型冷媒 R134a 或 R123，冷媒使用年限按照 23 年考虑；蓄冰系统载冷剂为质量浓度 25%的抑制性乙烯乙二醇溶液 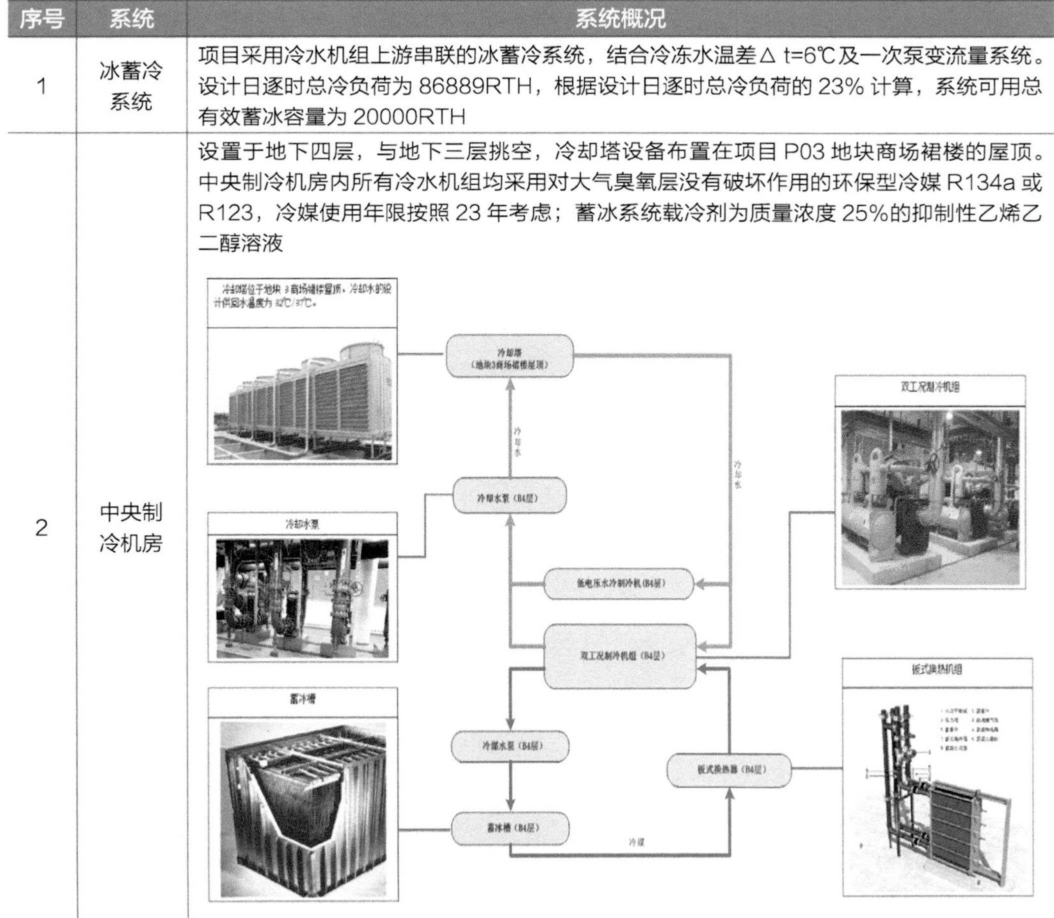

续表

序号	系统	系统概况
3	中央冷源系统	采用 4 台 900RT/616RT 的双工况离心式冷水机组和 2 台 1170RT 的基载离心式冷水机组，1 台 400RT 的基载螺杆式冷水机组。额定制冷工况，双工况冷水机组乙二醇供回水温度为 6.5℃ /11℃，蓄冰盘管乙二醇供回水温度为 4℃ /6.5℃，冷却水供回水温度为 32℃ /38℃，制冰工况乙二醇供回水温度为 -5.5℃ /-2℃，冷水机组蒸发器承压为 1.6MPa、冷凝器承压 1.6MPa；基载冷水机组冷冻水供回水温度为 5.5℃ /11.5℃，冷却水供回水温度为 32℃ /37℃，冷水机组蒸发器承压为 2.5MPa、冷凝器承压 1.6MPa。本项目中央冷源系统冷冻水的设计供回水温度为 5.5℃ /11.5℃。 蓄冰设备：选用冰盘管，蓄冰装置可用总有效蓄冰冷量为 20000RTH，此蓄冰量于日间运行时段平均融冰，即冰槽每小时可以融冰释放冷量为 1642RT（对应冰槽出入口内乙二醇温度为 4℃ /6.5℃）
4	排水系统	室内采用合流制

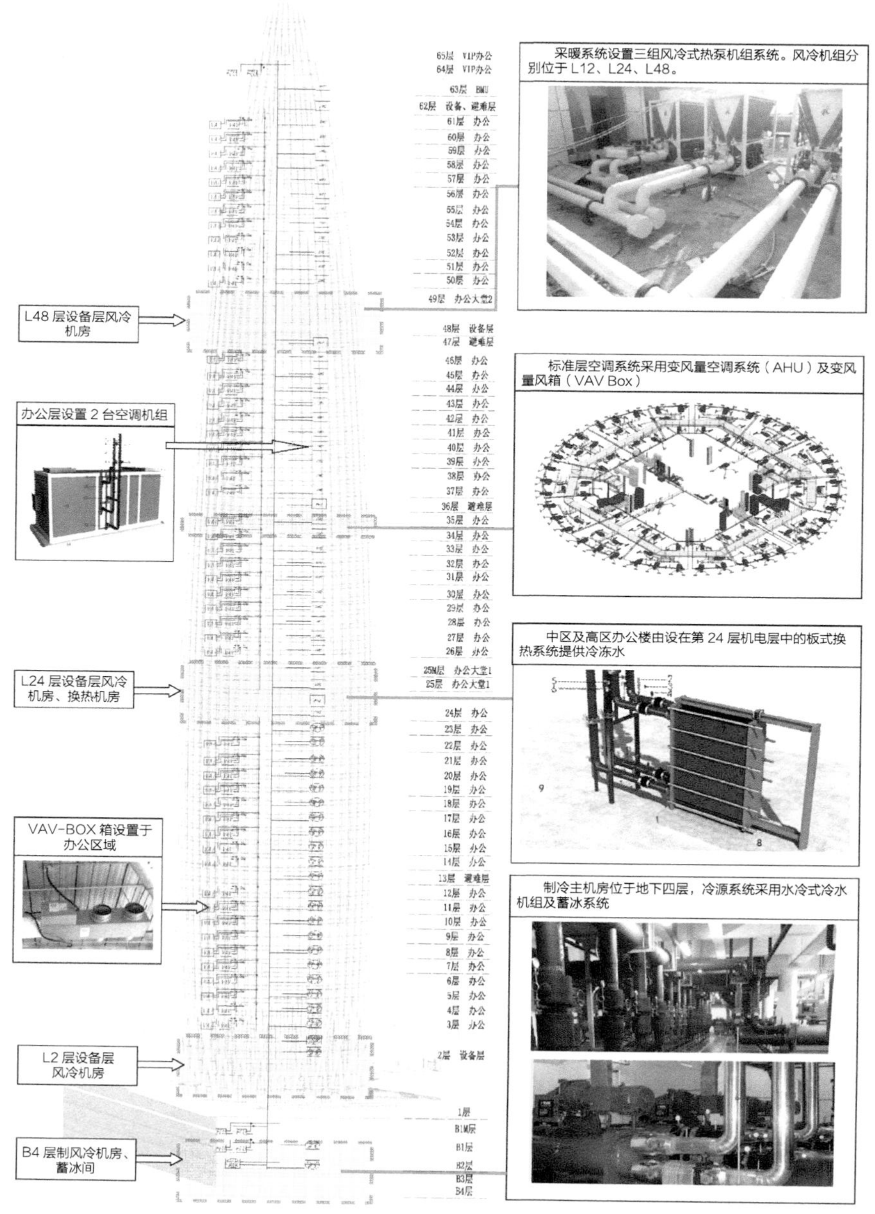

图1-8　制冷机房、风冷机房布置图

（3）电气工程概况

建筑电气包括电气动力、照明、防雷接地等个系统，楼层设置 4 个配电分区（图 1-9）。

用电负荷：华润大厦总设备容量 33865kW，总计算容量 20782kW，其中制冷机房设备安装容量 6760kW，计算容量为 5646kW；地下部分及 14 层以下区域部分设备安装容量 8556kW，计算容量为 4955kW；14 层 ~36 层区域设备安装容量 9309kW，计算容量为 5416kW；36 层以上区域设备安装容量 9240kW，计算容量为 4765kW。

序号	系统	系统概况
1	供电电源及 10kV 开关站设置	华润大厦变压器安装总容量 26100kVA，要求任一路电源停电时能保证所有用电。其中办公及其附属用电及地下附属用房变压器安装容量共 18900kVA，设 10kV 高压配电房一于地下一层东南侧，要求从市政引来 3 路独立的 10kV 电源；制冷机房设专用变配电房，位于地下四层制冷机房右侧的高位，其中变压器容量为 7200kVA。其电源由项目邻近地块的 P-03 制冷机房总高压配电房不同母线段分别引来 1 路 10kV 电源，以提供本大楼的制冷机房高压用电。以上 3 条 10kV 市政独立电源，穿过地下室外墙上预留的防水套管，引入地下一层高压变配电房；2 条由 P-03 地块引来的 10kV 电源通过地下室桥架由地下 2 层引来，再下引至制冷机房变配电房
2	应急电源	于地下一层设置 1 个备用发电机房，其中共设 1 台 2200kVA（常用功率）柴油发电机供 37 层及以上办公区域；1 台 1800kVA（常用功率）柴油发电机供 14 层 ~36 层办公区域；1 台 1600kVA（常用功率）柴油发电机供 14 层以下及地下室供大楼使用区域；1 台 1600kVA（常用功率）柴油发电机专供大楼所要求提供应急用电的制冷主机及其配套设备用电。同时于该机房内预留 6 台 400kVA（常用功率）办公楼租户发电机位置。其中设于 24 层、48 层的柴油发电机为 10kV 柴油发电机，其他为 0.4kV 柴油发电机。柴油发电机提供应急电源给予大楼消防及重要负荷，同时在非火灾而停市电时向所有一、二级负荷供电；在停市电而又有消防要求时，消控中心人员确认下，手动切除非消防设备的用电电源。另发电机订购时要求加信号接口以便接入配电监控系统
3	变配电所设置	办公部分变压器安装容量共 18900kVA，其中 4 台 1600kVA（供大楼使用的地下部分及 14 层以下区域用电，设于 B2 层），5 台 1250kVA（供 14 层 ~36 层区域，设于 24 层）；5 台 1250kVA（供 36 层以上区域，设于 48 层）；制冷机房变配电房安装容量共 7200kVA，2 台 1600kVA+2 台 2000kVA，（设于地下四层制冷机房右侧高位）

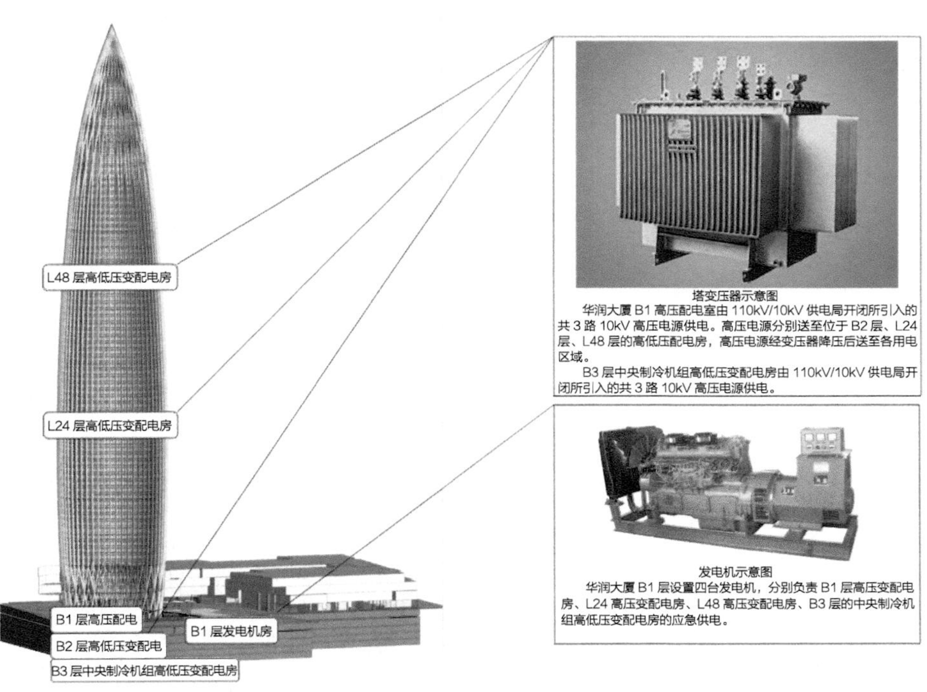

图1-9　高低压配电房布置图

（4）智能建筑工程概况

序号	系统	系统概况
1	综合布线系统	主配线间设置在地下二层总配线房内，分别由主配线架 / 光纤配线架，通过弱电竖井内敷设竖向光纤 / 电缆至各楼层分配线架。办公楼则设两路垂直主干布线
2	保安系统	华润大厦的保安控制室设置于地下一夹层，保安报警通过高阶接口或可编程继电器交接闭路电视监察系统
3	楼宇设备监控系统	华润大厦设有独立楼宇设备监控系统于保安控制室，本系统为楼宇设备提供自动化管理，通过多层次控制网络，达到自管要求
4	背景音乐及紧急广播系统	华润大厦设置一套广播系统，系统设备设置于保安控制室，提供背景音乐广播和紧急广播之用，广播分区兼顾功能分区及防火分区
5	无线对讲系统	本系统是一个以放射式的数字式双向通信系统，适用于联络保养、保安及服务人员，华润大厦停车库及其他公共地方非固定的位置执行职责
6	电话通信系统	电话进线及配线机组设备将与市电信运营商申请及提供，其进线位置设于地下一层
7	有线电视系统	有线电视进线机房设于地下一层，预留进线套管供有线电视网络宽带光纤进线，将提供放送当地有线电视
8	计量表远传系统	远传计量抄表系统将收集租户电表及空调能量表，供物业管理作数据记录及查询。本系统可实现抄表自动化，并可随时对各表的使用进行监测，计量和计费
9	中央集成管理系统	集成处理及监控楼宇设备监控系统、保安报警系统、闭路电视监察系统及门禁控制系统
10	无线网络布管系统	提供布管系统供计算机与无线网络系统，布点位置须按业主及物业提供布点而定

（5）消防工程概况

序号	系统	系统概况
1	室外消火栓系统	室外消火栓将沿首层外围的消防车道设置，供水水源由两根 DN150 生活给水管从市政引入，在场区内连通，并同时供水至地库消防水池
2	室内消火栓	采用常高压给水，从消防水池取水后以重力供水方式给室内消火栓系统
3	自动喷淋系统	本项目自动喷水灭火系统采用常高压给水系统，从消防水池取水后以重力方式为自动喷水系统供水
4	火灾自动报警系统	火灾自动报警系统的保护等级按特级设置，系统会以智能地址形式，对本项目的火灾信号和消防设备进行监视及控制。除卫生间外，所有地方均设火灾自动报警系统
5	气体消防灭火系统	发电机房、日用油缸房、变压室、高低压配电室、通信机房及计算机房等不宜用水扑救火灾的设备机房将采用七氟丙烷气体灭火系统
6	建筑灭火器配置	各机电房、厨房、地下停车库及办公楼各层将设置手提式灭火器，以便保安人员或有关人员发现火灾时作出及时扑救之用；另在柴油发电机房提供推车式灭火器
7	消防通信系统	消防内部通信电话主机设置于各消防控制室内。消防电话分机设于消防水泵房、变配电室、防排烟风机房、主要且常有人值班的空调机房、消防电梯机房、灭火控制系统操作装置处或控制室、消防值班室
8	供消防报警使用的公共广播	公共广播系统与消防报警系统作联动，经系统的扬声器以提供日常背景音乐、预制的紧急广播消息及向指定区域作话音广播

1.2.4 幕墙工程概况

（1）幕墙工程总体概况

中国华润大厦整体幕墙造型犹如一棵不断生长的春笋，塔楼标准层平面为一个规则的圆形，在立面结构上先逐渐变大，在结构上部再逐渐收缩，最后在塔尖收缩为一个顶点。

塔楼标准层幕墙主要由两块标准单元体插接并且内嵌于立面结构钢柱之间，然后不锈钢装饰扣盖外包于外立面钢柱上，在结构的上部，塔尖部分利用构件式玻璃幕墙实现塔尖圆锥的造型，采用菱形玻璃内嵌于结构钢柱之间。整栋塔楼依靠斜折线的幕墙拼接方式来实现整体的曲面造型。设备层利用玻璃百叶来满足设备层的通风需求。

春笋幕墙面积约 12 万 m^2。其中：框架式玻璃幕墙 7747m^2，玻璃单元幕墙 44000m^2，不锈钢单元幕墙 43000m^2，玻璃百叶幕墙 3200m^2，铝百叶 3800m^2，铝板包梁柱 22800m^2，石材幕墙 871m^2，玻璃雨篷 545m^2。单元板块数量约 7560 块，单元板块标准尺寸约 4500mm×1500mm，标准层单元板块数量约 112 块（图 1-10）。

（2）幕墙主要类型介绍

1）幕墙系统 T1：单元式幕墙系统（玻璃单元、金属单元）。

玻璃单元面板通透段采用 HS8 超白 +1.52PVB+HS8 超白 Low-E（4#）+ 12A+TP12 超白夹胶中空玻璃，影框段采用 HS8 超白 +1.52PVB+HS8 超白

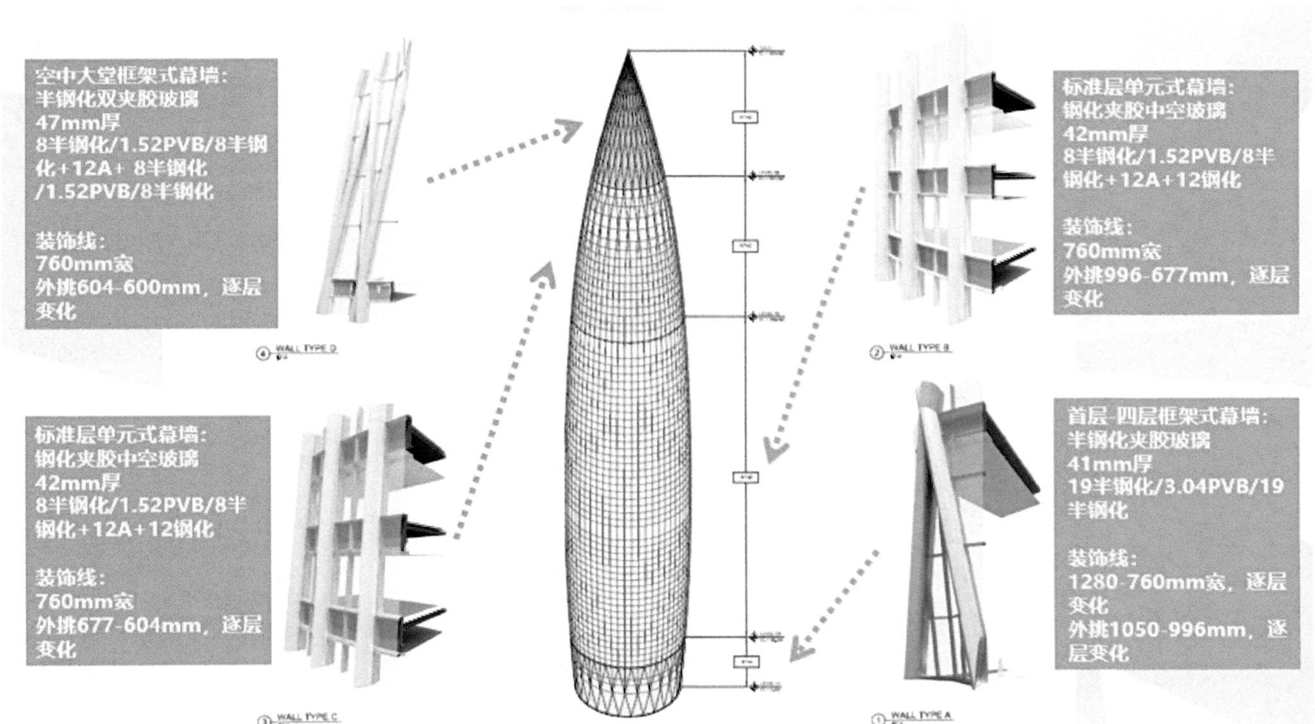

图1-10　中国华润大厦整体幕墙概况

Low-E（4#）+12A+TP8 超白夹胶中空玻璃。单元式系统龙骨采用铝合金型材，室内、室外外露可视部位采用氟碳喷涂表面处理。层间部位采用 3mm 厚氟碳喷涂铝板，后置 50mm 保温岩棉。室外竖向小装饰条为 316 级压花不锈钢，宽度为 105mm，突出玻璃面为 100mm（图 1-11）。

金属单元面板为 316 级压花不锈钢及 4mm 厚透明热塑聚碳酸酯灯光盖板，单元内侧防水板为 3mm 厚铬化铝板，后置 50mm 厚保温棉，金属单元位置室内侧采用 3mm 厚氟碳喷涂装饰铝板，后置 50mm 保温岩棉。

2）幕墙系统 T1A：单元式玻璃百叶幕墙系统（设备层）。通透段百叶玻璃采用 HS8 超白 +1.52PVB+HS8 超白 Low-E（4#）+12A+TP8 超白夹胶中空玻璃，影框段采用 HS8 超白 +1.52PVB+HS8 超白 Low-E（4#）+12A+TP8 超白夹胶中空玻璃。单元式系统龙骨采用铝合金型材，室内、室外外露可视部位采用氟碳喷涂表面处理。层间部位采用 3mm 厚氟碳喷涂铝板，后置 50mm 保温岩棉。室外竖向小装饰条为 316 级压花不锈钢，宽度为 105mm，突出玻璃面为 100mm（图 1-12～图 1-15）。

3）幕墙系统 T1B：跨层及超高单元式幕墙。玻璃单元面板通透段采用 HS8 超白 +1.52PVB+HS8 超白 Low-E（4#）+12A+TP12 超白夹胶中空玻璃，影框段采用 HS8 超白 +1.52PVB+HS8 超白 Low-E（4#）+12A+TP8 超白夹胶中空玻璃。单元式系统龙骨采用铝合金型材，室内、室外外露可视部位采用氟碳喷涂表面处理。跨层无结构梁位置在单元铝立柱后端设置钢立柱，外包装饰铝型材，层间部位无铝背板。室外竖向小装饰条为 316 级压花不锈钢，宽度为 105mm，突出玻璃面为 100mm（图 1-16）。

图1-11　幕墙T1系统大样效果图

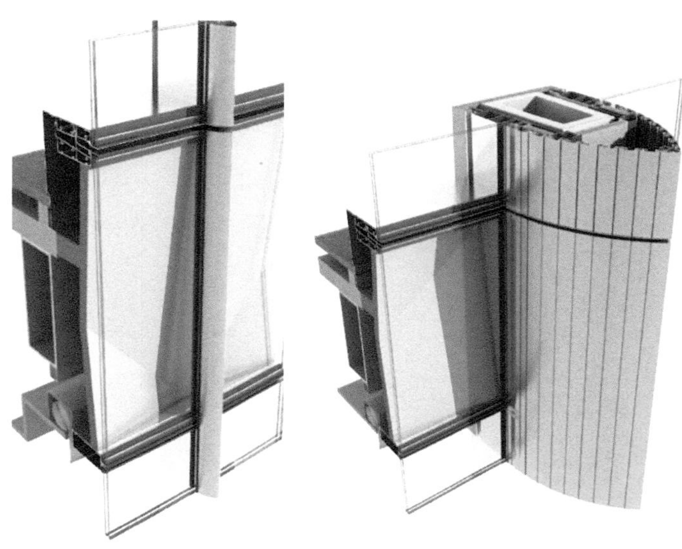

图1-12　幕墙T1A系统玻璃单元节点图　　图1-13　幕墙T1A系统金属单元节点图

图1-14　幕墙T1A系统大样效果图

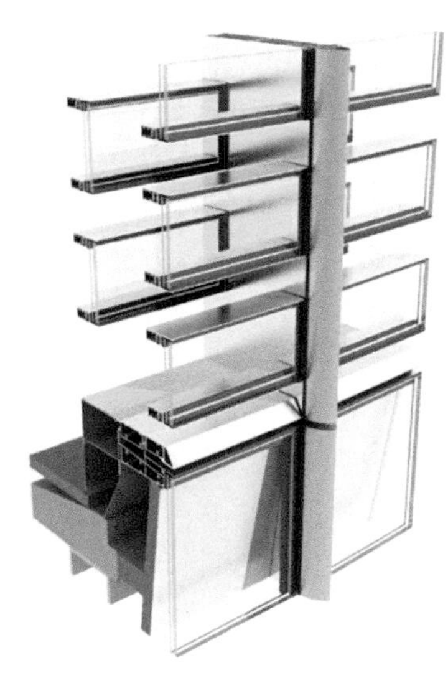

图1-15　幕墙T1A系统玻璃百叶单元节点图

图1-16　幕墙T1B系统无结构梁跨层单元节点图

4）幕墙系统 T2：框架式幕墙系统：玻璃配置为 TP15+2.28PVB+TP15 超白夹胶玻璃；框架式幕墙系统龙骨采用铝合金型材（2F-4F）及钢龙骨（1F），室内、室外外露可视部位采用氟碳喷涂表面处理，1F 室内装饰板为 2mm 拉丝不锈钢板。层间部位采用 3mm 厚氟碳喷涂铝板，后置 50mm 保温岩棉（图 1-17~ 图 1-19）。

图1-17　T2框架系统大样效果图

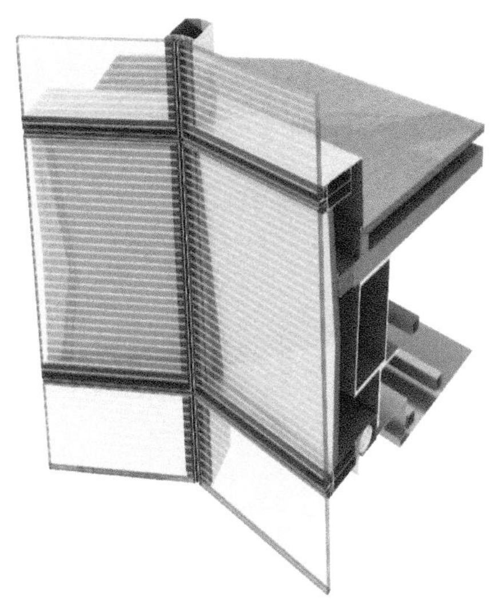

图1-18　T2框架系统节点图（2F-4F）

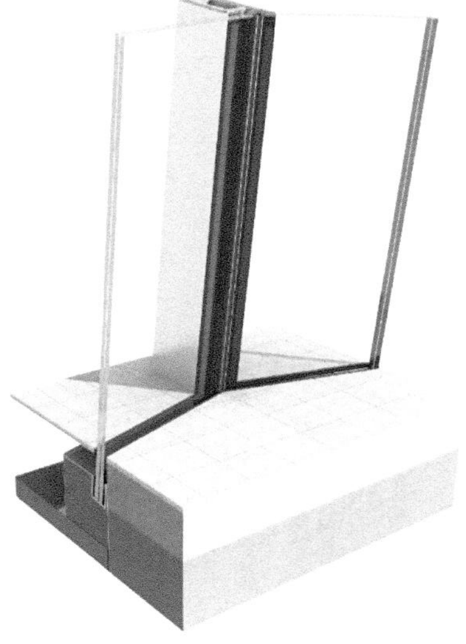

图1-19　T2框架系统节点图（1F）

幕墙系统 T3：雨篷框架幕墙系统。玻璃面板采用 TP15 超白 +2.28PVB+TP15 超白双夹胶彩釉玻璃，钢龙骨外包 2mm 厚拉丝不锈钢板（图 1-20、图 1-21）。

图1-20　T3雨篷框架系统大样效果图

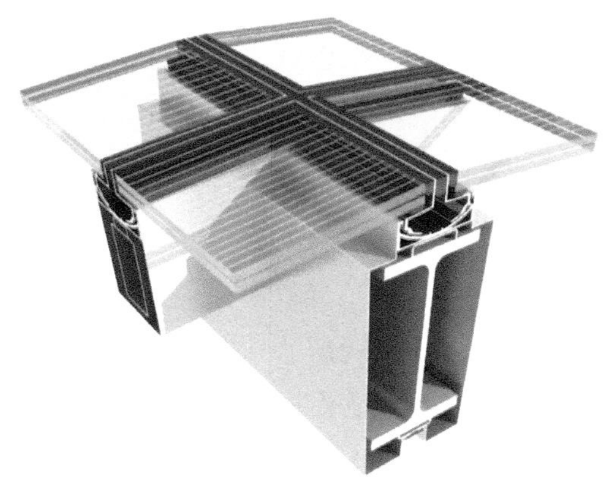

图1-21　T3雨篷框架系统节点图

幕墙系统 T4：半单元式幕墙系统。面板玻璃采用 TP10 超白 +1.52PVB+HS8 超白 LOW-E（4#）+12A+TP10 超白 +1.52PVB+TP10 超白双夹胶中空玻璃，内侧结构柱用 2mm 厚压花不锈钢包裹装饰；主要位于塔楼屋顶区域（图 1-22、图 1-23）。

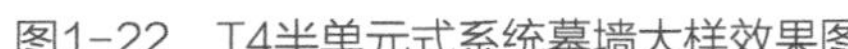

图1-22　T4半单元式系统幕墙大样效果图

图1-23　T4半单元式幕墙节点图

（3）幕墙物理性能

1）抗风压性能：1F~4F 为国标 5 级，5F~65F 为国标 6 级，66F 以上为国标 8 级；

2）水密性能：1F~4F 为国标 3 级，5F 以上为国标 5 级；

3）气密性能：10F 以下为国标 2 级，10F 以上为国标 3 级；

4）平面内变形性能：1F~4F 为国标 1 级，5F 为国标 3 级；

5）热工性能：透明部分幕墙传热系数为 6 级，非透明的幕墙传热系数为 8 级；

6）幕墙遮阳系数：玻璃幕墙的遮阳系数为 6 级；

7）幕墙耐撞击性能：耐撞击性能检测为国标 2 级。

1.2.5　电梯工程概况

中国华润大厦采用分区垂直交通系统，58 台电梯高速运行，其中 2 部消防电梯，梯速 6m/s，1 部液压观光电梯。自用区 VIP 梯最快可达 9m/s。即使在上班高峰期，等待时间不会超过 40 秒。在大厦的 25、25M 层，设有空中大堂，在此可乘电梯转换至高层，人群快速分流，提高垂直通行效率（图 1-24）。

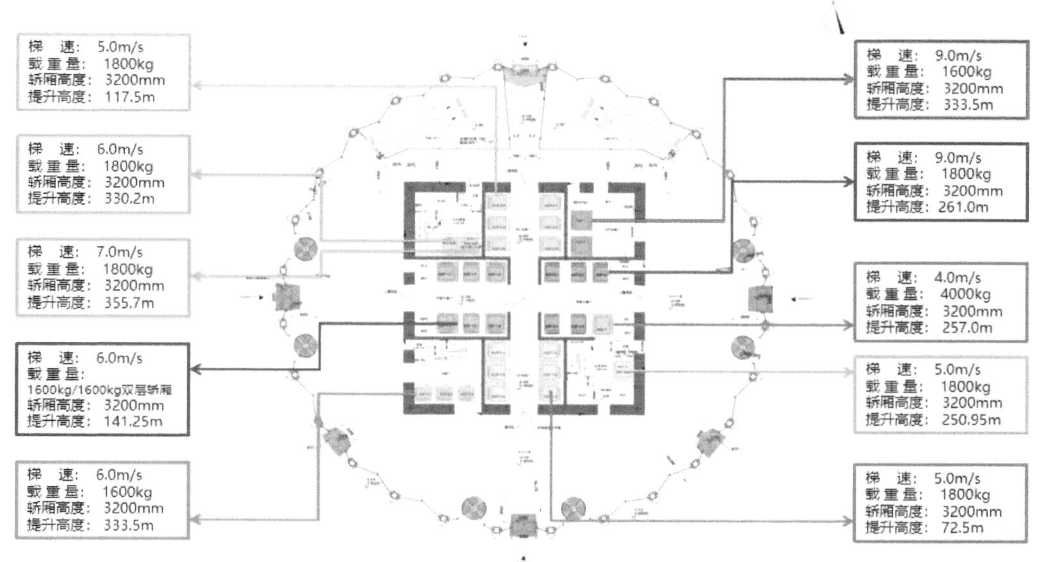

图1-24 正式电梯平面布置图

1.2.6 园林景观工程概况

中国华润大厦园林景观工程主要包含 2 个部分，其中硬景工程主要的范围包括：屋面土方回填、室外地面硬铺装、景墙、景观亭、水景、木平台、园路、跑道、坐凳、木屏风、栏杆等所有景观设施和构筑物；软景工程主要的范围包括：地面景观及屋面景观，南侧市政公园总景观约 7500m^2。

中国华润大厦通过强有力的景观设计语汇与丰富种植语汇将个体花园串联成整体，创造能够让人铭记的空间体验，同时丰富在塔楼向下观看的视觉感受（图 1-25~图 1-32）。

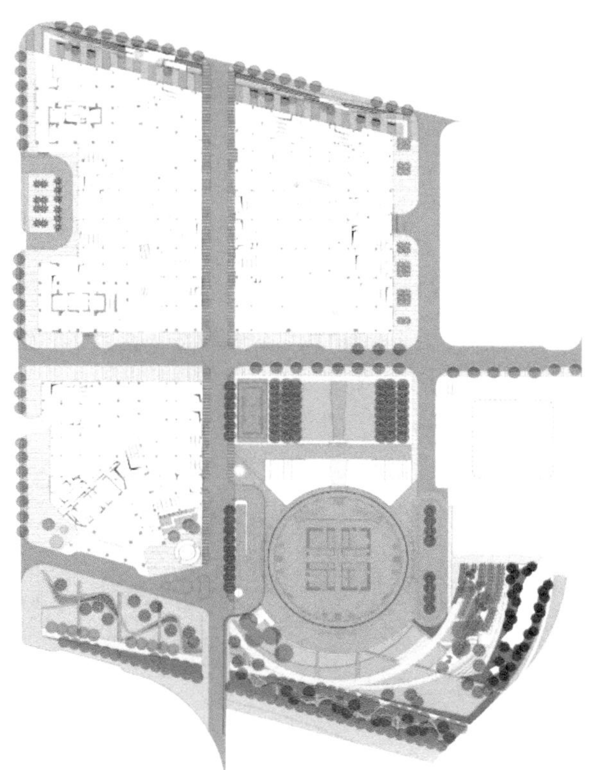

图1-25 中国华润大厦景观示意图

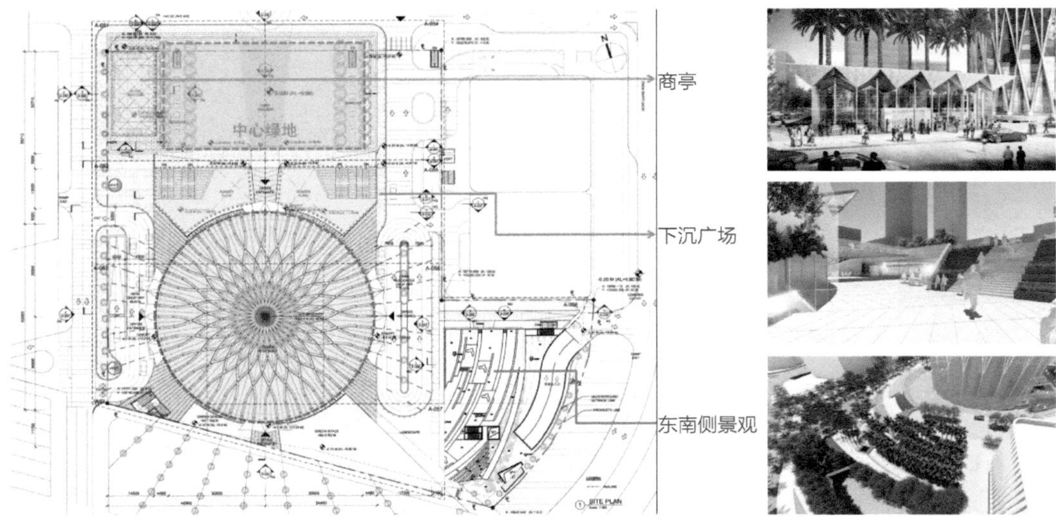

图1-26 中国华润大厦景观功能分区图

整体空间取波纹为设计元素，以“春笋”为中心向外辐射延伸。简洁线条在场地中展现得淋漓尽致，色彩鲜明的色块与翠绿草坪无缝融合，为斑驳树影提供更具视觉冲击力的生动背景。

图1-27 中国华润大厦南侧园林景观

整个场地的绿化一眼通透，视线无碍。周边种植挺拔的乔木形成围合感，中层没有使用多余的亚乔、花灌及修剪球类堆砌组团，出彩的重心就放在下层，选用柔美的观赏草及草花地被成片种植，创造精致而野趣的绿化空间。

图1-28 中国华润大厦东南侧园林景观

平静的镜面水延展无限的空间感，木材、石材、金属、碎石通过拼合对话，使不同材质间进行有机过渡融合，充分体现材质的现代结合手法。

位于“春笋”身后的中央庭院链接着商业空间，通过集合树阵广场和绿化台阶的生态场域营造，带来城市、人与自然的对话空间。

图1-29　中国华润大厦东侧园林景观

图1-30　中国华润大厦北侧园林景观

场地中间包含一个下沉广场，通过分析场地人流量及动线结合商业街道尺度，呈现以视野开敞的中央公园，促进上下层的流动，进一步激发场地活力。

图1-31　中国华润大厦景观夜景

树阵构筑了商业街区的城市“森林”，和谐消融场地的喧闹，夜间匠心营运的树下灯光，为场地带来一股浪漫与愉悦气息，让人更加轻松地暂缓身心，继续探索商业魅力。

图1-32　中国华润大厦北侧中央公园

2

组织架构

2.1 总体架构

系统的目标决定了系统的组织，而组织是目标能否实现的决定性因素。组织架构在整个管理系统中起着“框架”的作用，是产生组织效率的重要因素（图 2-1）。

中国华润大厦为特大型超高层商业综合体，业主方的项目管理水平和管理效率是决定项目成败的决定性因素之一。中国华润大厦项目建立了以业主牵头，设计、监理、勘察、总包、分包为一体，横向到边、纵向到底的管理体系，引入专业顾问单

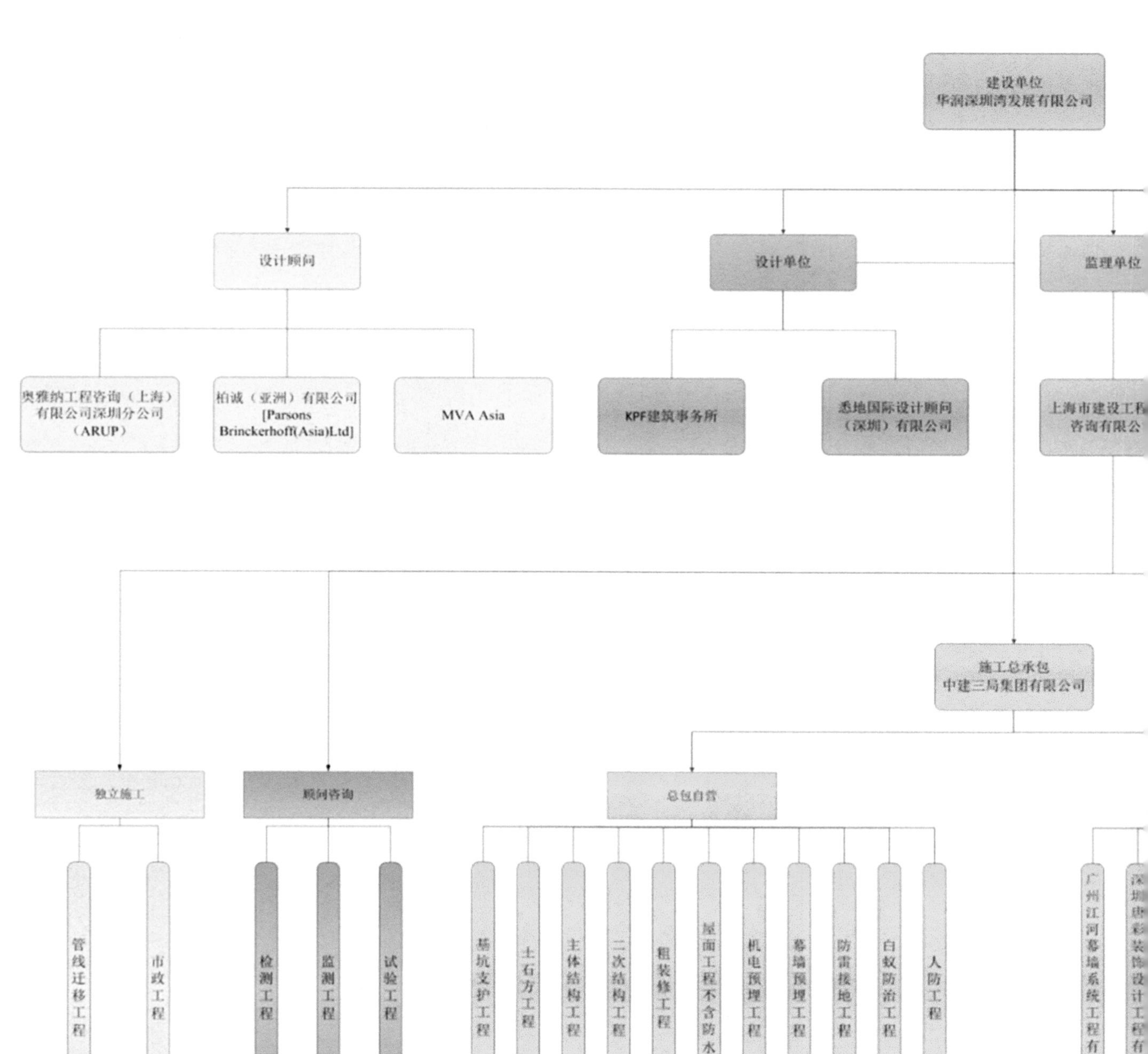

位，对设计方案及重要施工方案进行专业上的把关，集思广益，从中判断出最好的解决问题的方法。实现项目管理规范运作和科学管理，提升了工程建设项目管理组织能力，高效、准确的决策能力。

项目始终秉承客户至上的理念，结合华润置地在商业地产和工程方面的经验，根据市场需求和客户需要进行项目定位，将客户满意度的要求切实贯彻到前期设计、中期施工、后续运营等环节。在此基础上增设品质控制组、安全组，确保项目“黄山”品质。

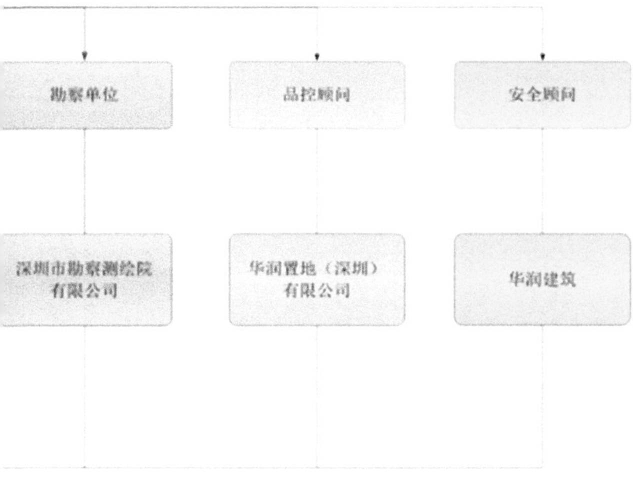

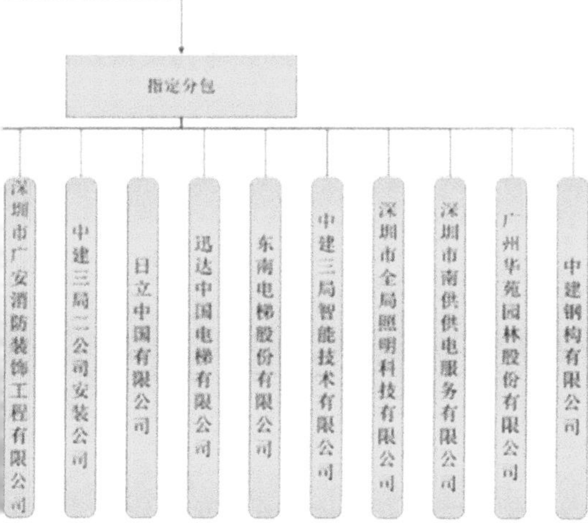

图2-1　中国华润大厦总体组织架构图

2.2 业主项目现场管理组织架构

现场管理团队主要由工程、设计、合约、安全四个主部门组成。工程部上级主管部门为工程副总及项目总经理，相关部门为设计部及合约部，部门间相辅相成，既是独立的，又是一个统一的大部门。按照工作内容的不同、各个阶段重点的变换情况、各位的专业特长等，做到四个部门人员互通交流（图 2-2）。

现场管理团队共计 35 人，其中设计部配置 4 人，合约部配置 12 人，工程部（土建及机电）配置 12 人，安全部配置 3 人。

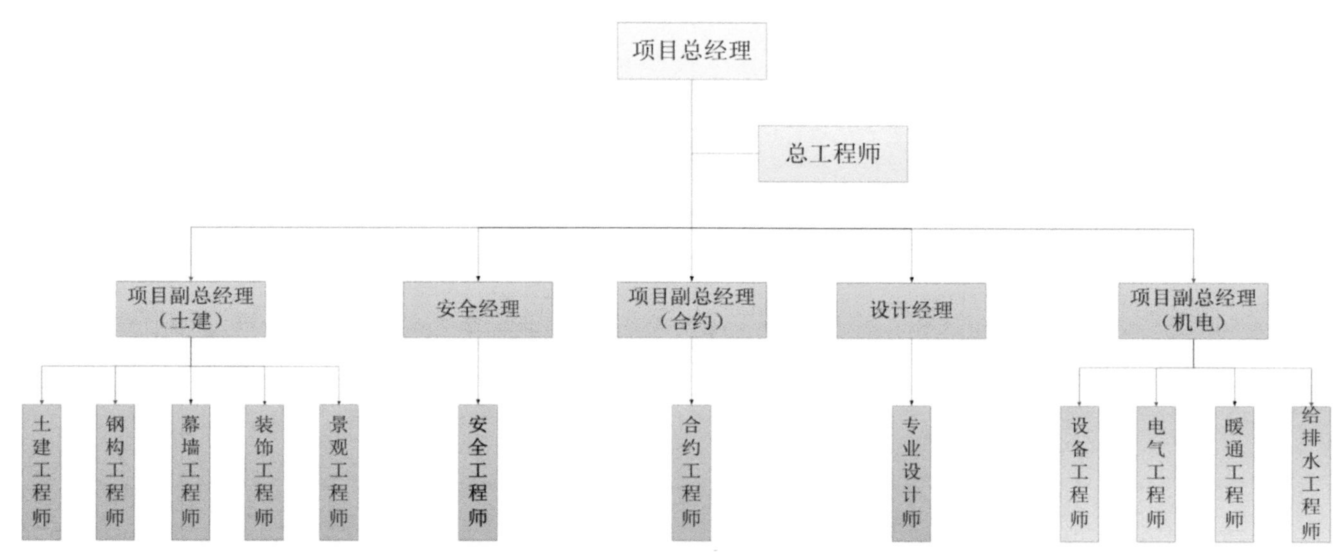

图2-2 业主现场管理组织架构图

2.3 总包项目管理组织架构

华润深圳湾国际商业中心项目由 4 个相对独立、使用功能迥异的单体工程组成（中国华润大厦、瑞府酒店、华润万家大厦及万象汇商场、柏瑞花园）。总承包单位（中建三局）在华润深圳湾国际商业中心项目建立了总包管理层和区段管理层两层分离的矩阵式总承包管理架构。中建三局将技术、商务、共享资源从传统的生产职能系统提升到总包层，保证以上三个板块对于专业分包管理的公正性和基于大局观的优先性；将现场管理层分为 4 个独立管理团队，赋予土建生产和专业分包工作面协调管理的职责，同时将安全、质量管理职能更多地下沉到区段管理层。

中建三局在项目最高峰投入了近 200 人的管理团队，其中中国华润大厦项目现场管理团队 25 人（图 2-3、图 2-4）。

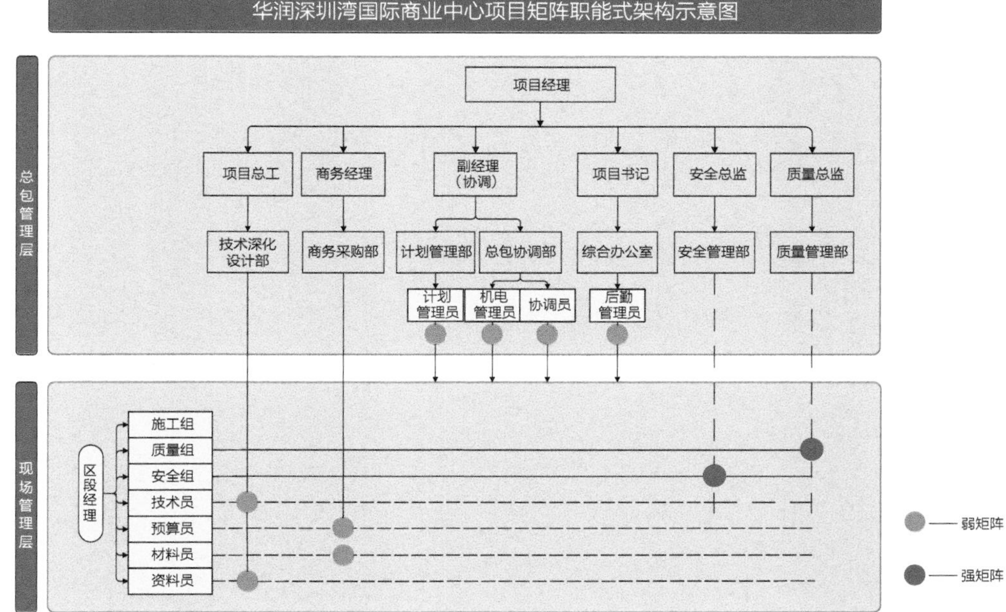

图2-3　总包“春笋”团队矩阵职能架构图

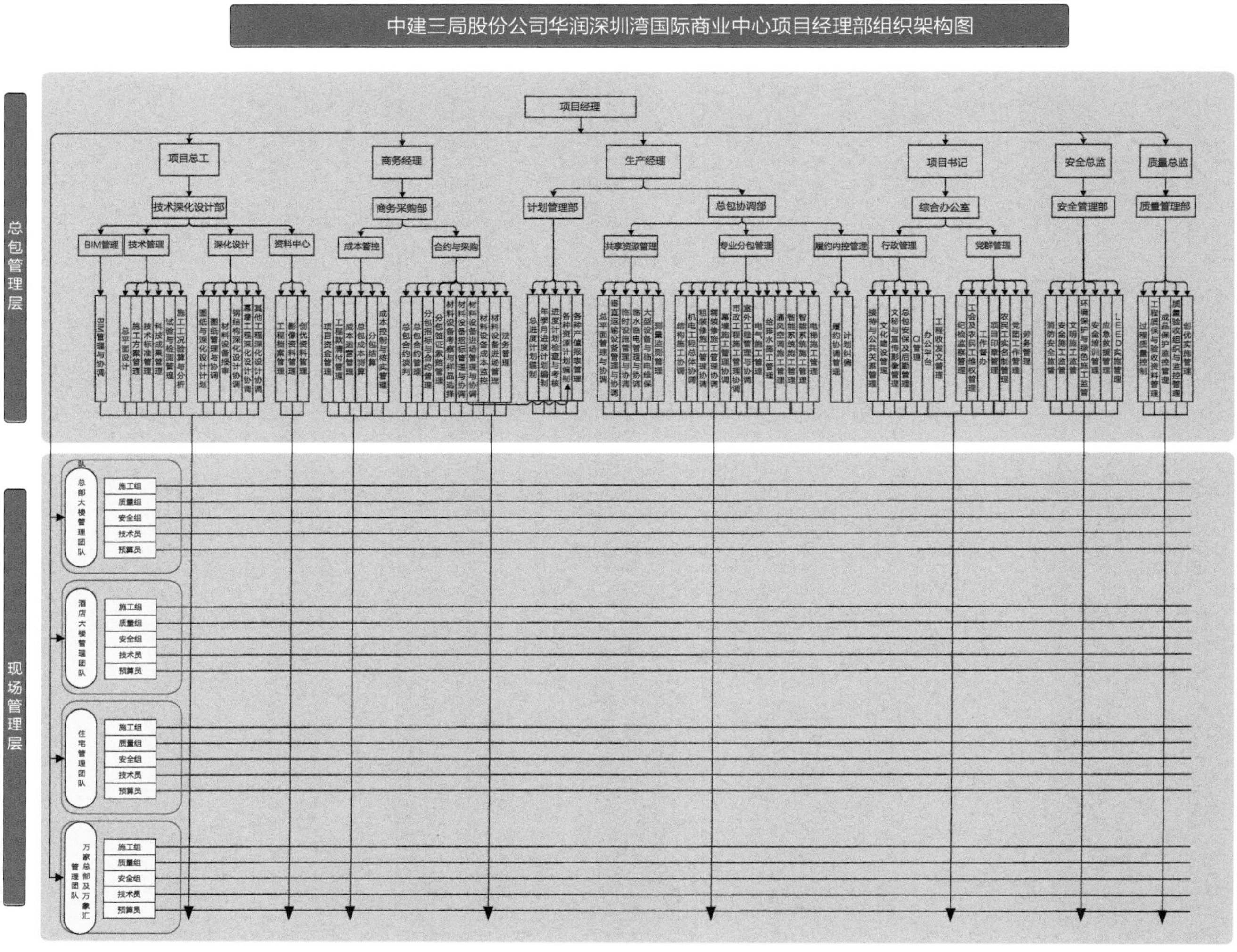

中建三局股份公司华润深圳湾国际商业中心项目经理部组织架构图

总包管理层

项目经理

项目总工　商务经理　生产经理　项目书记　安全总监　质量总监

技术深化设计部　商务采购部　计划管理部　总包协调部　综合办公室　安全管理部　质量管理部

BIM管理　技术管理　深化设计　资料中心　成本管控　合约与采购　共享资源管理　专业分包管理　履约内控管理　行政管理　党群管理

BIM管理与协调

总平面设计　施工方案管理　技术标准管理　科技成果管理　试验与检测管理　施工工况验算与分析

图纸与深化设计计划　图纸管理与协调　材料设备报审　钢结构深化设计协调　幕墙工程深化设计协调　其他工程深化设计协调

工程档案管理　影像资料管理　创优资料管理

项目资金管理　工程款清付管理　成本运营管理　总包成本测算　分包结算　成本控制与核实管理

总包合约谈判　总包合约管理　分包招标与合约管理　分包签证索赔管理　材料设备考察与样品选择　材料设备招标管理与协调　材料设备进场管理与协调　材料设备成本监控　材料设备进场管理　法务管理

总进度计划编制　年季月进度计划编制　进度计划检查与考核　各种资源计划编制　各种产值报表管理

总平面管理与协调　垂直运输设备管理与协调　临时设施管理与协调　临水临电管理与协调　大型设备与临电维保　测量监测管理

结构施工协调　机电工程总体协调　粗装修施工管理协调　精装修施工管理协调　幕墙施工管理协调　市政工程施工管理协调　室外工程管理与协调　电气施工管理　给排水施工管理　通风空调施工管理　智能系统施工管理　智能系统施工管理　电梯施工管理

履约协调管理　计划纠偏

接待与公共关系管理　文化建设管理　文秘与宣传影像管理　总包安保及后勤管理　CI管理　办公平台　工程收发文管理

纪检监察管理　工会及农民工维权管理　工作督办　项目印章管理　农民工实名制管理　党团工作管理　劳务管理

消防安全监管　安全施工监管　文明施工监管　环境保护与绿色施工监管　安全培训管理　应急救援管理　LEED实施管理

过程质量控制　工程质保与验收资料管理　成品保护监控管理　质量验收组织与监控管理　创优实施管理

现场管理层

总部大楼管理团队：施工组　质量组　安全组　技术员　预算员

酒店大楼管理团队：施工组　质量组　安全组　技术员　预算员

住宅管理团队：施工组　质量组　安全组　技术员　预算员

万象总部及万象汇管理团队：施工组　质量组　安全组　技术员　预算员

图2-4　华润深圳湾国际商业中心总包项目部整体组织架构图

3

设计

3.1 “春笋”概念设计

“春笋”建筑形态所寄托的深刻内涵，蕴含“中华大地，雨露滋润”之意。“雨后春笋”用来比喻新生事物迅速大量地涌现出来，这一美好的寓意不仅与华润集团蓬勃发展的各大业务板块相呼应，也是深圳这一充满活力的年轻、先锋城市的生动写照。“春笋”成为“深圳西部第一高楼、深圳第三高楼”，与华润深圳湾体育中心“春茧”仅一路之隔，“春茧”象征着孕育、积淀与蜕变；“春笋”则意味着进取、突破与无限生长，两者交相辉映，共同蕴含着“破茧成蝶、雨后春笋”的美好寓意，传递了一种向上的力。同时，营造具有宏大城市尺度的公共共享空间－中心公园，围绕中心公园组织慢行系统及优质的建筑界面，创造独一无二的，让人铭记的空间体验（图 3-1）。

图3-1　“春笋”概念图

建筑外形宛如一件雕塑，采用圆形外观、四方形核心筒的结构设计，外圆内方、放射性对称的布局，也是东方文化中“天圆地方”的写照。“春笋”外形使滨海区主要控制设计的风力仅为同类型超高层建筑的一半。其顶部的渐变斜交网格，使风作用更加平缓，提升了大楼内部工作人员的舒适性（图 3-2）。

简单却颇具感染力的几何形态，增加了艺术品的表现力，却丝毫不损害其功能性。中国华润大厦共计 66 层，契合的正是易经所述的“三三不尽，六六无穷”的气象，是生生不息、无限创新的时代精神体现。

56 根纤细钢柱，整个建筑流线型的外观，自下而上向塔尖聚拢，形成风华圆润的“春笋”造型，象征节节攀升的无限生命力，寓意着进取、突破与无限生长，写照深圳蓬勃向上的城市态势。同时，外圆内方的形制，将东方文化中“天地乾坤、方圆规矩、刚柔并济”之精髓融入建筑灵魂，构筑一幅“天、地、人”和谐共处的时代商务新象。56 根外部细柱从底部的斜肋构架延伸，以流畅的弧线在顶部汇聚形成水晶型顶盖。为了充分展现建筑师的意图，设计了钢结构密柱框架和混凝土核心筒的结构系统，未设结构加强层，实现塔楼简约轻盈的建筑美学。外筒纤细的钢柱既是结构构件，又是建筑外轮廓的纹理——体现了力与美的有机结合。这一与建筑完美结合的结构体系，其纤细的外钢柱不仅有效地减少了结构自重，降低了地震力，同时也明显减少了钢材用量；建筑平面整体为圆形，在建筑露出地面的圆塔底部采用斜交网格，用以巩固结构。

双曲面造型犹如一颗雨后春笋直入云霄，彰显着建筑的刚毅之魂、造型之美。斜交网格钢柱在不同天气、不同时段，折射光与影的交错变幻下，成为深圳天际线上由始至终的焦点（图 3-3）。

图3-2 “春笋”效果图

图3-3 “春笋”实景图

3.2 建筑设计创新技术

3.2.1 竖向及斜交网格线条设计

为凸显“春笋”的几何形态，塔楼的外围表面由玻璃幕墙的竖向及斜交网格线条组成。将建筑形态和结构体系有效结合，凸显最佳利用率。网格外皮为不锈钢锥形体，玻璃幕墙为三层中空夹胶 Low-E 超白玻璃。建筑下部为斜交网格，中部为纤细的竖线条，上部为斜交网格，顶部为塔冠（图 3-4）。

中国华润大厦的雨篷设计，采用了一个曲折面体结构的设计，呈现出一个阳刚十足的钻石形状，同时又隐喻地表达了大鹏展翅的意识形态，将建筑设计高度人格化，这就是中国美学中所说的“移情”。

为了充分展现建筑师的意图，功能与美学之间恰如其分的协同是制胜的关键。为确保建筑整体的逻辑性和灵活性，66 层的塔楼被一系列优雅的空中大堂划分为 5 个自主区域（图 3-5、图 3-6）。

图3-4　底部斜交网格

图3-5　雨篷效果图

图3-6　空中大堂

3.2.2　超高层建筑室内无柱空间设计

采用密柱 - 框架核心筒结构，通过外立面共 56 根钢结构柱与核心筒连接，打造无柱空间，让办公环境更灵巧、更精致（图 3-7）。

与传统的组合材料巨型立柱和稀柱框架相比，这一结构系统在垂直力传导方面更加高效，适用于建筑的修长造型，提高了项目的成本效益，并且缩短了施工周期。经过精心的抗震设计和严格的专家评审，在国内首次将这一结构体系应用于超高层建筑（图 3-8）。

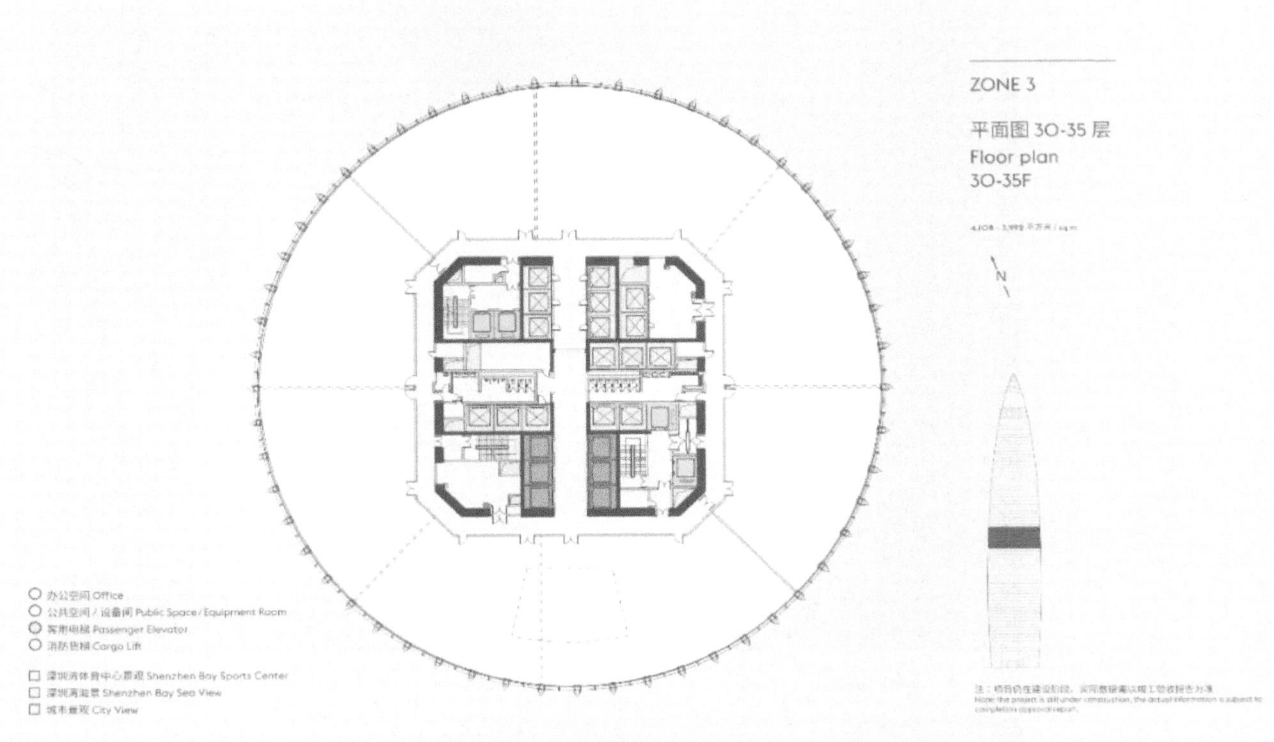

图3-7　密柱-框架核心筒平面布置图

图3-8　外框无柱超大空间

3.2.3 幕墙最低自爆率设计

中国华润大厦全部选用超白玻璃原片，洁净度高，通透性更好，同时大大降低可能引发自爆的杂质，让自爆概率降低至万分之一（普通 Low-E 玻璃的自爆概率约为千分之三）。

此外，在每一片玻璃安装之前，中国华润大厦坚持采用“热浸”均质处理，将有杂质的玻璃提前“引爆”，让玻璃的自爆率达到更低值，使其安全性远高于目前市场的常规安全标准，为入驻企业打造了一栋更为安全的楼宇（图 3-9）。

3.2.4 国内最先进黏滞阻尼器设计

黏滞阻尼器的控制机理是通过阻尼材料的黏滞效应，以热的形式消耗结构的部分振动能量，从而缓解外荷载的冲击，降低结构的振动，保护结构的安全。同时黏滞阻尼器可以和结构一起承受地震和风荷载，可以自我调节，形象生动。

中国华润大厦在 48 层设置黏滞阻尼器：伸臂位于 47-49 层，阻尼器位于 48 层，消能减震，提高建筑在风荷载下作用的舒适度。

本工程抗震结构阻尼体系与传统抗震结构相比，具有大震安全性、经济性和技术合理性，是目前国内最先进的抗风、抗震黏滞阻尼器，能承受 250t 的作用力。

风荷载作用：10 年风荷载下，阻尼器开始正常工作，将十年一遇风荷载导致的楼顶加速度限制在人体感觉舒适的范围内。

地震作用：小震作用，阻尼器参与耗能减震，确保大厦安全；大震作用，阻尼器自动限力，保证结构安全（图 3-10，图 3-11）。

图3-9　幕墙实施图

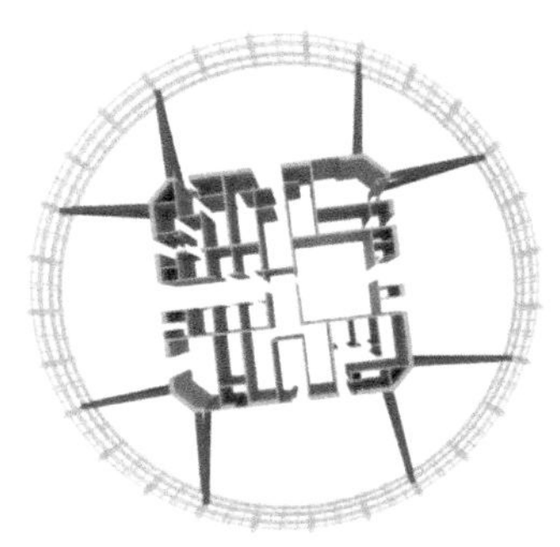

图3-10　48层伸臂桁架平面布置图

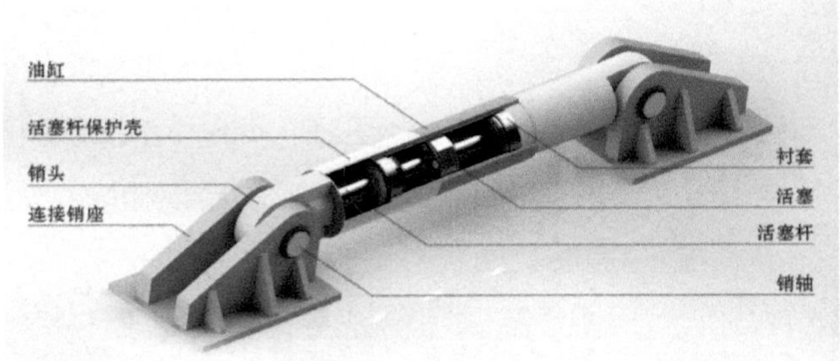

图3-11　黏滞阻尼器示意图及现场施工图

3.2.5　极简、纯粹的灯光设计

中国华润大厦室外灯光设计方案巧妙地将 LED 灯具隐藏于幕墙节点中，降低对室内空间的光污染，从而保证了纯粹而安静的工作环境。设计将极为复杂的编织关系用白色灯光演绎，化繁为简，这正符合当代的国际审美，极简、纯粹，反映出建筑师内心强大的精神力量及设计境界，以淡逸超脱的设计诠释了纯然的心灵世界。灯光由塔身向顶部逐渐变亮，蕴含着欣欣向荣、不断向上的阳光形象，营造自然纯粹的当代美学，赋予建筑视觉上美的享受。从整体来看，灯光的设计充分展现了动与静的完美融合（图 3-12）。

◆ 华润大厦“春笋”室外灯光设计方案巧妙地将LED灯具隐藏于幕墙节点中，采用白色灯光，由塔身向顶部逐渐变亮，营造优雅、向上的阳光形象。

图3-12　灯光效果图及节点示意图

3.2.6　高效、舒适的电梯设计

（1）华润大厦穿梭 1 区采用先进的双层轿厢技术，分别在 B1、1 及 25、25M 层停靠，双层轿厢可以翻倍提高楼宇间穿梭的运输能力，减少井道面积及运行成本。25、25M 层设有空中大堂，乘客可在此转乘电梯至高层，人群快速分流，提高垂直通行效率。

（2）华润大厦穿梭 2 区配备 9m/s 超高速电梯，应用可有效控制气流的流线型胶囊构造轿厢，可有效减少由电梯运行速度加快引起的噪声，使乘客在超高速移动中的轿厢内也能有舒适体验（图 3-13）。

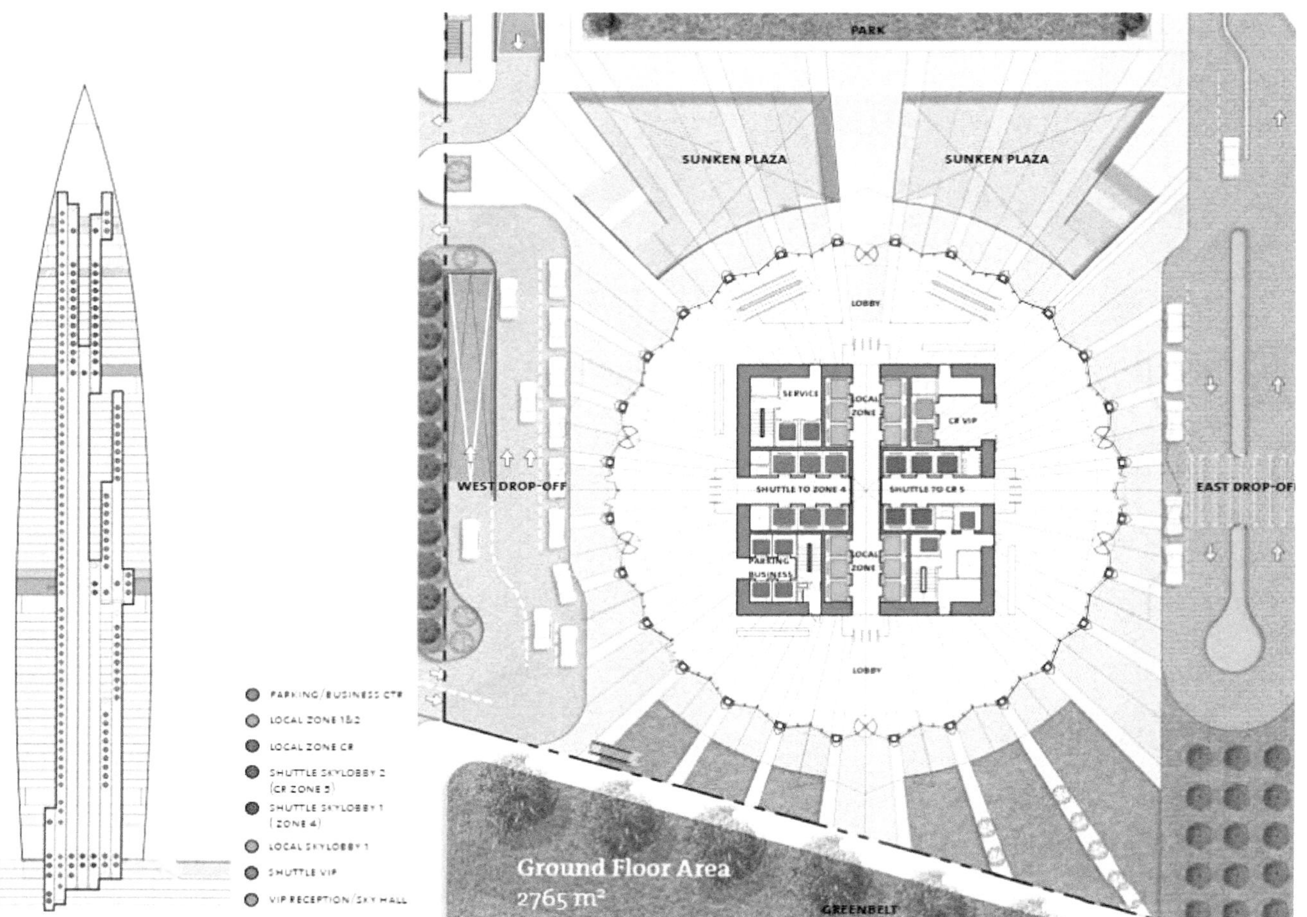

图3-13　电梯平面分区、立面分段示意图

3.3 结构设计创新技术

3.3.1 钢密柱框架 + 混凝土核心筒结构体系设计

钢密柱框架 + 混凝土核心筒的结构使得在大厦内打造出无柱开放式楼层平面变得可行，塔楼平面最终表现出环形放射对称布局。56 根立柱，间距 2.4~3.8m，柱子外边宽度 30~40cm，典型楼层的直径从最底部的 60m 扩展到腰部的 68m，再在顶部收至 35m。

56 根外部细柱从底部的斜肋构架延伸，以流畅的弧线在顶部汇聚形成水晶型顶盖。为了充分展现建筑师的意图，设计了钢结构密柱框架和混凝土核心筒的结构系统，未设结构加强层，实现塔楼简约轻盈的建筑美学（图 3-14）。

与传统的组合材料巨型立柱和稀柱框架相比，这一结构系统在垂直力传导方面更加高效，适用于建筑的修长造型。经过精心的抗震设计和严格的专家评审，这也是国内首次将这一结构体系应用于超高层建筑。在施工方面，钢筋混凝土内筒的顶模施工及钢结构外筒的整片吊装，将大大缩短施工工期，犹如“风润春笋，一夕数层”。其塔楼底部“人”字形外观的斜交网格结构，令塔楼与基础牢固连接。因此，与其他类似超高层建筑相比，该体系不仅更加安全可靠，而且还可以大幅度降低造价。

浑身散发着高技派气质的外层斜交网格，众多环梁与拉杆富有秩序地交汇，凝聚着设计团队对实现核心与外墙之间无柱化的流畅空间所做出的努力。建筑师局部预留可上下贯通的空间，可实现定制化复式楼层，这一点从功能上彻底颠覆了传统高层建筑封闭式的楼板设计。

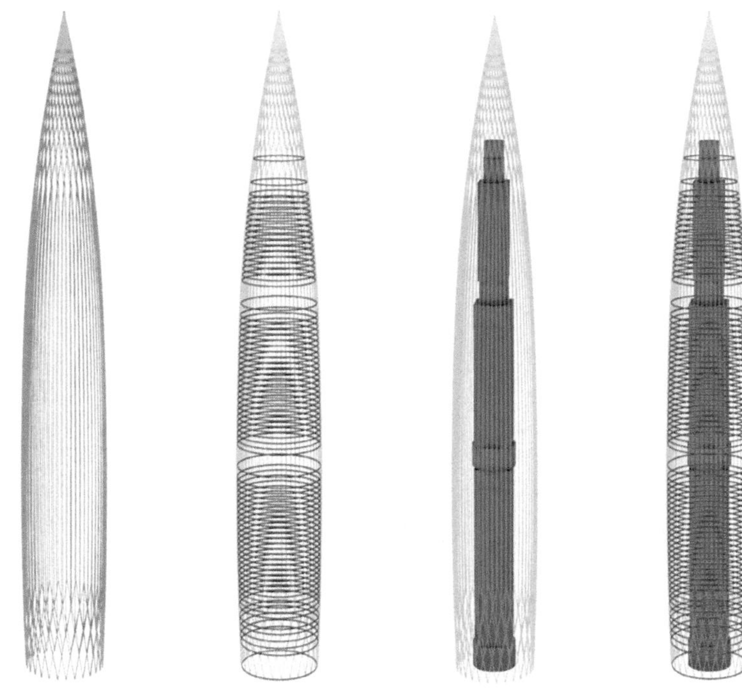

图3-14　密柱+混凝土核心筒结构体系设计

3.3.2 梁柱全偏心节点设计

基于中国华润大厦实际工程的需求，进行钢箱型梁—方钢管柱全偏心节点的研究，在满足建筑外观需求的同时，又保证了结构的安全，从而达到建筑与结构的和谐统一，促成此地标性建筑的最终落实。

结构外框梁柱采用全偏心节点，即外环梁与外框钢柱连接时，外环梁完全位于外框钢柱的内侧，通过钢柱伸出牛腿并使用折形水平加劲板局部加大节点。

对偏心节点的研究主要是从以下三个方面展开：从节点到构件，再到整体三个层面分析梁柱全偏心节点所带来的影响。

（1）根据梁柱截面情况的分类，从整体结构中分别选取 L6、L27、L49 层对全偏心节点进行数值模拟分析，主要验算两个方面内容：一是与节点相连的较弱构件进入屈服节点，而节点区未进入屈服阶段；二是正常使用及承载能力最不利的工况下，节点区未进入屈服阶段。摘取 6 层计算结果如下，满足设计要求（图 3-15）。

（2）偏心节点对柱稳定性的影响，通过选取典型标准楼层，在柱顶施加较大轴向力，同时约束柱顶 *XY* 方向平动和柱底 *XYZ* 方向平动，研究柱的屈曲模态。边界条件如下（图 3-16）：

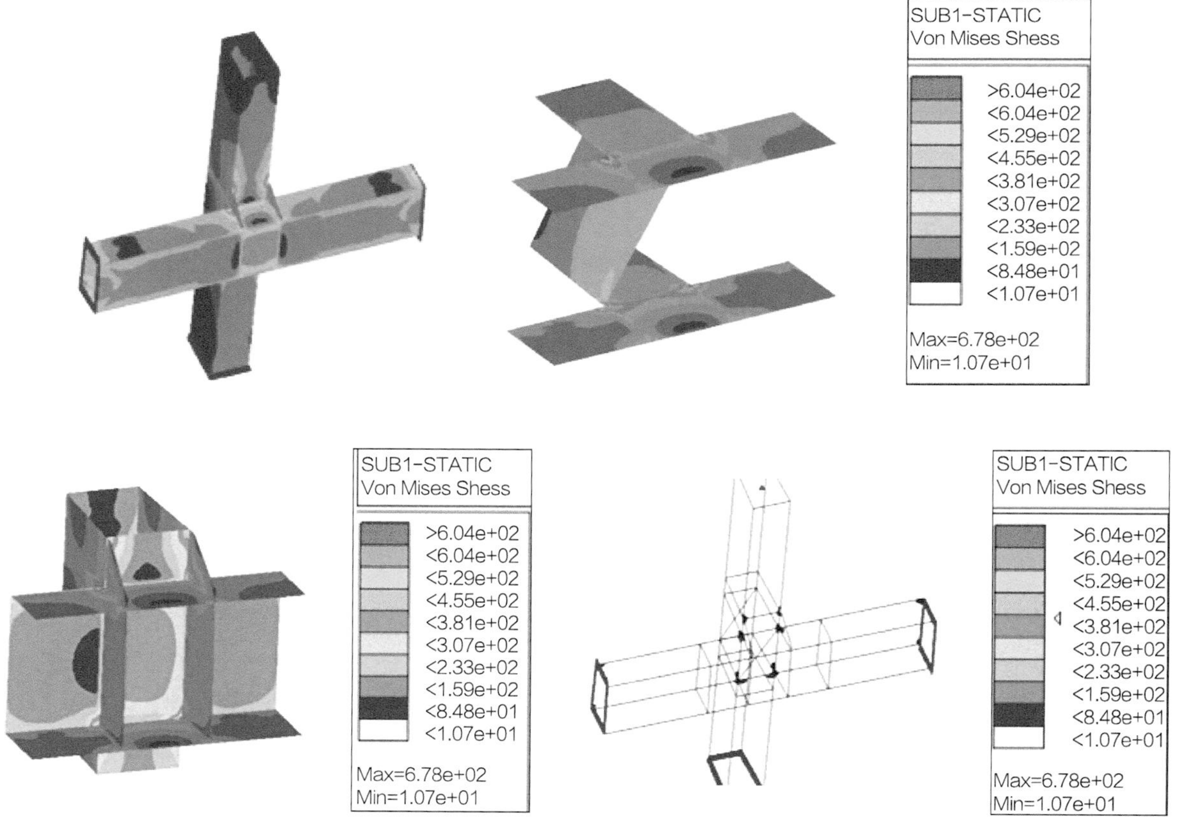

图3-15 L6层梁屈服承载力工况节点应力云图

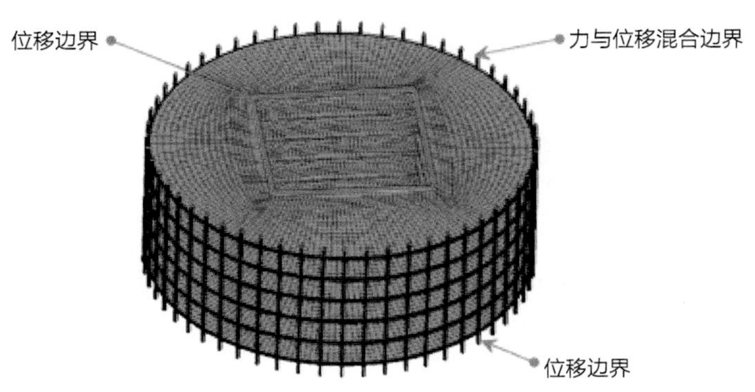
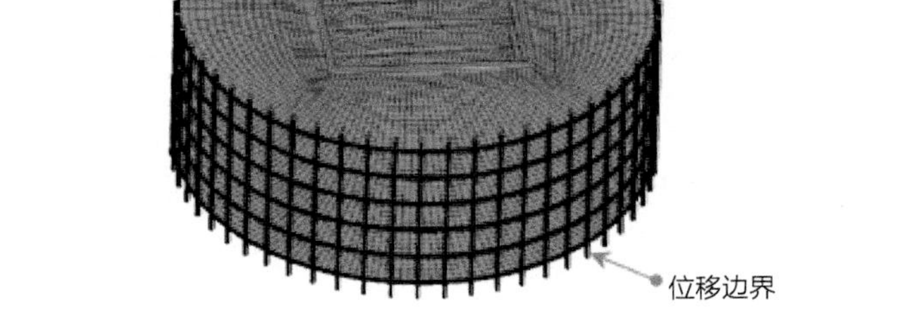

图3-16　边界条件示意图

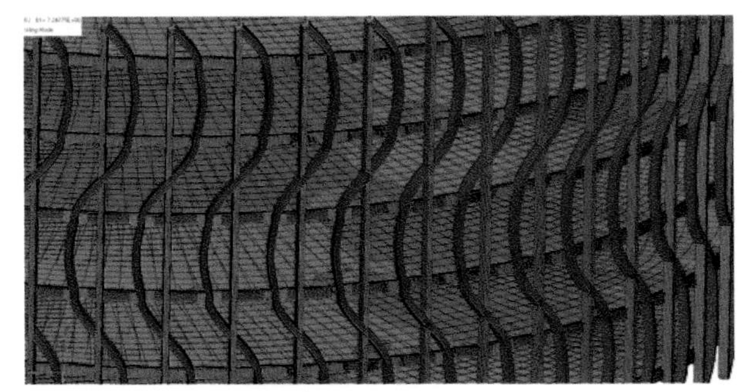

图3-17　屈曲模态图

第一阶屈曲模态图 3-17，为整体屈曲，即偏心节点的构造不会引起柱的局部失稳。

（3）偏心节点对整体性能的影响，采用有限元软件对节点各个方向的刚度和整体性能敏感度进行分析。节点坐标方向如图 3-18 所示：

通过整体结构的计算分析，梁柱全偏心节点对节点域各个自由度的影响有限，仅对梁柱节点平面内的转动刚度有一定削弱，但对结构整体性能的影响可控（图 3-19）。

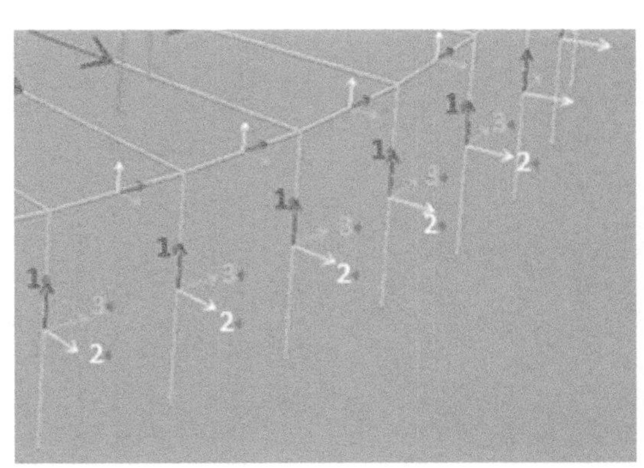

图3-18　屈曲模态图

图3-19　现场应用照片

3.3.3　高位斜墙收进区设计

应建筑功能的需求，核心筒在高区 48~50 层采用斜墙收进，内收幅度 2.1m。针对该部位的受力和传力进行详细分析，以确保结构设计的可靠性。

竖向荷载标准值作用下核心筒墙体所受的水平拉应力最大值为 1MPa，竖向压应力为 1.5MPa，小于混凝土开裂应力 2.64MPa，墙体水平向不会开裂。中震作用下，除了墙体与连梁相交处集中水平拉应力较大（约为 5MPa），其他大部分水平拉应力约为 1.5MPa，小于混凝土开裂应力 2.64MPa，实际设计时连梁内设置钢板并伸入墙肢一定深度用以抵抗水平拉应力；中震作用下墙体竖向拉应力约为 3MPa，局部最大值约为 5MPa，但叠加竖向荷载标准值后，竖向基本无拉应力。在中震弹性组合工况作用下，由于墙体本身在竖向力及中震作用下的应力水平并不高，最大设计压应力约为 13~16MPa，小于钢筋混凝土受压承载力，最大设计拉应力约为 1~2MPa，小于钢筋混凝土等效受拉承载力；因此可以满足中震弹性的承载力性能目标（图 3-20）。

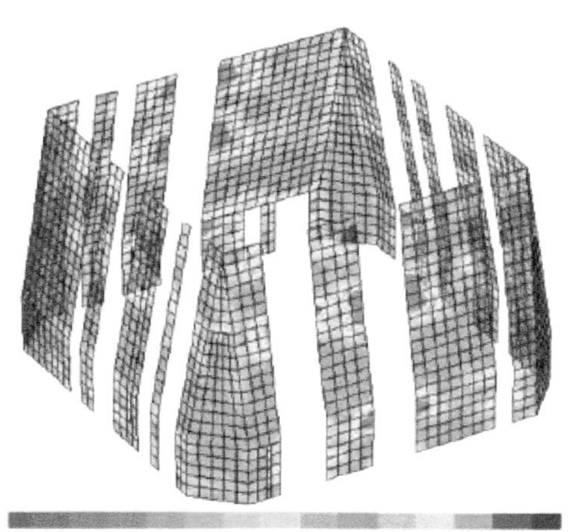

0 0.20 0.41 0.61 0.81 1.02 1.22 1.42 1.62 1.83 2.03 2.23 2.44 2.64

（a）外墙

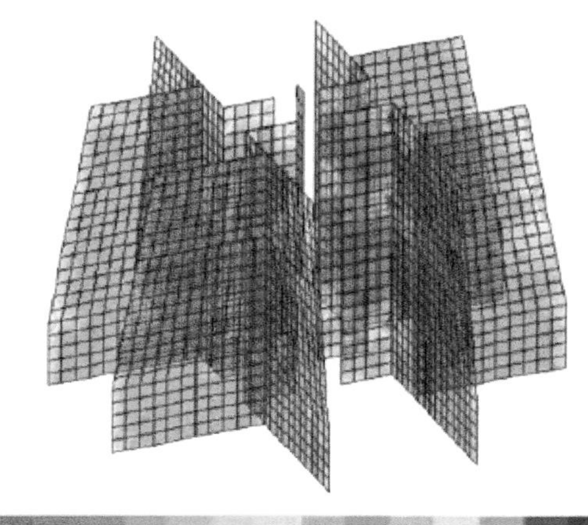

0 0.20 0.41 0.61 0.81 1.02 1.22 1.42 1.62 1.83 2.03 2.23 2.44 2.64

（b）内墙

图3-20　墙体水平应力云图

竖向荷载标准值作用下楼面梁板的传力路径如图 3-21 所示：

核心筒内混凝土梁最大拉力为 335kN，混凝土拉应力约为 1.4MPa，小于混凝土开裂应力；水平楼面钢梁最大应力值约为 6MPa，远小于钢材设计强度。50 层核心筒外楼板在与核心筒交界处拉应力最大约为 1MPa，其他区域拉应力很小，核心筒内楼板的压应力约为 1.5MPa；48 层核心筒外楼板的压应力约为 0.5MPa，核心筒内楼板的拉应力约为 1.8MPa，均可满足设计要求。

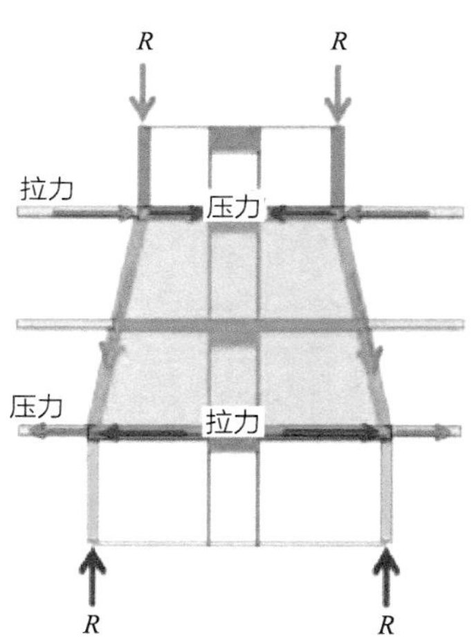

图3-21　竖向荷载标准值作用下楼面梁板的传力路径图

3.4　暖通设计创新技术

3.4.1　高效节能的冷热源系统设计

本项目空调冷源主要采用冷水机组上游串联式冰蓄冷系统，双工况冷水机组在夏季利用晚上电网低谷时段蓄冰，白天用电高峰时段融冰供冷；全年通过调配冷水机组和蓄冰槽的不同运行组合满足大楼不同的负荷要求，同时部分制冷主机采用变频机组，满足机组低负荷高效运行需求。空调水系统采用一级泵变流量系统，满足不同负荷工况的节能运行。

根据本项目的发展报告，将引入顶级金融机构及其交易平台，为了 100% 保障其交易平台的不间断运行，在中央制冷系统已提供塔楼办公层、交易层 24h 不间断供冷的基础上，再增加设置备用冷源系统。本项目在塔楼第 4、24、48 层设置风冷模块式冷热水机组作为后备冷源系统，同时为办公标准层的外区变风量箱提供热源，进行冬季外区的供暖。

3.4.2 高区办公竖向冷冻水备用立管设计

中国华润大厦 240m 以上塔楼部分冷冻水立管设计为三管制枝状同程系统，通过安装阀门可以实现同程管作为立管的备用管，任何一根管出现故障，另外两根管通过阀门的切换可以继续供冷，大大提高了系统的可靠性，同时在相当长的时间内不需要更换主立管（图 3-22）。

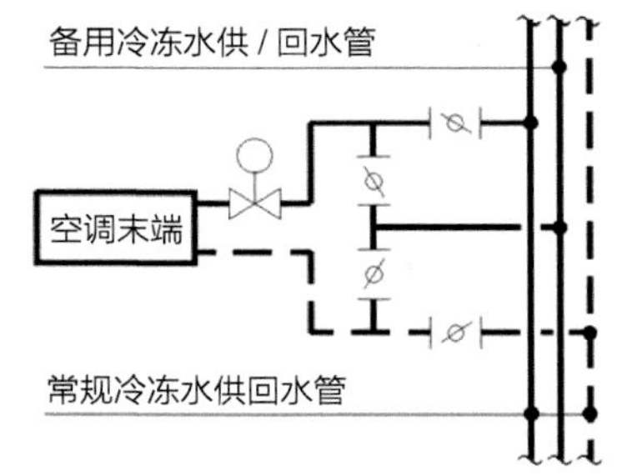

图3-22 竖向冷冻水立管备用切换示意图

3.4.3 过渡季全新风系统设计

中国华润大厦 100m 以上楼层无可开启外窗，为保证过渡季节室内的热舒适度及空气品质，在设备层全热回收新风处理机组旁并联设置应急新风送风机，保证 100m 以上办公楼层空调区域在过渡季节满足 5 次 / 时的新风换气量。

2020 年新冠肺炎疫情期间，过渡季全新风设计为复工人员提供了可靠的办公环境。针对空调回风容易传播病毒的情况，为控制交叉污染，确保用户的健康和安全，大厦空调系统关闭所有回风，采用全新风方式运行，新风经过空调风柜的 F7 级过滤器与静电除尘装置处理。

L4、L24、L48、L62 层四个方向设置有通风百叶，其中东西侧为进风百叶，南北侧为排风百叶，充分避免了新风与排风短路，保证所取新风洁净。

3.5 给排水设计创新技术

3.5.1 水泵机房降噪减振设计

避难层水泵设备机房均采用浮动地台，同时水泵机组采取以下措施降低噪声：管道支架采用弹性吊架或弹性托架和隔振支架；水泵出水管穿墙和楼板处，洞口与管外壁间填充弹性减振消声材料；水泵吸水管和出水管上，装设可曲挠橡胶接头或其他隔振管件；水泵机组设置弹簧减震器。

3.5.2 高压细水雾灭火系统设计

针对地下室美术馆安全及高保障的使用要求，设置了 3 套高压细水雾灭火系统。高压细水雾是在喷嘴设计的最小压力下，用高压的方式，将水强压出来，形成直径小于 1000μm 的水微粒，产生的水渍也较少，不影响美术藏品的保存。由于喷射速度快，穿透力极强，能直达火源根部，有效控制热辐射，净化烟雾和废气。消防人员可出入保护区实施抢救或辅助灭火。采用水作为灭火剂，对环境污染小，对人体无危害，绿色环保。

3.6 电气设计创新技术

3.6.1 既分散又集中的配电房设计

项目设置 4 处变配电房，其中 B2 层变配电房供地下层至 13 层避难层的办公用电；24 层变配电房上下设竖向干线，供 14~36 层用户用电；48 层变配电房上下设竖向干线，供 37 层至塔顶供电；制冷机房设置变配电房供中央制冷用电。既分散又集中的变配电房设置，保证了供电半径在合理的范围，节省初始电缆投资以及后期电缆运行发热的损耗，减少占用建筑面积以及其他配套设施面积，带来更高效的空间利用和显著的效益。

3.6.2 无感通行电梯及红外测温设计

通过人脸识别技术，对访客及办公租户人员通过人脸识别的方式进行自动通行闸机及电梯派送（图 3-23）。

通过室外图像对比摄像机及室内红外监控摄像机对室外进出人员进行黑白名单对比。室内红外摄像机对进入人员进行体温监测，温度超过预警值自动报警。

图3-23 智能化门禁系统

4

施工部署及总体计划

4.1 总体施工部署

4.1.1 工程实施目标

（1）中国华润大厦工期

开工日期：2013 年 12 月 1 日

竣工日期：2018 年 11 月 28 日

（2）华润大厦质量目标

在满足工程质量合格的基础上，确保“鲁班奖”。

（3）职业健康安全目标

1）零死亡、零重伤、零职业病、零中毒；

2）零火灾、零坍塌、零重大财产损失及负面影响事件、零群体性事件。

（4）文明施工及环境保护目标

确保深圳市及广东省安全生产文明施工优良样板工地（省市双优）。

（5）绿色建筑及 LEED 认证目标

确保华润大厦通过美国绿色建筑协会 LEED CS 金级认证，国家绿色建筑设计运营二星认证。

4.1.2 施工总体思路及施工部署

4.1.2.1 施工总体思路

以中国华润大厦塔楼为施工主线，优先安排塔楼桩基础、底板施工，裙楼桩基根据桩基钢筋加工场调整、逐步完成裙楼各区桩基及底板施工。

顶模顶升至首层楼板，地下室结构开始施工，外框筒水平、竖向结构滞后于核心筒结构施工，机电工程、幕墙、装饰装修工程分段及时插入。

中国华润大厦竖向结构施工划分地下室、塔楼主体两个区段。地上又划分为 6 个区段，第一区段 1~13 层，第二区段 14~24 层，第三区段 25~36 层，第四区段 37~48 层，第五区段 49~62 层，第六区段 63~66 层，根据竖向分段组织结构验收。

各专业分包插入安排：华润大厦水平结构施工完 10 层时插入砌体施工，砌体同步水平结构流水节拍自下向上施工。幕墙在各段结构验收后插入施工，自下向上进行施工。各阶段结构施工完成后组织结构验收，合格后插入粗装修、机电、幕墙施工。

塔楼外框水平结构施工 14~24 层时，插入 1~13 层粗装修、机电安装、幕墙施工。

塔楼外框水平结构施工 25~36 层时，插入 14~24 层粗装修、机电安装、幕墙施工，并插入 1~13 层精装修施工。

塔楼外框水平结构施工 37~48 层时，插入 25~36 层粗装修、机电安装、幕墙施工，并插入 14~24 层精装修施工。

塔楼外框水平结构施工 49~62 层时，插入 37~48 层粗装修、机电安装、幕墙施工，并插入 25~36 层精装修施工。

塔楼外框水平结构施工 63~66 层时，插入 49~62 层粗装修、机电安装、幕墙施工，并插入 37~48 层精装修施工。

塔楼外框水平结构施工完 66 层时，插入 63~66 层粗装修、机电安装、幕墙施工，并插入 49~62 层精装修施工。

63~66 层粗装修、机电安装、幕墙完成后，插入 63~66 层精装修施工，室外园林施工（图 4-1）。

图4-1　立面分段插入

4.1.2.2　各阶段施工部署

（1）桩基施工阶段

项目场地情况复杂，土方、桩基工程均在工程承包范围内。基坑东北侧留存施工坡道（A 区与 B 区共用）（图 4-2）。

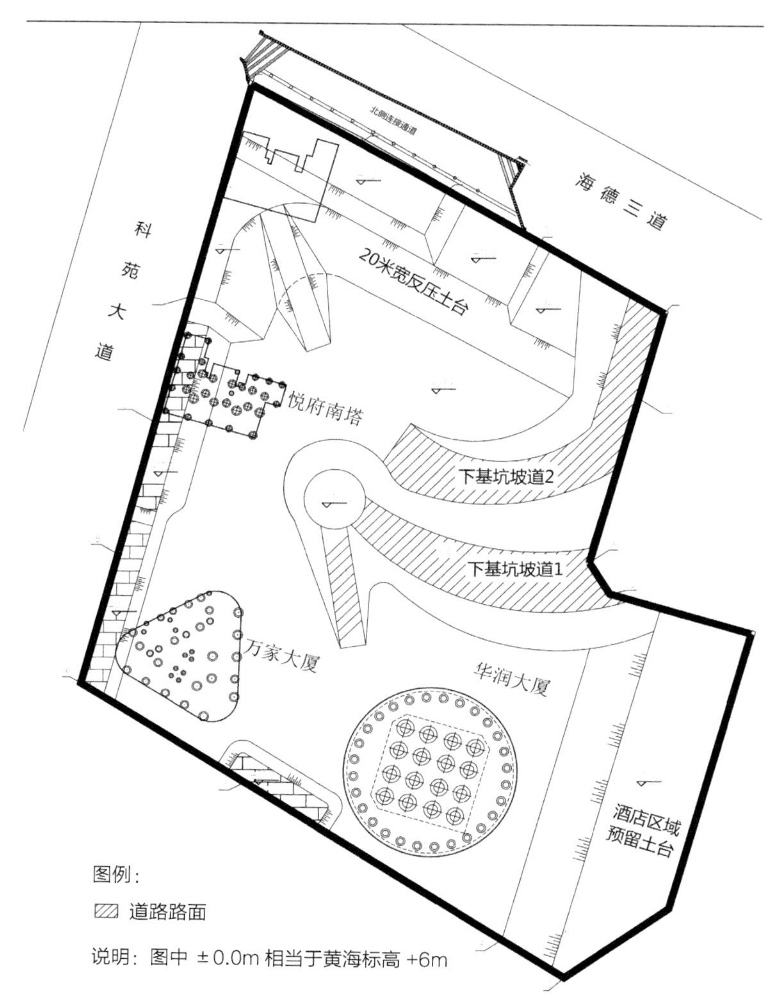

图4-2　人工挖孔桩及二次土方阶段现场总平面图

1）施工流程安排

项目进场后，优先进行塔楼 A Ⅰ区人工挖孔桩施工（核心筒及外框范围），其余 A Ⅱ、A Ⅲ区随土方收坡方向自南向北，自东向西逐步施工。根据桩间距及桩径，各区内桩基各跳挖一次（图 4-3）。

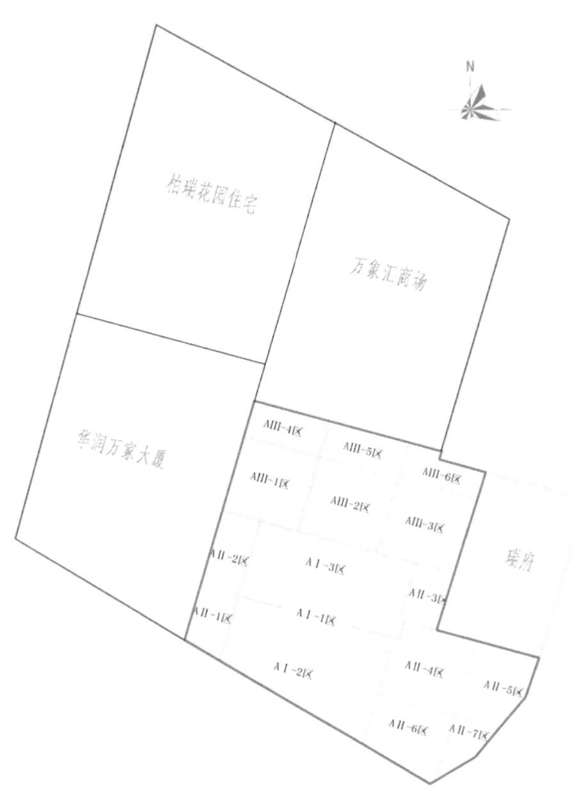

图4-3　地下室分区图

2）主要机械设备

基坑内剩余土方开挖投入 3 台 PC220 挖土机，塔楼坑中坑土方开挖时投入一台 22 米长臂挖机。

中国华润大厦桩基先采用自卸方式浇筑混凝土，搅拌车无法靠近的桩基投入 4 台型号 HBT60 地泵浇筑。

3）材料堆场布置

A Ⅰ区桩基施工时，A Ⅱ -1、A Ⅱ -2 区作为材料堆场，A Ⅱ -1 区桩基施工时 A Ⅱ -2 区作为堆场。

A Ⅱ -4、A Ⅱ -5、A Ⅱ -6、A Ⅱ -7 区施工时，A Ⅱ -3 作为钢筋加工场。

A Ⅱ -3、A Ⅲ -2、A Ⅲ -3、A Ⅲ -4、A Ⅲ -5、A Ⅲ -6 桩基施工时，A Ⅲ -1 区作为钢筋加工场

（2）底板及地下室施工阶段

地下室施工阶段共分为 3 个区，A Ⅰ区（中国华润大厦塔楼区域）、A Ⅱ区（中

国华润大厦塔楼影响区及美术馆区）、AⅢ区（现有北侧坡道占有区）。

项目以塔楼结构施工为主线，塔楼区域及塔楼周边AⅡ-1、AⅡ-2、AⅡ-3、AⅡ-4、AⅡ-6先行施工、其余裙楼地下室结构流水插入施工。

采用对塔楼干扰较少的施工平面规划。混凝土结构与钢结构协调进行，相互配合、穿插。考虑到钢结构吊重及场区内水平运输等内容，塔吊、吊车等也需重点考虑，为地下室按期完成提供有利条件（图4-4）。

1）施工流程安排

基础底板总体施工顺序为：AⅠ区基础底板→AⅡ区基础底板→AⅢ-1区和AⅢ-4区基础底板→AⅢ-2区和AⅢ-5区基础底板→AⅢ-3区和AⅢ-6区基础底板→AⅡ-5区基础底板，各区域内组织流水施工。

地下室施工阶段总体施工顺序为：总部大厦核心筒结构施工至±0后AⅠ区地下室结构开始施工，AⅡ-1、AⅡ-2区桩基施工完成后立即开始基础底板和地下室结构连续施工，AⅡ-3区桩基完成后先做底板结构，然后停下等AⅡ-5区完成底板再继续施工地下室结构，AⅡ-4区在AⅡ-3区底板完成后连续施工底板和地下室结构，AⅡ-5区桩基完成后立即展开基础底板施工，待AⅡ-4区地下室结构封顶后开始施工地下室结构，AⅢ区大面桩基完成后，按照AⅢ-1与AⅢ-4区、AⅢ-2与AⅢ-5区、AⅢ-3与AⅢ-6区的顺序组织流水施工，AⅢ-1与AⅢ-4区、AⅢ-3与AⅢ-6区底板完成后继续施工地下室结构至封顶，AⅢ-2与AⅢ-5区待AⅢ-1与AⅢ-4区地下室结构封顶后开始地下室结构施工。

图4-4 地下室阶段施工实景图

地下室封顶后砌体施工完成后及时组织地下结构验收，验收合格后插入地下粗装修、机电工程及精装修。

2）主要机械设备

底板施工阶段：塔楼 A Ⅰ区底板施工前在塔楼南侧先安装 1 台 A0#C7050 塔吊。塔楼 A Ⅰ区底板施工完毕后，安装核心筒南侧 A1#M600D 动臂塔吊和东侧 A2#M600D 动臂塔吊，同时，拆除南侧 A0# 塔吊。

核心筒施工至 B1 层，安装顶模系统，顶模安装完成后：新增核心筒内 A3#M900D 塔吊，1#、2# 施工电梯。

中国华润大厦大底板浇筑投入 8 台 HBT60 型混凝土输送泵，核心筒结构施工投入 2 台 HBT60 型混凝土输送泵。

施工阶段	规格型号	数量	备注
底板	HBT60.16.174RSU	8 台	塔楼底板大体积混凝土浇筑
地下室	HBT60.16.174RSU	2 台	塔楼核心筒

3）材料堆场布置

AI 区地下室结构施工时，钢筋加工场及周转材料堆场布置于基坑南侧。顶模材料堆场也布置于基坑南侧。

（3）中国华润大厦塔楼及各专业穿插施工阶段

1）施工流程安排

华润大厦作为超高层采用“密柱－钢框架核心筒”结构体系，核心筒混凝土结构、筒外钢结构梁柱吊装、楼板压型钢板安装、外框钢柱及楼板混凝土浇筑等主要工序各自保持固定节奏，相互配合、层层向上推进。

核心筒钢骨柱领先核心筒混凝土 1~2 层，核心筒混凝土结构与外框混凝土结构相差 9~13 层，钢结构吊装与压型钢板安装相差 2~3 层，压型钢板安装与楼板混凝土施工相差 1~2 层（图 4-5）。

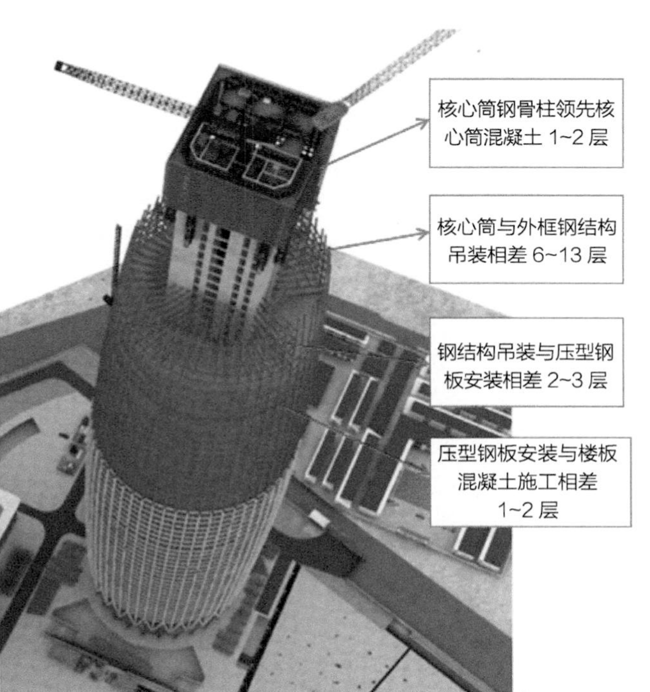

图4-5　地上各专业穿插施工图

2）主要机械设备

中国华润大厦先后投入 9 台塔吊。其中，塔楼施工前后投入 7 台塔吊，包含 1 台 C7050+2 台 M600D+1 台 M900D+ZSL380+ZSL200+ZSL120。裙楼投入 2 台 K50/50 塔吊。

序号	使用区域	编号	型号	安装节点	拆除设备	拆除节点
1	塔楼	A0	C7050	底板施工前	汽车吊	A1 塔吊安装完成
2		A1	M600D	底板施工后	2#M600D	核心筒施工至 49 层
3		A2	M600D	底板施工后	M900D	外框钢结构安装至 66 层
4		A3	M900D	顶模安装完成	ZSL380	核心筒完成
5		/	ZSL380	A2 拆除后	ZSL200	塔冠钢结构安装完成
6		/	ZSL200	塔冠钢结构安装完成	ZSL120	1. 塔冠钢结构收口完成 2. 塔冠幕墙大面安装完成
7		/	ZSL120	塔冠幕墙大面安装完成	高空自解	收口幕墙板块提前调运至楼层内
8	裙楼	A5	K50/50	桩基施工完毕，底板施工完成	汽车吊	AII 区裙楼结构施工完毕
9		A6	K50/50	桩基施工完毕，底板施工完成	汽车吊	AIII 区裙楼结构施工完毕

核心筒结构施工至 L47 层时，拆除南侧 A1#M600D 塔吊；

核心筒结构施工至 L66 层时，拆除 A2#M600D 塔吊，并利用 A2#M600D 塔吊支撑架，在 A2# 塔吊原位安装一台 ZSL380 塔吊；

外框钢结构施工至 372m 标高时，利用 ZSL380 拆除核心筒内 A3#M900D 塔吊。外框钢结构施工完毕，塔冠塔尖安装完毕后，利用 ZSL380 塔吊安装 ZSL200 塔吊。利用 ZSL200 塔吊拆除 ZSL380 塔吊；

塔冠幕墙安装完成 90% 后，利用 ZSL200 塔吊安装 ZSL120，高空自解 ZSL120 塔吊，幕墙收口。

3）材料堆场布置

塔楼周边裙楼结构出 ±0 后，场内十字形临时道路已经形成，堆场围绕道路以及塔楼外框周边布置。南侧钢筋加工场迁移至裙楼顶板上，钢结构堆场沿塔楼周边布置。

外框水平结构施工至 L14 层时，砌体、机电、幕墙插入。调整钢结构堆场作为幕墙起吊点，幕墙材料堆场布置于东侧及西北角，同时，裙楼北侧区域作为幕墙板块周转场地。砌体材料堆场沿 3#、7# 施工电梯周边布置，机电材料堆场布置于东北角，机电、消防周转材料及仓库下到地下室 B2、B3。

外框水平结构施工至 L25 层时，精装修插入，精装修材料堆场主要布置于地下室 B1 层。

塔冠幕墙封闭完成 85%，ZSL200 塔吊拆除前，插入室外园林及小市政施工。

（4）中国华润大厦主要施工设备安排

1）塔吊安拆施工部署

地下室底板结构施工前期，优先安装一台 A0#C7050 塔吊。满足底板结构施工要求，以及后期动臂塔吊安装要求（图 4-6）。

图4-6 底板施工前，安装A0#塔吊

塔楼区域内底板结构施工完毕后，利用 A0#C 7050 塔吊安装核心筒南侧 A1#M600D 塔吊，安装完毕后拆除 A0# 塔吊，并安装核心筒东侧 A2#M600D 塔吊（图 4-7）。

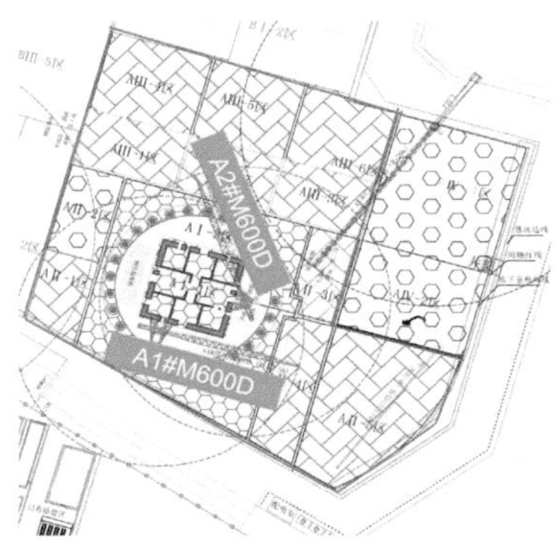

图4-7 A1#塔吊安装、A2#塔吊安装、A0#塔吊拆除

顶模安装完成，安装核心筒内 A3#M900D 塔吊（图 4-8，图 4-9）。

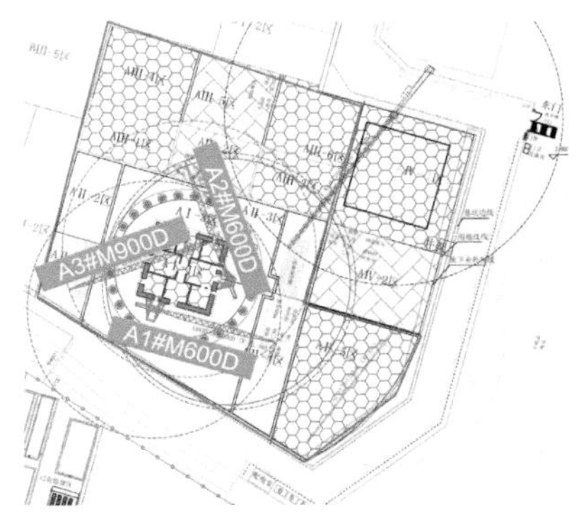

图4-8 A3#塔吊安装

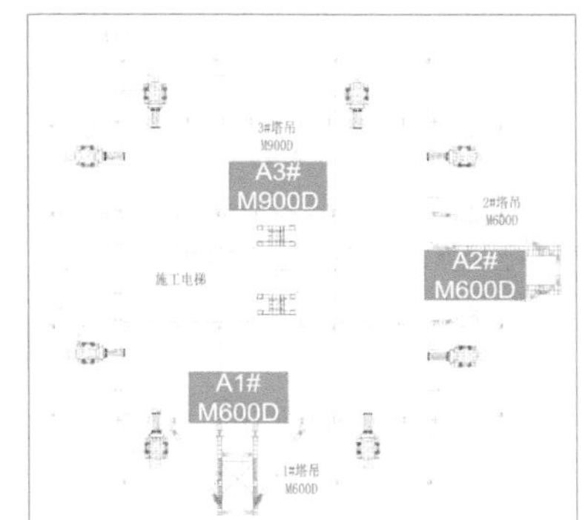

图4-9 核心筒塔吊布置图

核心筒结构施工至 51 层，采用 A2#M600D 塔吊拆除南侧 A1#M600D 塔吊。

采用 A3#M900D 拆除 A2#M600D 塔吊，并在 A2# 塔吊支撑架上原位安装一台 ZSL380 塔吊。

利用 A4#ZSL380 塔吊拆除 A3#M900D 塔吊（图 4-10~ 图 4-12）。

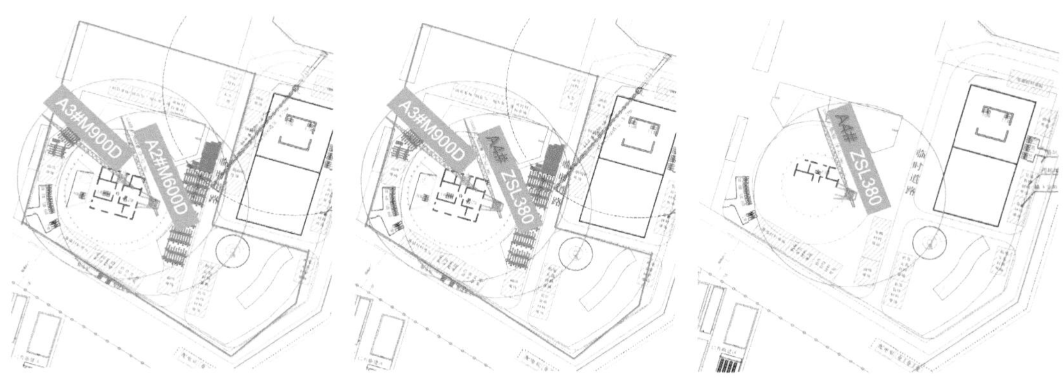

图4-10　拆除A1#塔吊　　图4-11　A4#塔吊安装完成　　图4-12　A3#塔吊拆除完毕

2）施工电梯安拆施工部署

中国华润大厦先后投入 7 台施工电梯。根据不同阶段人员、材料需求进行安装、拆除。

其中顶模施工阶段，核心筒内部布置 1 台单笼及 1 台双笼施工电梯，服务楼层：B4~L66 层，随顶模一同爬升，配合顶模施工，施工电梯直达顶模平台，随顶模顶升后加节增加使用高度。

低区 2 台，主要服务楼层 L1~L38，外框结构施工至 L10 层时，插入外框外 3#、7# 施工电梯。

中区 2 台，服务于 L1、L38~L48 层，核心筒结构施工至 L53 层时，插入核心筒内 4#、5# 施工电梯。

高区 1 台，服务于 L49~L61 层，外框结构施工至 L63 层时，插入外框 6# 施工电梯。

施工电梯安装节点表

<table>
<tr><th>电梯编号</th><th>所在区域</th><th>服务楼层</th><th>说明</th><th>主要用途</th></tr>
<tr><td>1#、2#</td><td>4# 筒</td><td>B4~L66</td><td>顶模安装完成启用</td><td>顶模主体结构施工人员运输</td></tr>
<tr><td>3#</td><td rowspan="2">东南侧外框</td><td>L1~L38</td><td>外框水平板结构施工至 L6</td><td rowspan="2">低区运输
1. 外框作业人员运输
2. L1~L38 层二次结构等材料运输</td></tr>
<tr><td>7#</td><td>L1~L38</td><td>外框水平板结构施工至 L20</td></tr>
<tr><td>4、5#</td><td>6# 筒</td><td>L1、
L38~L48</td><td>结构施工至 L50</td><td>中区运输、中转</td></tr>
<tr><td>6#</td><td>L49 层外框楼板</td><td>L49~L61</td><td>L49~L61 层东侧结构设计为中空大堂，外框楼板施工至 L63 安装 6# 电梯</td><td>高区运输，高区中转</td></tr>
</table>

核心筒：1#、2# 施工电梯。安装节点：顶模安装完成

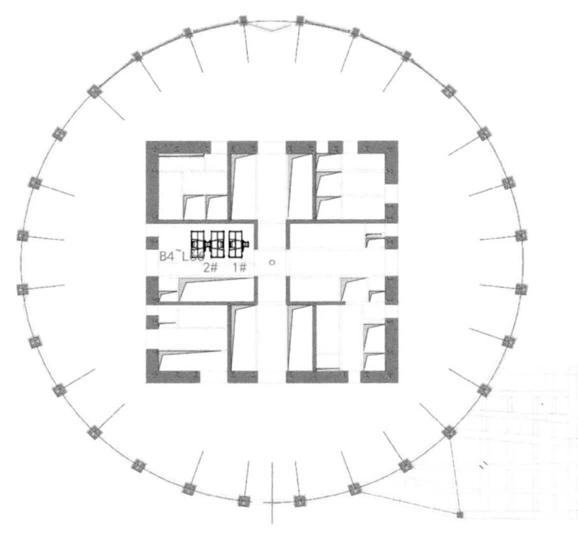

外框低区电梯：3#、7# 施工电梯。安装节点：外框结构板施工至 L5

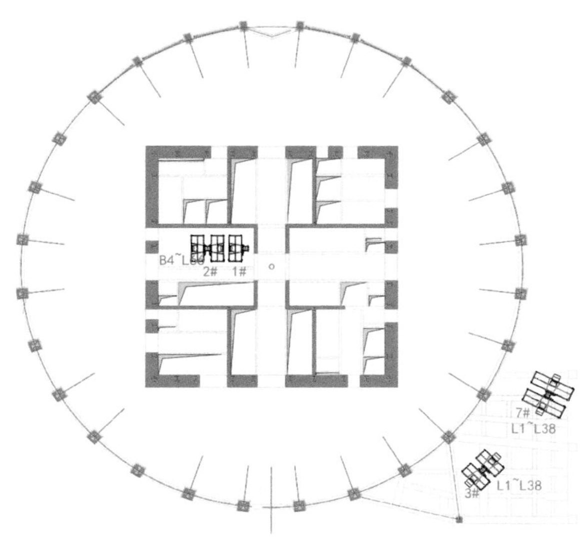

核心筒中区电梯：4#、5# 施工电梯。安装节点：核心筒结构施工至 L53

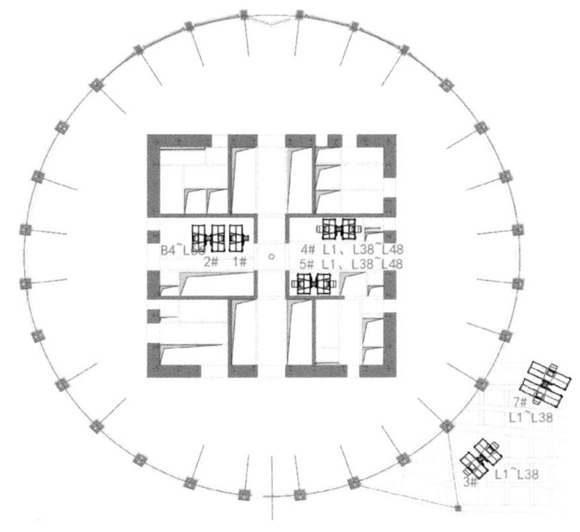

核心筒外高区电梯：6#。安装节点：外框水平板结构施工至 L63 层

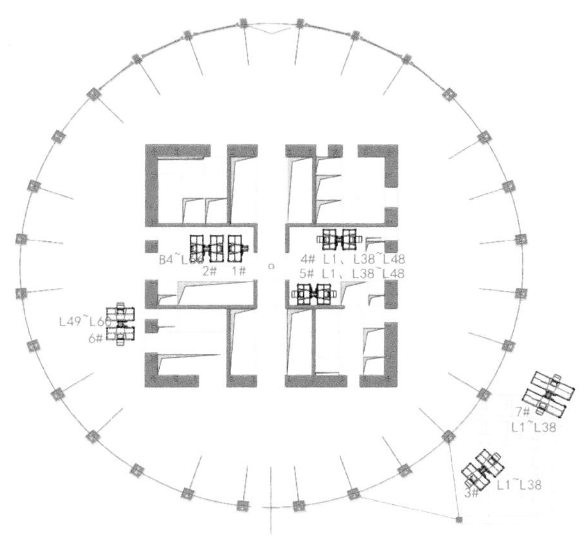

3）施工电梯拆除与正式电梯间转换

核心筒：1#、2# 施工电梯拆除。拆除节点：1）顶模拆除前；2）6# 施工电梯安装完成

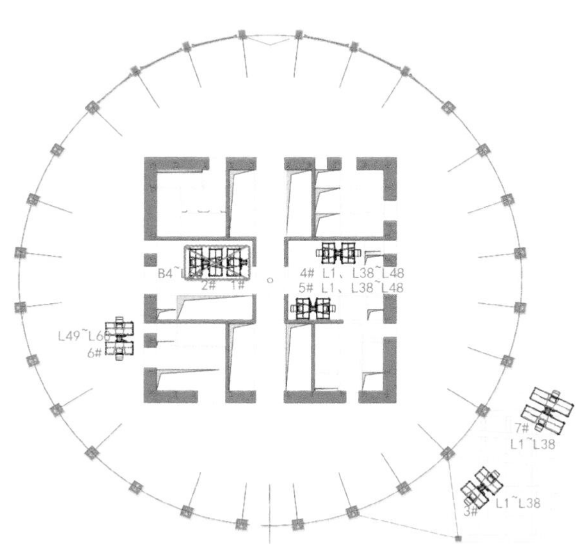

核心筒：6# 施工电梯拆除。拆除节点：1）上部二次结构、粗装施工完成；2）正式电梯 4OF-1，4OF-2 启用。说明：4OC-1，4OF-3 早已启用。

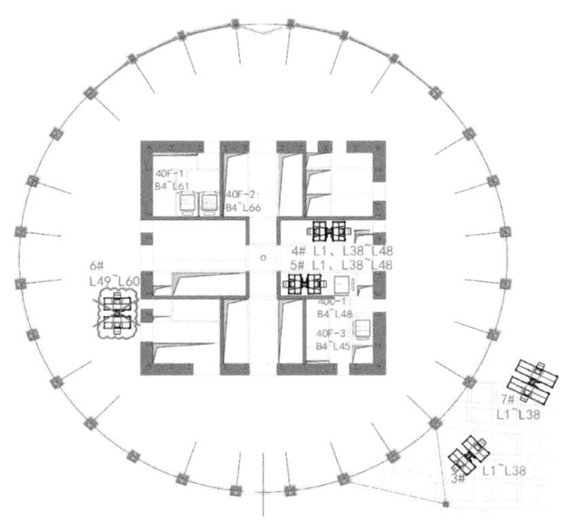

核心筒：4#、5# 施工电梯拆除。拆除节点：1）二次结构、主要设备机房基本施工完成，2）6# 电梯拆除完成。

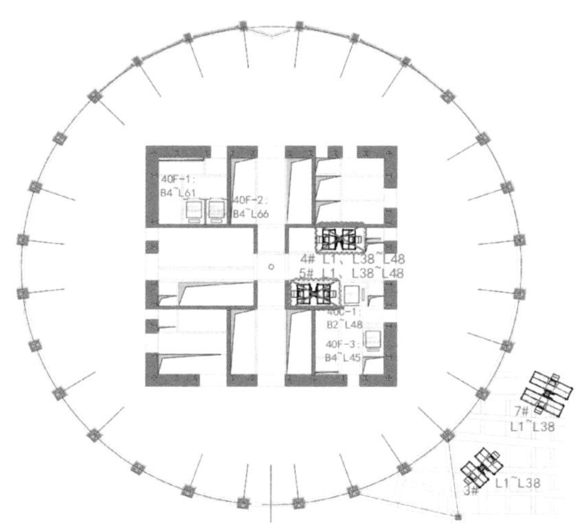

外框：3#、7# 施工电梯拆除。拆除节点：二次结构、主要设备机房基本施工完成。

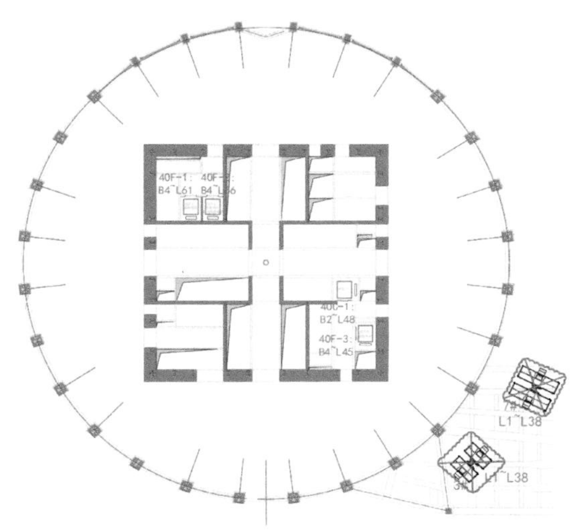

4）混凝土泵送

中国华润大厦塔楼施工布置2台HG19G-3R型臂长18.6m布料机，布料机安装在模架平台上，随顶模平台共同爬升。

塔楼低于150m（L28及以下）混凝土浇筑采用3台（2台使用，1台备用）中联重科HBT60.16.174RSU型号混凝土输送泵输送。150m以上选用3台（2台使用，1台备用）中联重科HBT90.48.572RS型号的高压输送泵（图4-13，图4-14）。

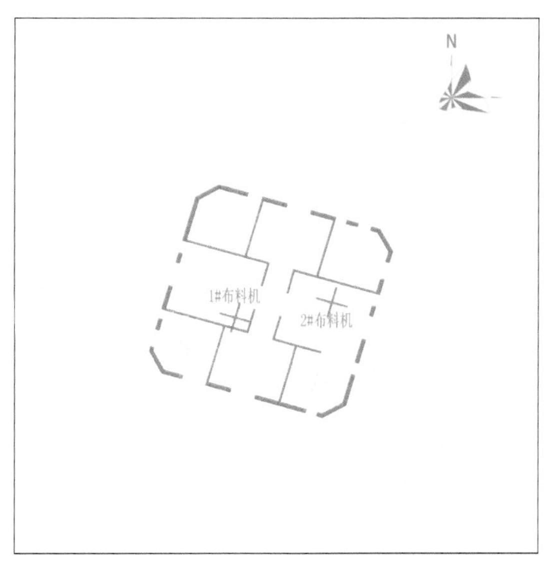

图4-13 顶模布料机平面布置图

施工阶段		规格型号	数量
塔楼主体	150m以下	HBT90.48.572RS	2台
	150m以上	HBT90.48.572RS	2台

图4-14 顶模布料机

4.1.3 施工区段及阶段划分

分区示意图	说明
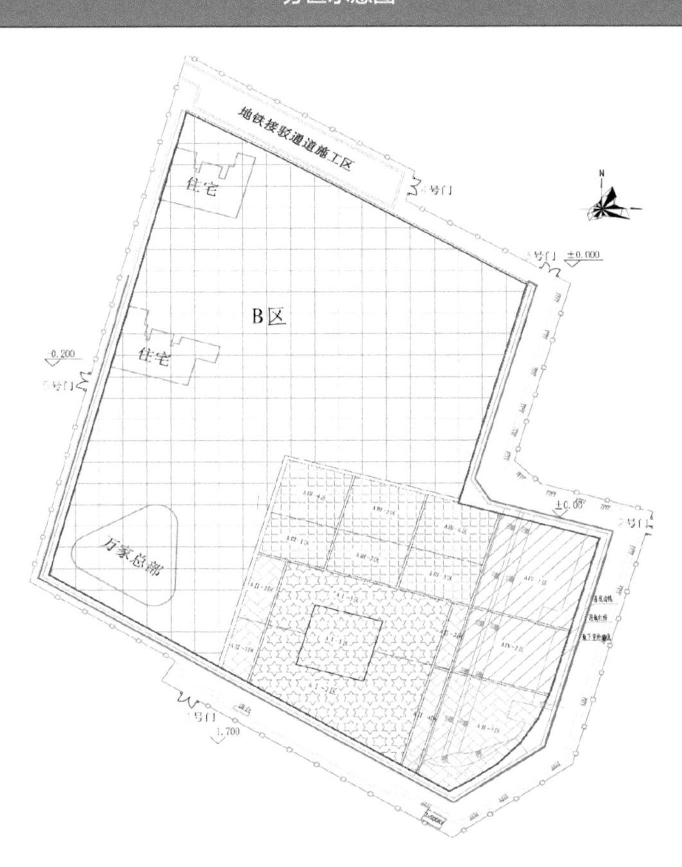 项目总体平面图 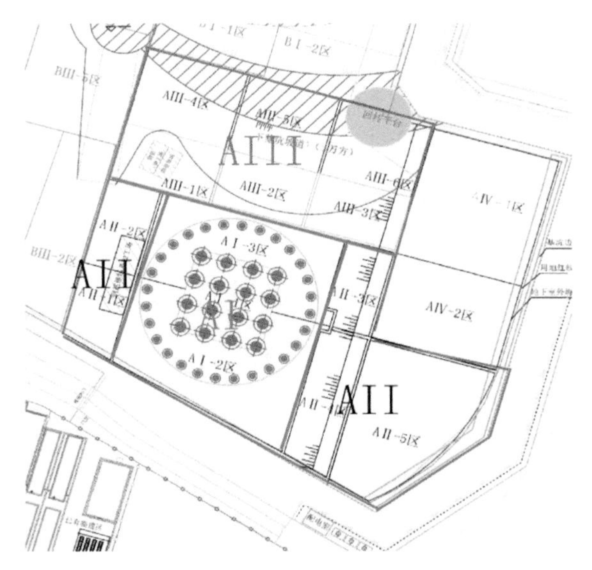 	根据AB区现有坡道、图纸后浇带设计、预留土台及功能要求，中国华润大厦划分为3个施工大区。 中国华润大厦塔楼为Ⅰ区，华润大厦周边及美术馆区为Ⅱ区，现有坡道占有区为Ⅲ区。

基础底板施工阶段分区图

续表

<table>
<tr><th>分区示意图</th><th>说明</th></tr>
<tr><td>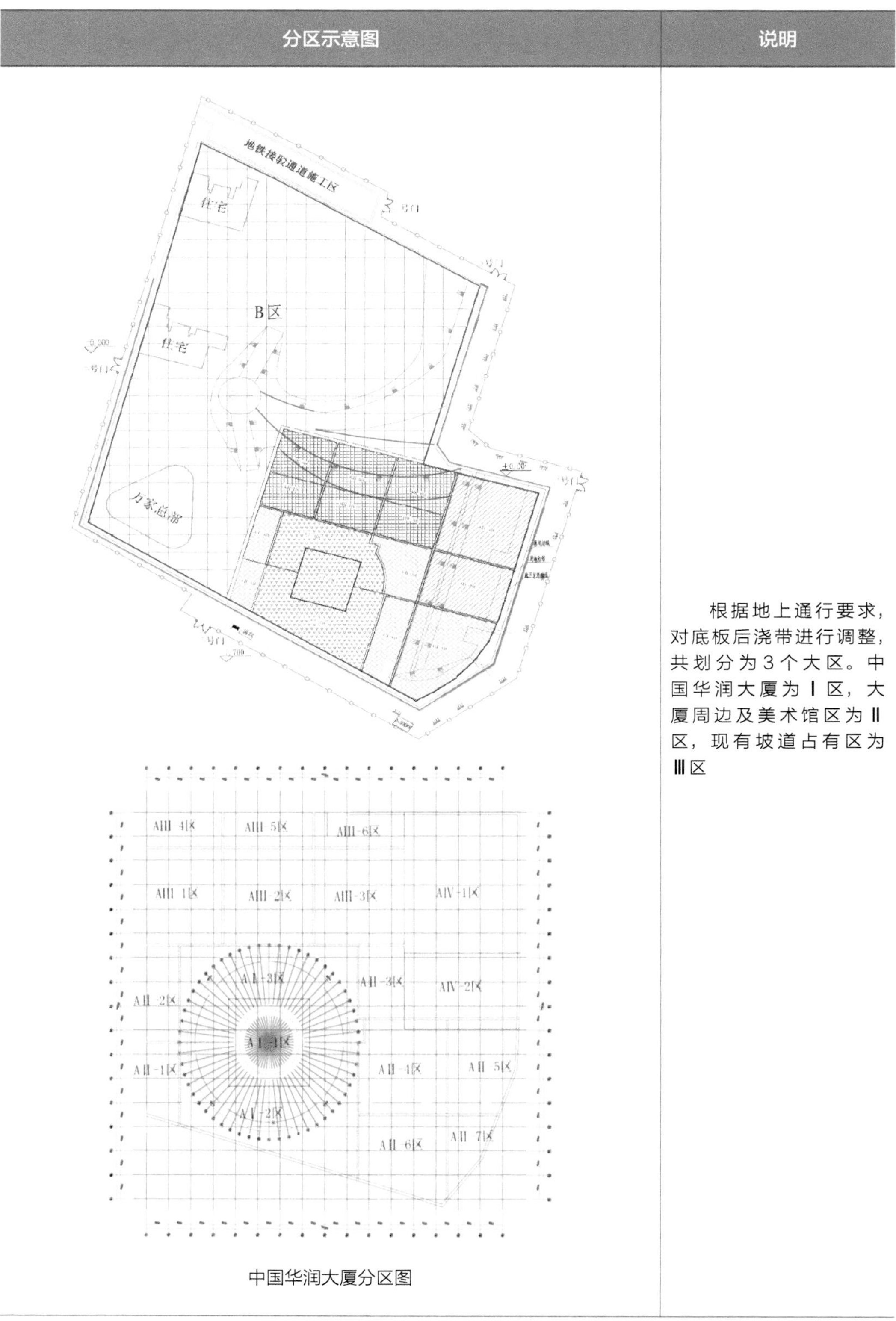

中国华润大厦分区图</td><td>根据地上通行要求，对底板后浇带进行调整，共划分为3个大区。中国华润大厦为Ⅰ区，大厦周边及美术馆区为Ⅱ区，现有坡道占有区为Ⅲ区</td></tr>
<tr><td colspan="2">地下室结构施工阶段分区图</td></tr>
</table>

续表

分区示意图	说明
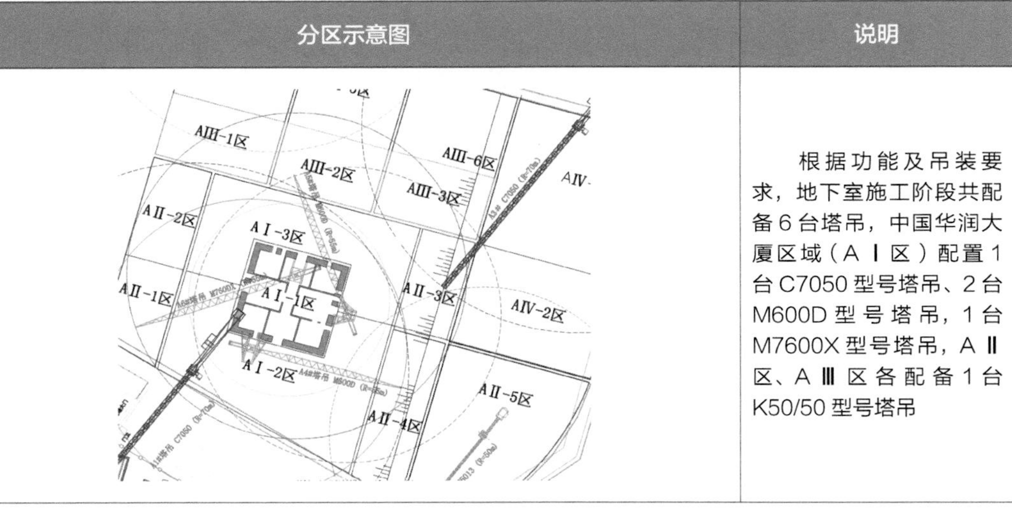	根据功能及吊装要求，地下室施工阶段共配备6台塔吊，中国华润大厦区域（AⅠ区）配置1台C7050型号塔吊、2台M600D型号塔吊，1台M7600X型号塔吊，AⅡ区、AⅢ区各配备1台K50/50型号塔吊
地下室塔吊布置图	
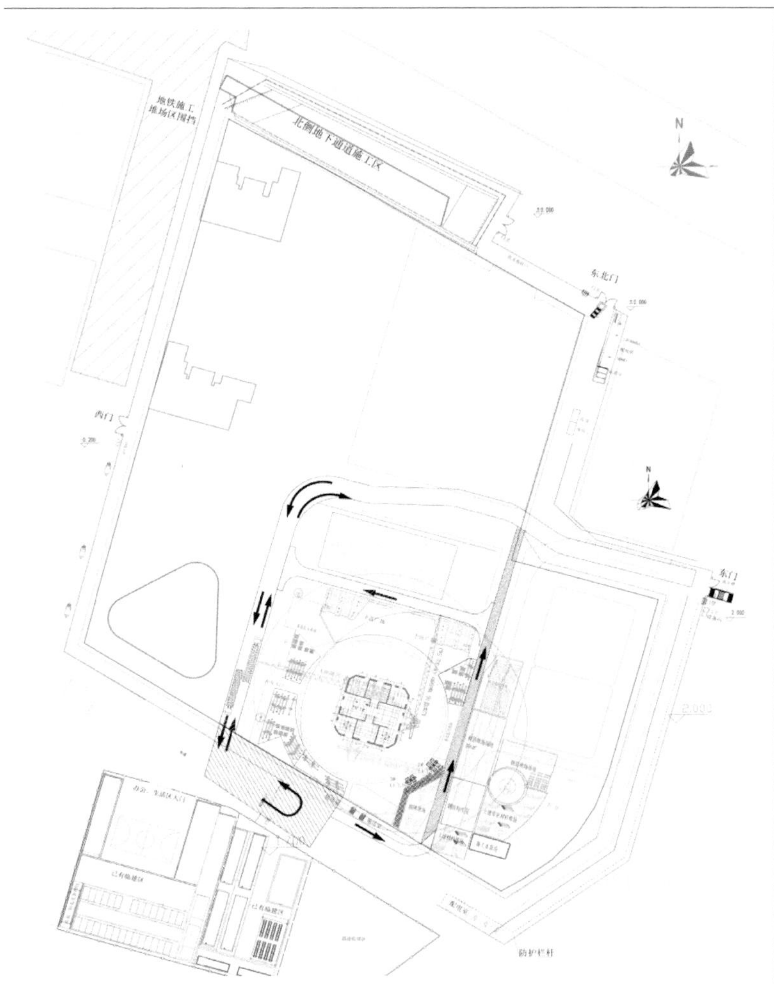	1. 中国华润大厦塔楼施工阶段投入2台M600D型号动臂塔吊、1台M900D型号动臂塔吊 2. 7台施工电梯 3. AⅡ区、AⅢ区各配备1台K50/50型号塔吊
地上阶段主要设备布置图	

中国华润大厦立面分区及验收。

中国华润大厦结构分为地下室结构与塔楼主体结构 2 个施工区段。塔楼竖向结构施工划分为 6 个区段，第一区段 1~13 层，第二区段 14~24 层，第三区段 25~36 层，第四区段 37~48 层，第五区段 49~62 层，第六区段 63~66 层。

中国华润大厦根据竖向分区，分段组织结构验收。地下室结构验收一次，塔楼主体分结构验收 4 次。

粗装修、机电安装、幕墙随各段主体结构验收完成及时插入。精装修在粗装修、机电安装及幕墙工程完成各区段后插入（图 4-15）。

验收阶段	验收范围	标高范围
地下室结构验收	B4~L1	-24.5~-0.1m
塔楼结构验收	L1~L24	-0.1~131.15m
	L25~L48	131.15~249.9m
	L49~ 屋面层	249.9~344.9m
	屋面 ~ 塔冠	344.9~392.5m

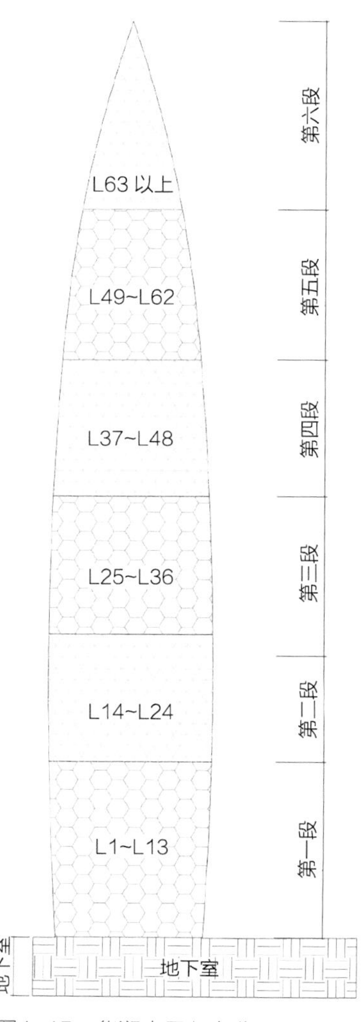

图4-15 华润大厦竖向分段图

4.2 关键施工节点

1. 基坑与地下室施工节点

序号	主要工序	开始时间	结束时间	持续时间（天）
1	基坑支护和土方开挖	2012.12.1	2013.12.1	365
2	桩基工程	2013.12.2	2014.4.12	131
3	地下室底板	2014.4.2	2014.5.21	49
4	地下室核心筒	2014.5.24	2014.9.17	116
5	地下室外框筒	2014.6.15	2014.11.24	162
6	地下室砌体结构	2015.1.26	2015.12.25	333
7	地下室粗装修	2015.7.2	2016.3.1	243
8	地下室机电工程	2015.10.10	2016.10.17	373
9	地下室精装修	2016.3.2	2017.5.30	454

2. 地上施工节点

序号	主要工序	开始时间	结束时间	持续时间（天）
1	核心筒竖向混凝土结构	2014.11.17	2016.6.29	600
2	外框结构	2015.7.1	2016.11.16	504
3	尖顶钢结构	2016.12.11	2017.4.8	118
4	砌体结构	2016.2.26	2017.5.25	454
5	粗装修工程	2016.4.15	2017.10.2	535
6	机电工程	2016.5.15	2018.8.18	825
7	幕墙工程	2016.6.25	2018.6.18	723
8	电梯工程	2016.9.14	2017.12.2	444
9	精装修工程	2016.9.19	2018.10.28	769

4.3 施工现场平面布置及管理

4.3.1 施工平面布置依据

1. 施工平面布置原则

（1）充分利用完工的地下室顶板结构：本工程中国华润大厦、裙楼周边塔吊覆盖区域有限，钢构件的卸载和场地堆场比较有限，充分利用地下室顶板结构及总部大楼下沉广场进行运输及作为钢构件堆场，装修、幕墙、机电等后续作业进场后，材料运输和堆场空间需求剧增。

（2）主要工序优先：主体结构施工阶段优先满足钢结构运输、吊装和混凝土浇筑运输组织，在装饰装修阶段主要以幕墙和外立面施工为重点展开平面布置。

（3）利用场地中间临时道路形成回路，满足材料运输要求。

（4）按专业工种分区，集中管理，高效利用：场地由总承包单位统一规划布置，统一协调和管理，按专业、工种划分施工用地，临时中转场地由总包统一管理，避免用地交叉、相互影响干扰。

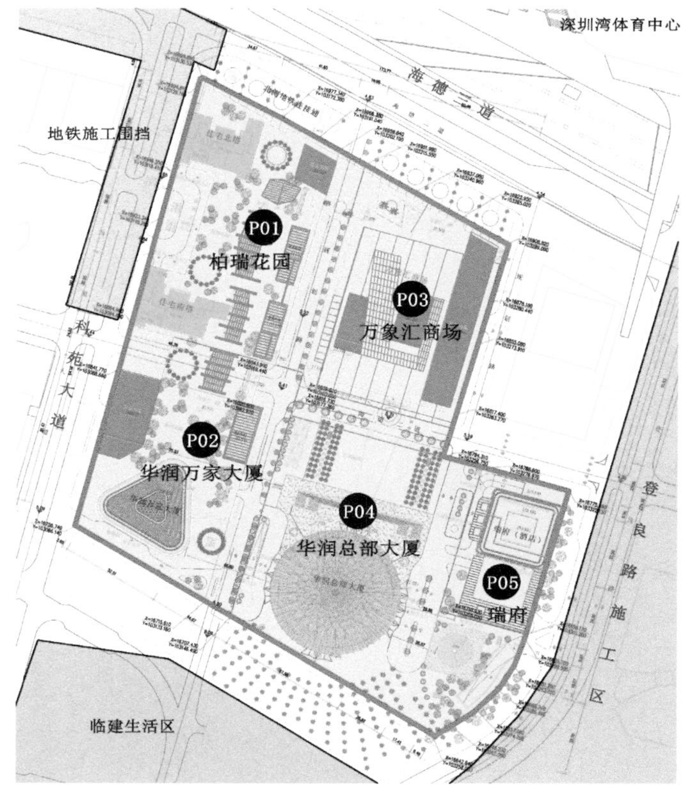

图4-16　中国华润大厦地理位置示意图

（5）确保安全，兼顾美观，绿色环保：合理规划场地，确保使用安全，同时分类有序布置各种设施，紧而不乱，协调美观，达到国家安全文明示范工地标准。平面布置还需充分考虑节能、节材、节水、节地和环保功能，做到绿色施工。

2. 总平面现状及分析

（1）大门

现场开设 3 个大门，东、南、东北侧各 1 个，东北侧大门为基坑施工单位出土使用。在车辆出入大门口设有挡车器，现场设有洗车槽和沉淀池，人员出入大门设置电子门禁，材料运输可从东侧和南侧的施工大门进出。

（2）现场办公区

现场办公区设置于场地南侧，办公区与施工区中间设有道路，安全隔离办公区与生活区。办公区内设置两层办公室，封样间设置在办公区内。

（3）地理位置及周边环境图

该工程位于深圳市南山区后海，北临海德三道接环北路，东临登良路，西临科苑大道及科苑南路（图 4-16）。

4.3.2　施工平面布置说明

1. 生产区主要施工阶段平面布置

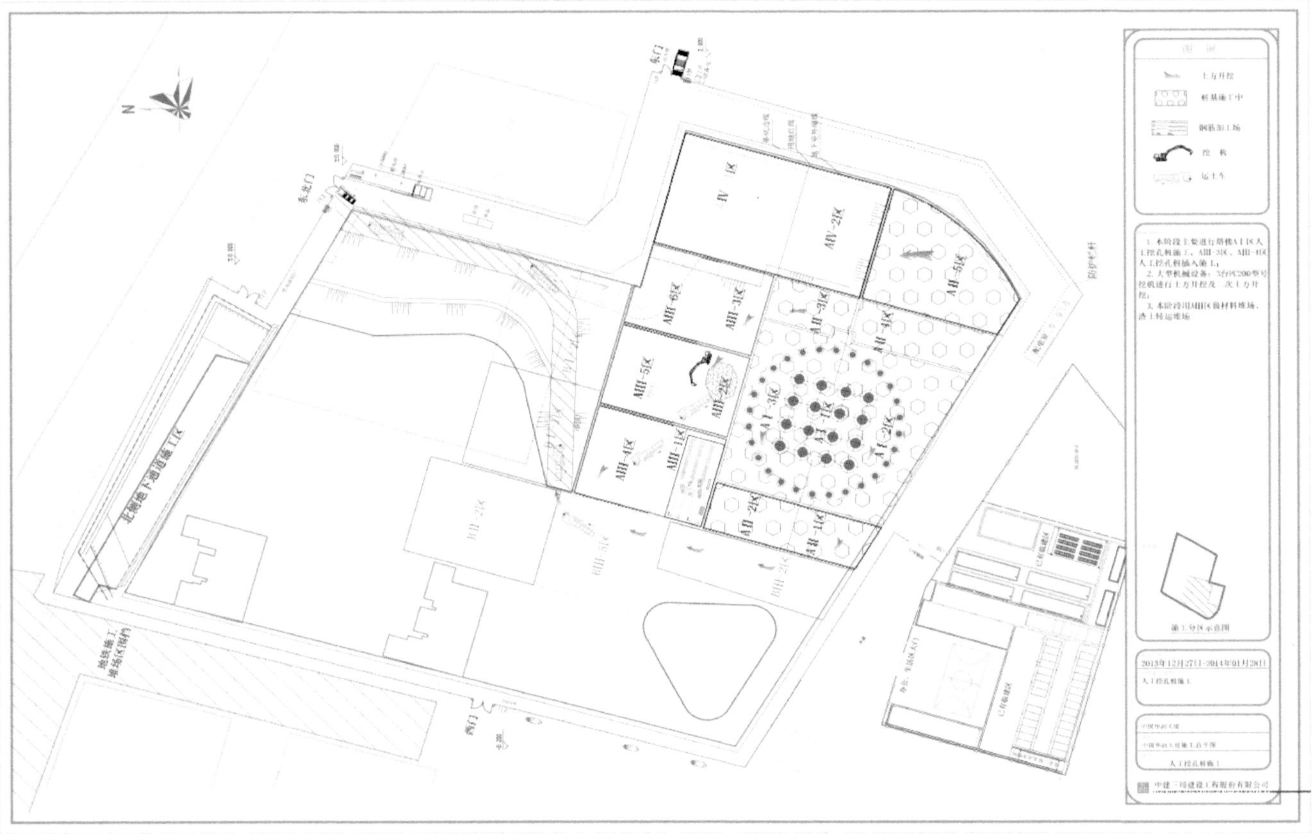

图例

土方开挖

桩基施工中

钢筋加工场

挖机

运土车

1. 本阶段主要进行塔楼AⅠ区人工挖孔桩施工，AⅢ-3区、AⅢ-4区人工挖孔桩插入施工；
2. 大型机械设备：3台PC200型号挖机进行土方开挖及二次土方开挖；
3. 本阶段用AⅢ区做材料堆场、渣土转运堆场

施工分区示意图

2013年12月27日-2014年01月28日

人工挖孔桩施工

中国华润大厦

中国华润大厦施工总平面图

人工挖孔桩施工

中建三局建设工程股份有限公司

北侧地下通道施工区

地铁施工堆场区围挡

东门

东北门

西门

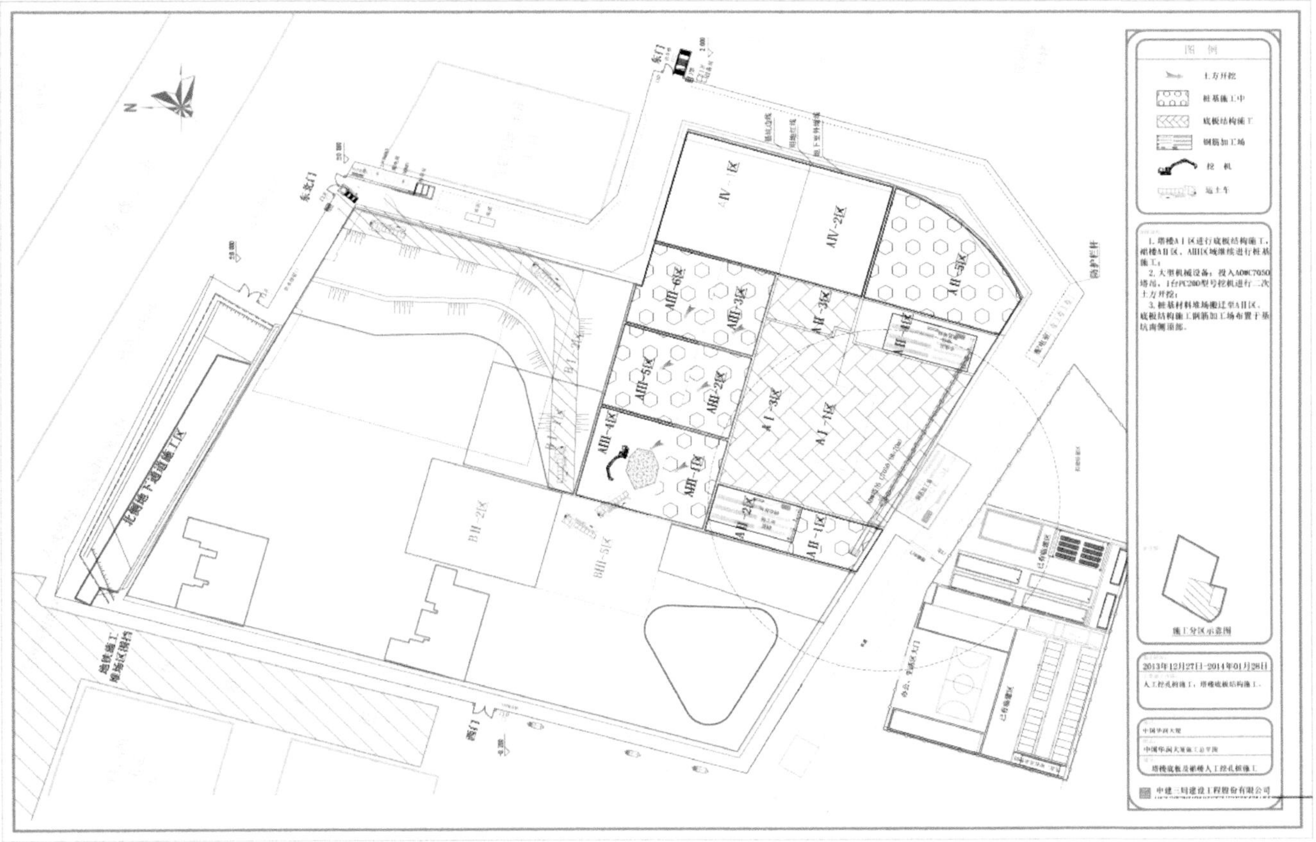

图例

土方开挖

桩基施工中

底板结构施工

钢筋加工场

挖机

运土车

1. 塔楼AⅠ区进行底板结构施工，裙楼AⅡ区、AⅢ区域继续进行桩基施工；
2. 大型机械设备：投入AOMC7050塔吊，1台PC200型号挖机进行二次土方开挖；
3. 桩基材料堆场搬迁至AⅡ区，底板结构施工钢筋加工场布置于基坑南侧顶部。

施工分区示意图

2013年12月27日-2014年01月28日

人工挖孔桩施工，塔楼底板结构施工。

中国华润大厦

中国华润大厦施工总平面图

塔楼底板及裙楼人工挖孔桩施工

中建三局建设工程股份有限公司

北侧地下通道施工区

地铁施工堆场区围挡

东门

东北门

西门

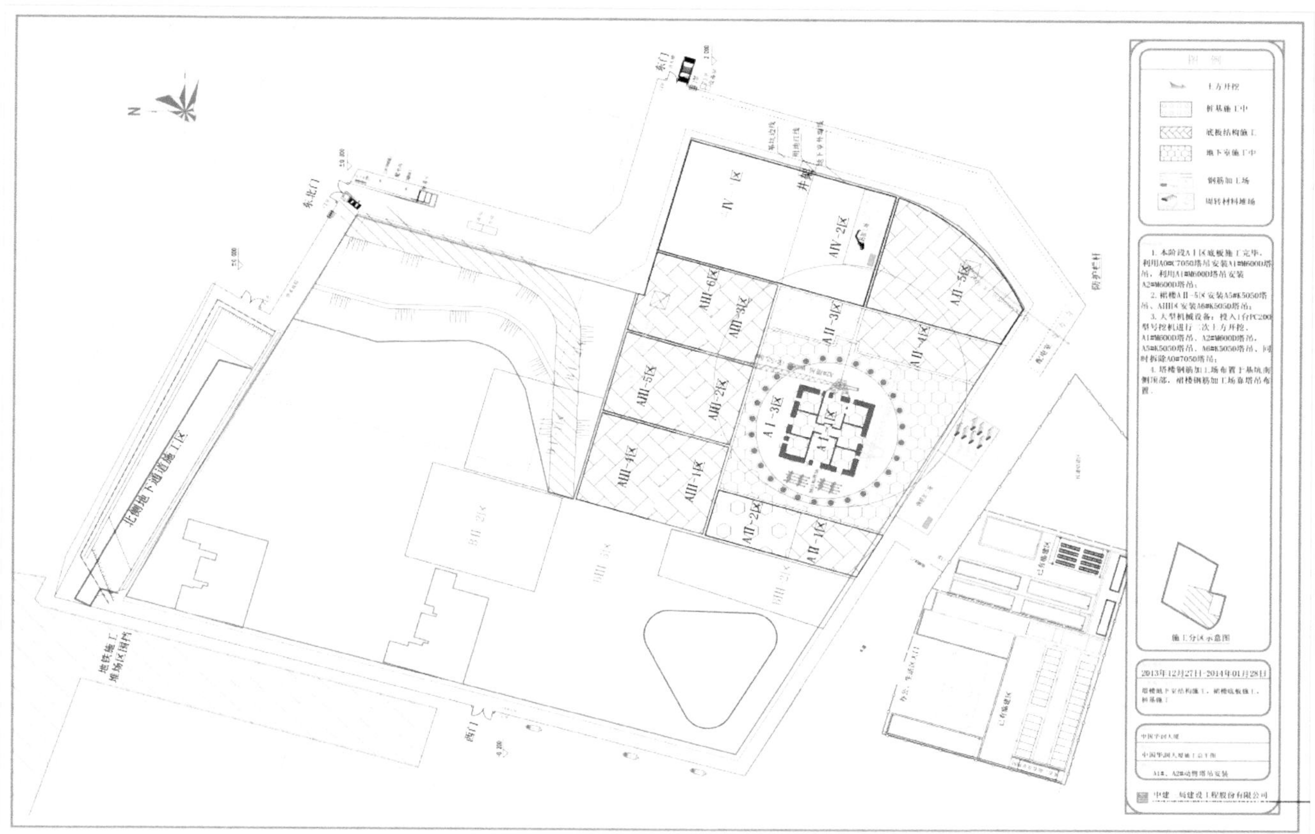
图例
土方开挖
桩基施工中
底板结构施工
地下室施工中
钢筋加工场
周转材料堆场
1. 本阶段A I区底板施工完毕，利用A0#C7050塔吊安装A1#M600D塔吊，利用A1#M600D塔吊安装A2#M600D塔吊；
2. 裙楼A II-5区安装A5#K5050塔吊、AIII区安装A6#K5050塔吊；
3. 大型机械设备：投入1台PC200型号挖机进行二次土方开挖，A1#M600D塔吊、A2#M600D塔吊、A5#K5050塔吊、A6#K5050塔吊，同时拆除A0#7050塔吊；
4. 塔楼钢筋加工场布置于基坑南侧顶部，裙楼钢筋加工场靠塔吊布置。
施工分区示意图
2013年12月27日-2014年01月28日
北侧地下通道施工区
东北门
东门
西门
防护栏杆
IV区
AIV-2区
AIV-5区
AII-6区
AIII-3区
AII-3区
AII-4区
AII-5区
AII-2区
A I-3区
AIII-4区
AII-1区
AII-2区
A II-1区
中建三局建设工程股份有限公司

图例
底板施工完成
地下室施工中
钢筋加工场
周转材料堆场
钢结构材料堆场
1. 本阶段完成顶模安装，核心筒内A3#M900D塔吊安装，核心筒内1#、2#施工电梯安装，裙楼结构继续往上施工；
2. 大型机械设备：沿用前阶段的A1#、A2#、A5#、A6#塔吊，投入A3#M900D塔吊，1#、2#施工电梯；
3. 本阶段材料堆场沿用前阶段材料堆场。
施工分区示意图
2013年12月27日-2014年01月28日
地下室结构施工。
2014年年前施工部署
北侧地下通道施工区
东北门
东门
西门
防护栏杆
IV区
AIV-2区
AIV-5区
AII-6区
AIII-3区
AII-3区
AII-4区
AII-5区
AII-2区
A I-3区
AIII-4区
AIII-1区
AII-2区
中建三局建设工程股份有限公司

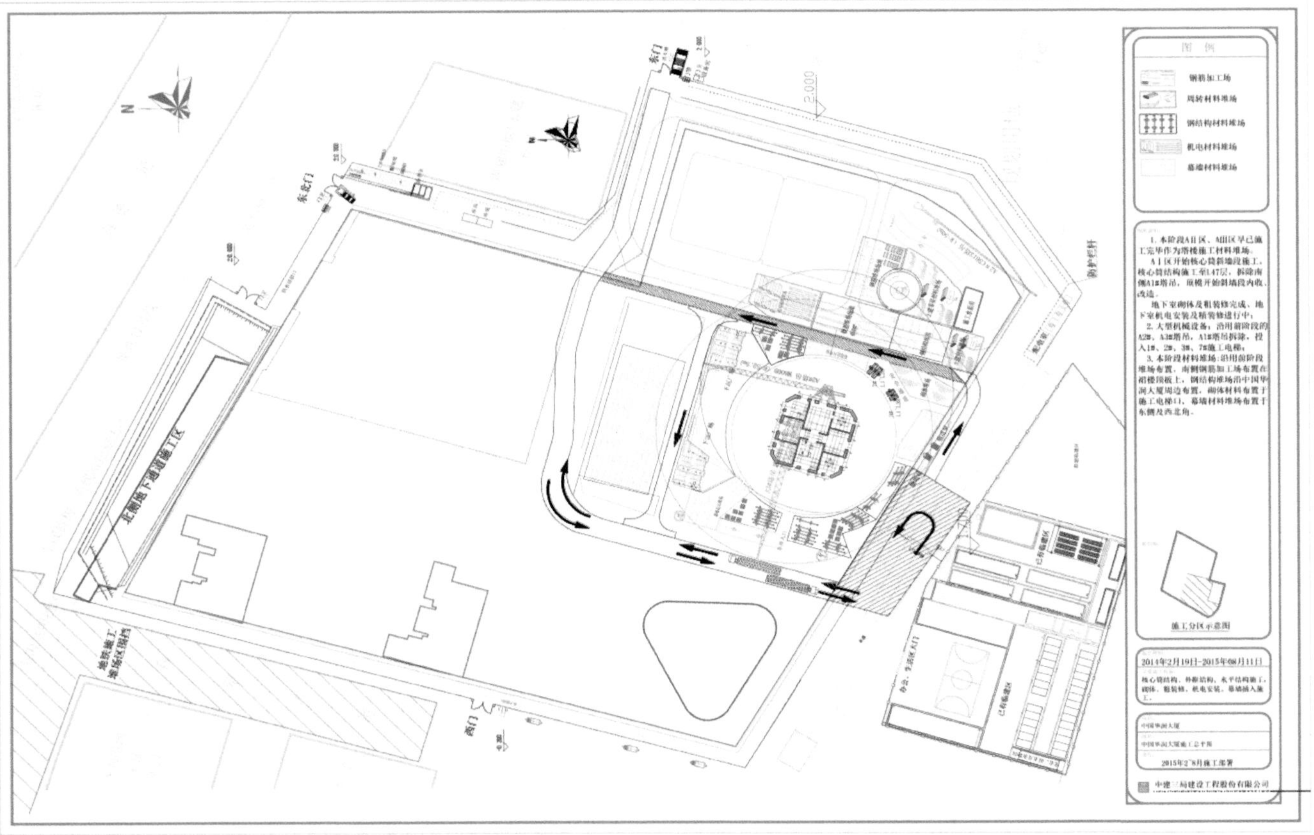
图例
钢筋加工场
周转材料堆场
钢结构材料堆场
机电材料堆场
幕墙材料堆场
1. 本阶段AII区、AIII区早已施工完毕作为塔楼施工材料堆场。
AI区开始核心筒斜墙段施工，核心筒结构施工至L47层，拆除南侧A1#塔吊，顶模开始斜墙段内收、改造。
地下室砌体及粗装修完成、地下室机电安装及精装修进行中；
2. 大型机械设备：沿用前阶段的A2#、A3#塔吊，A1#塔吊拆除，投入1#、2#、3#、7#施工电梯；
3. 本阶段材料堆场：沿用前阶段堆场布置，南侧钢筋加工场布置在裙楼顶板上，钢结构堆场沿中国华润大厦周边布置，砌体材料布置于施工电梯口，幕墙材料堆场布置于东侧及西北角。
施工分区示意图
2014年2月19日-2015年08月11日
核心筒结构、外框结构、水平结构施工，砌体、粗装修、机电安装、幕墙插入施工。
中国华润大厦
中国华润大厦施工总平面
2015年2~8月施工部署
中建三局建设工程股份有限公司
东门
东北门
西门
北侧地下通道施工区
防护栏杆

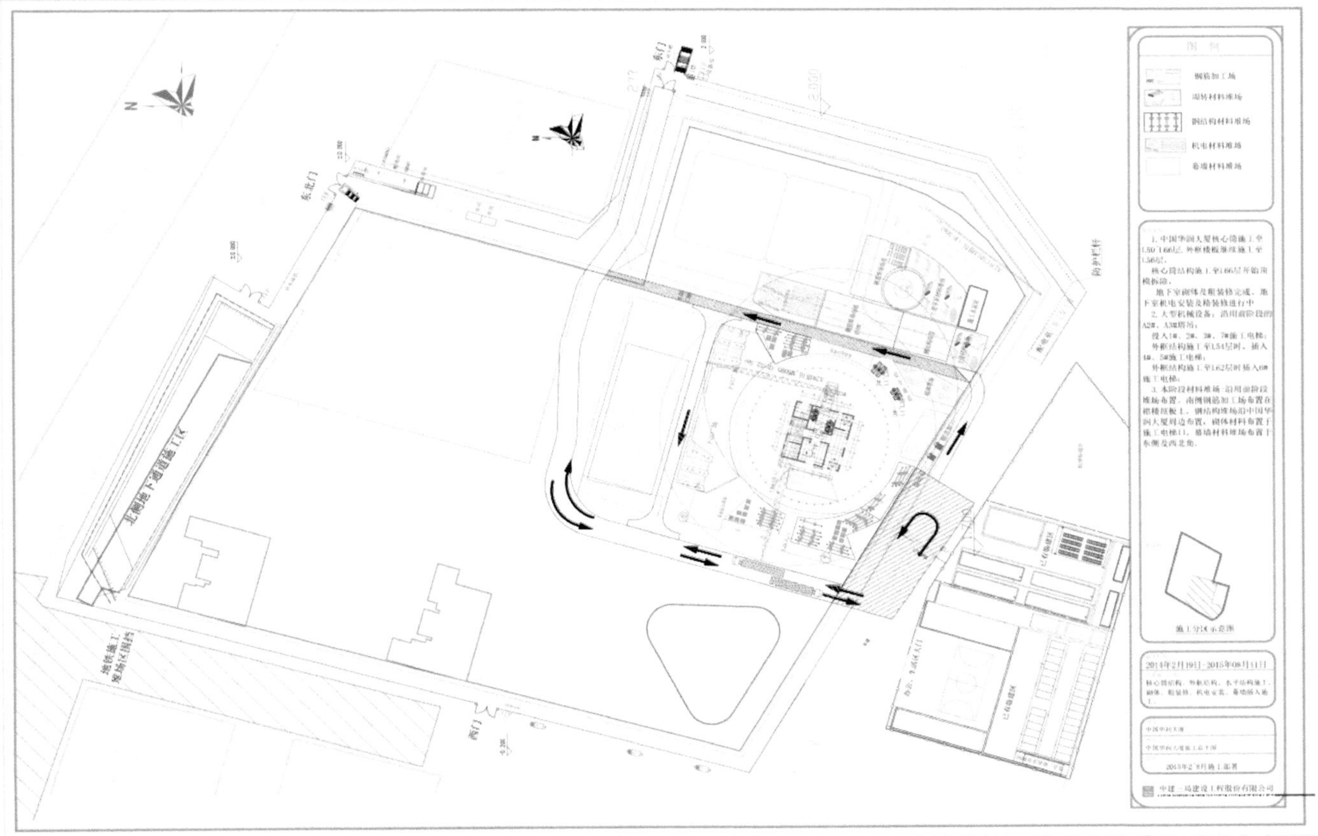
图例
钢筋加工场
周转材料堆场
钢结构材料堆场
机电材料堆场
幕墙材料堆场
1. 中国华润大厦核心筒施工至L50~L66层，外框楼板继续施工至L56层。
核心筒结构施工至L66层开始顶模拆除。
地下室砌体及粗装修完成、地下室机电安装及精装修进行中
2. 大型机械设备：沿用前阶段的A2#、A3#塔吊；
投入1#、2#、3#、7#施工电梯；
外框结构施工至L54层时，插入4#、5#施工电梯；
外框结构施工至L62层时插入6#施工电梯；
3. 本阶段材料堆场：沿用前阶段堆场布置，南侧钢筋加工场布置在裙楼顶板上，钢结构堆场沿中国华润大厦周边布置，砌体材料布置于施工电梯口，幕墙材料堆场布置于东侧及西北角。
施工分区示意图
2014年2月19日-2015年08月11日
核心筒结构、外框结构、水平结构施工，砌体、粗装修、机电安装、幕墙插入施工。
中国华润大厦
中国华润大厦施工总平面
2015年2~8月施工部署
中建三局建设工程股份有限公司
东门
东北门
西门
北侧地下通道施工区
防护栏杆

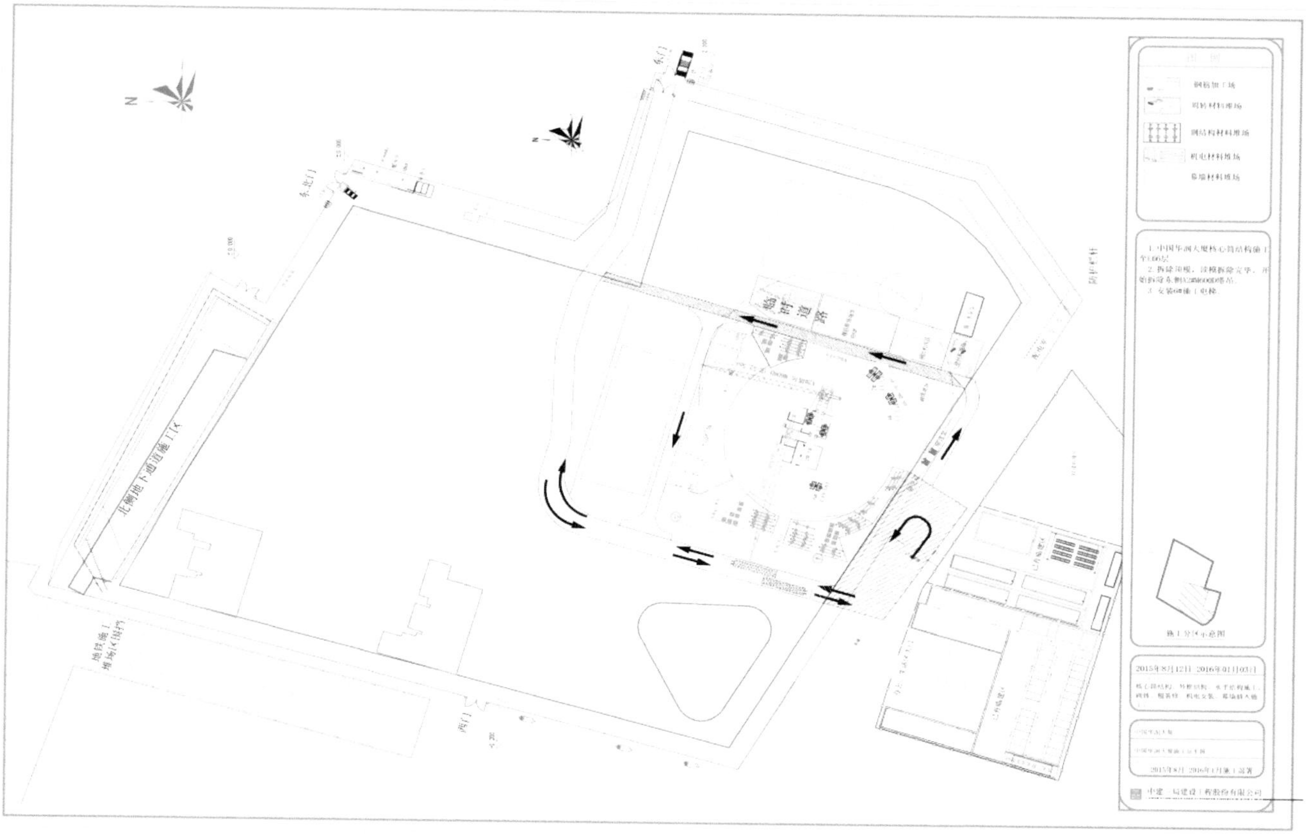

北侧地下通道施工区

临时道路

东北门

东门

西门

地铁施工场地(围挡)

图例

钢筋加工场

周转材料堆场

钢结构材料堆场

机电材料堆场

幕墙材料堆场

1. 中国华润大厦核心筒结构施工至[illegible]层。

2. 拆除顶模，顶模拆除完毕，开始拆除[illegible]塔吊。

3. 安装6#施工电梯。

施工分区示意图

2015年8月12日-2016年01月03日

核心筒结构、外框结构、水平结构施工，砌体、精装修、机电安装、幕墙插入施工。

中国华润大厦

中国华润大厦施工总平面图

2015年8月-2016年1月施工部署

中建三局建设工程股份有限公司

北侧地下通道施工区

临时道路

东北门

东门

西门

地铁施工场地(围挡)

图例

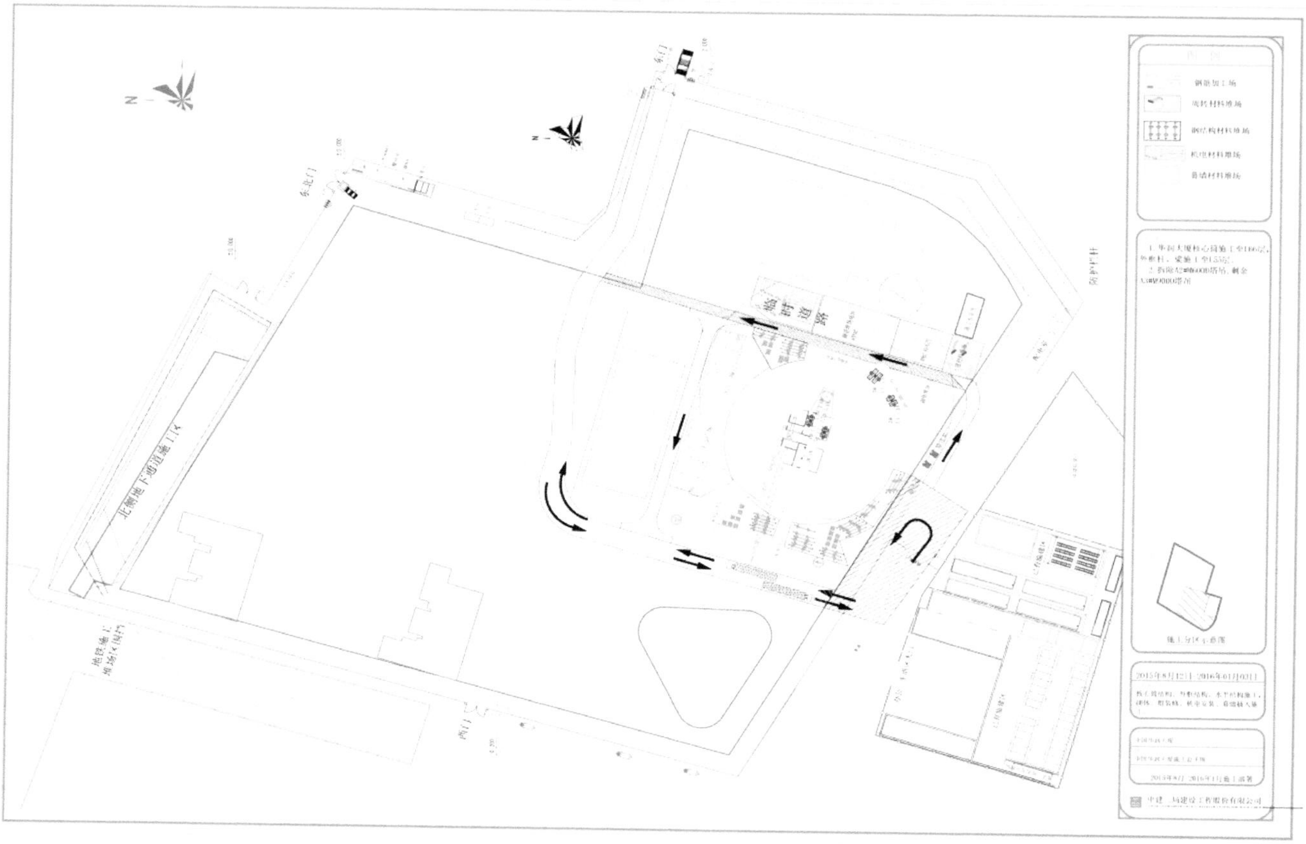

钢筋加工场

周转材料堆场

钢结构材料堆场

机电材料堆场

幕墙材料堆场

1. 华润大厦核心筒施工至[illegible]层，外框柱、梁施工至[illegible]层。

2. 拆除[illegible]塔吊，剩余[illegible]塔吊。

施工分区示意图

2015年8月12日-2016年01月03日

核心筒结构、外框结构、水平结构施工，砌体、精装修、机电安装、幕墙插入施工。

中国华润大厦

中国华润大厦施工总平面图

2015年8月-2016年1月施工部署

中建三局建设工程股份有限公司

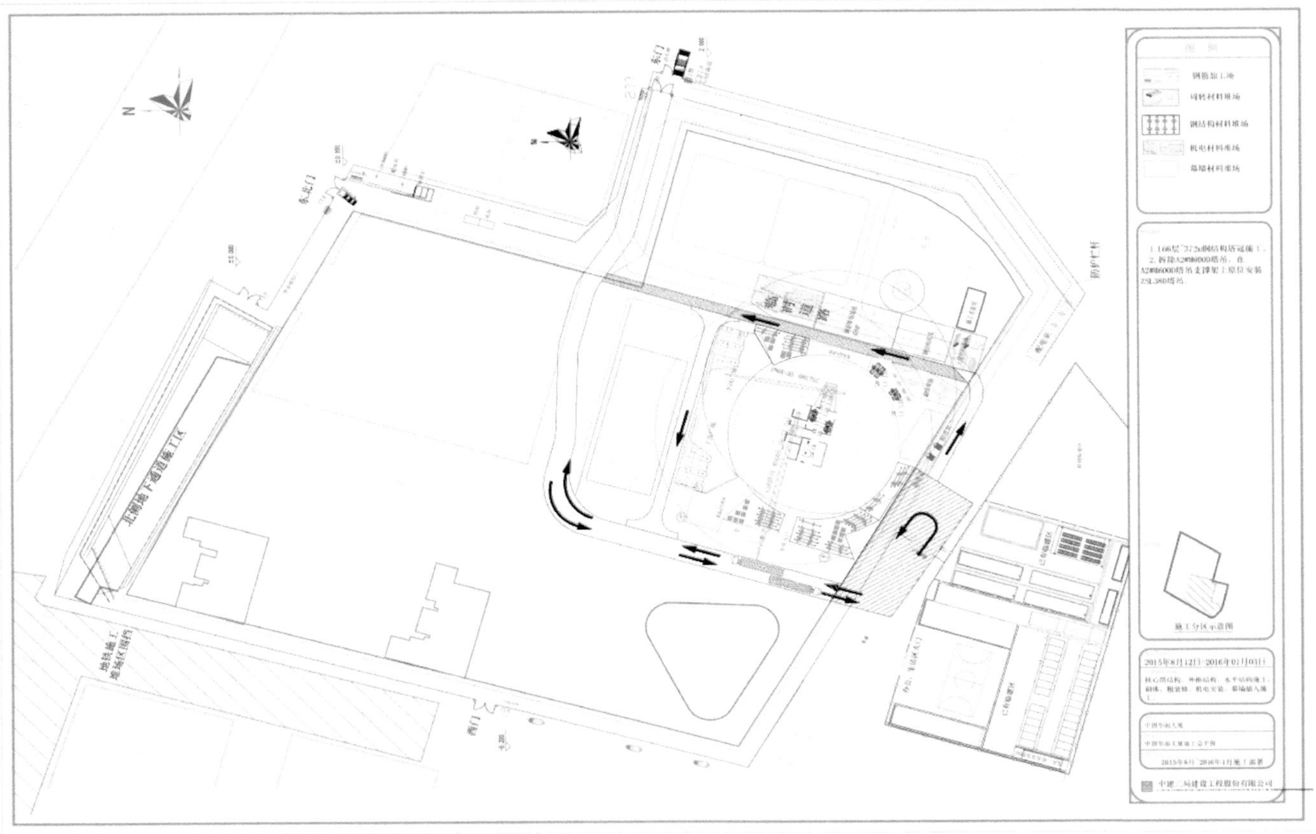

东门

东北门

北侧地下通道施工区

地铁施工
堆场区围挡

西门

防护栏杆

临时道路

图例

钢筋加工场

周转材料堆场

钢结构材料堆场

机电材料堆场

幕墙材料堆场

1. L66层~372m钢结构塔冠施工。
2. 拆除A2#M6000塔吊，在A2#M6000塔吊支撑架上原位安装ZSL380塔吊。

施工分区示意图

2015年8月12日-2016年01月03日

核心筒结构、外框结构、水平结构施工，砌体、粗装修、机电安装、幕墙插入施工。

中国华润大厦

中国华润大厦施工总平面图

2015年8月~2016年1月施工部署

中建三局建设工程股份有限公司

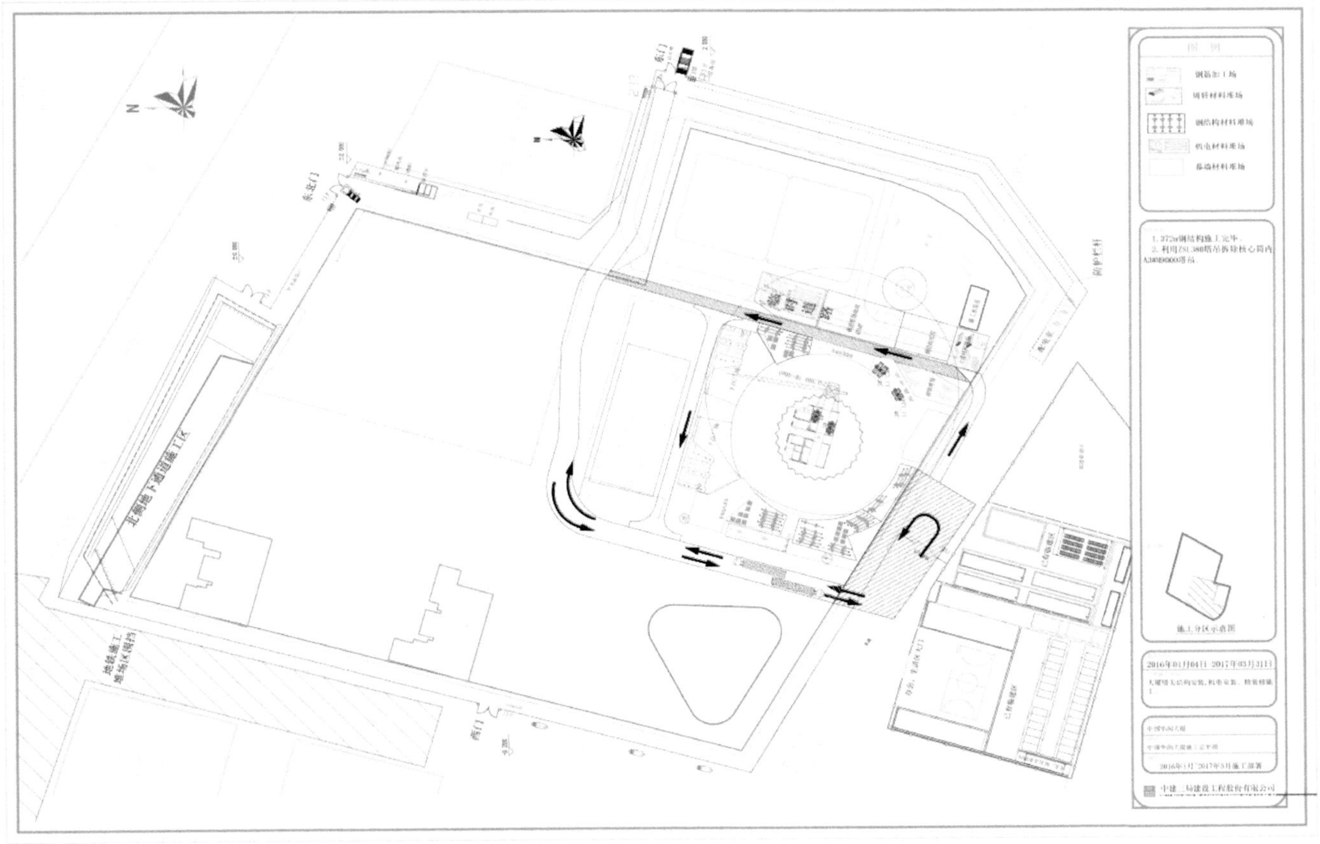

东门

东北门

北侧地下通道施工区

地铁施工
堆场区围挡

西门

防护栏杆

临时道路

图例

钢筋加工场

周转材料堆场

钢结构材料堆场

机电材料堆场

幕墙材料堆场

1. 372m钢结构施工完毕。
2. 利用ZSL380塔吊拆除核心筒内A3#M900D塔吊。

施工分区示意图

2016年01月04日-2017年03月31日

大堂塔冠结构安装，机电安装、精装修施工。

中国华润大厦

中国华润大厦施工总平面图

2016年1月~2017年3月施工部署

中建三局建设工程股份有限公司

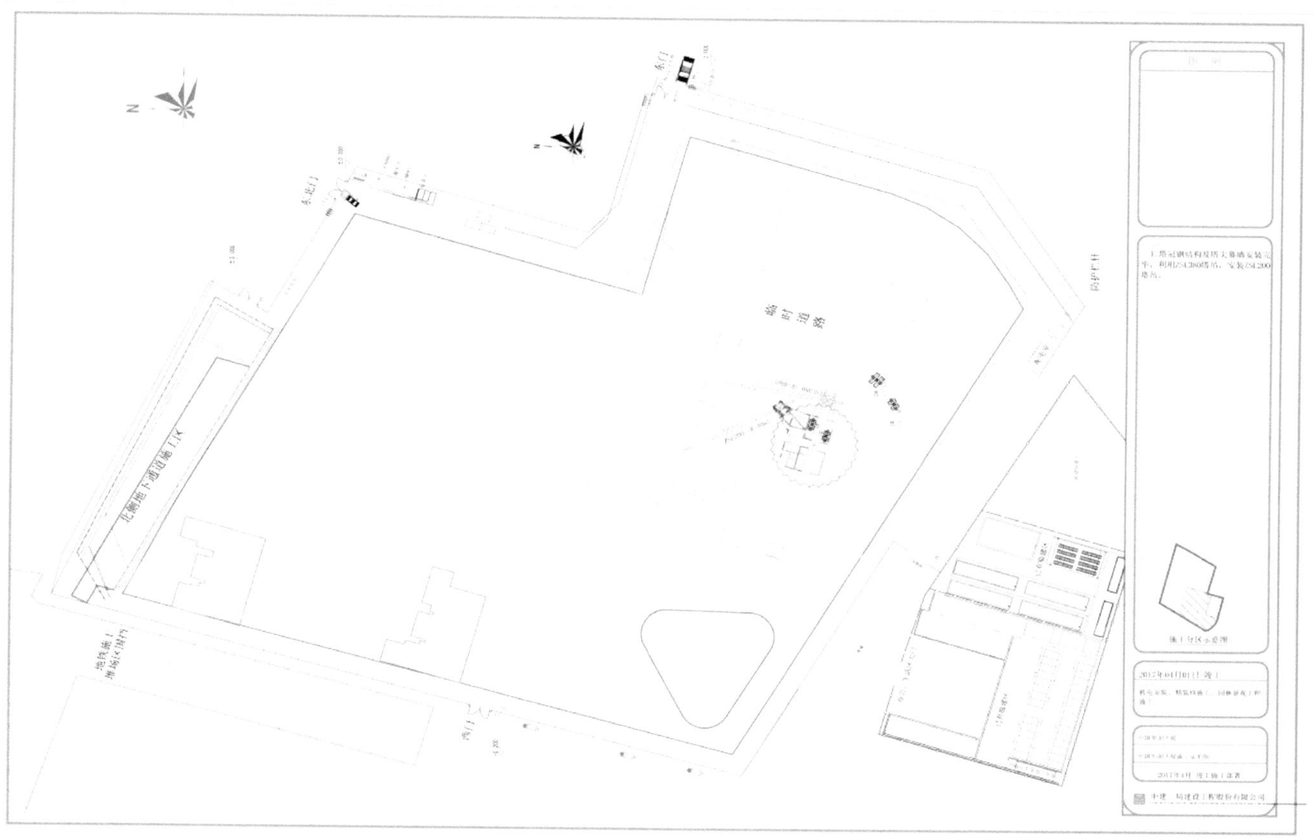

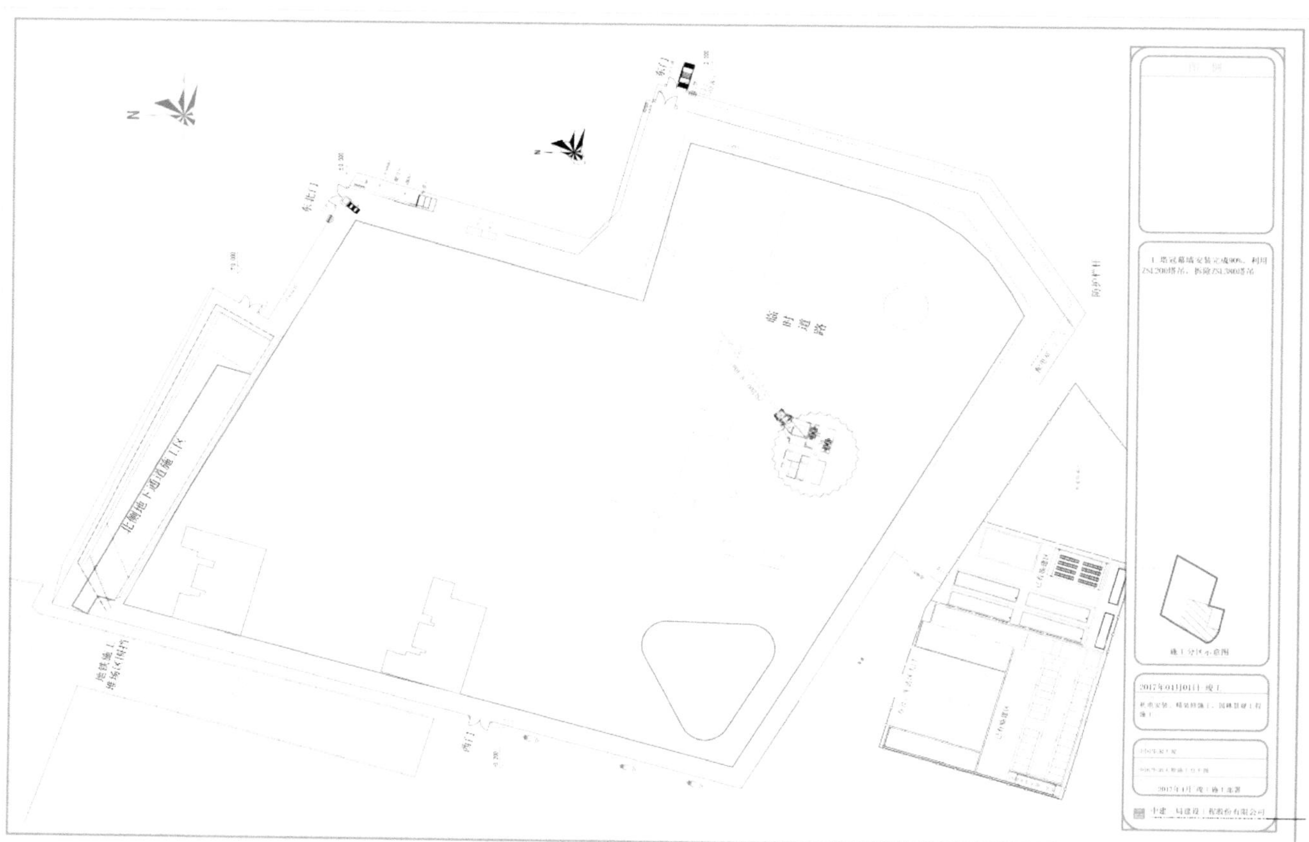

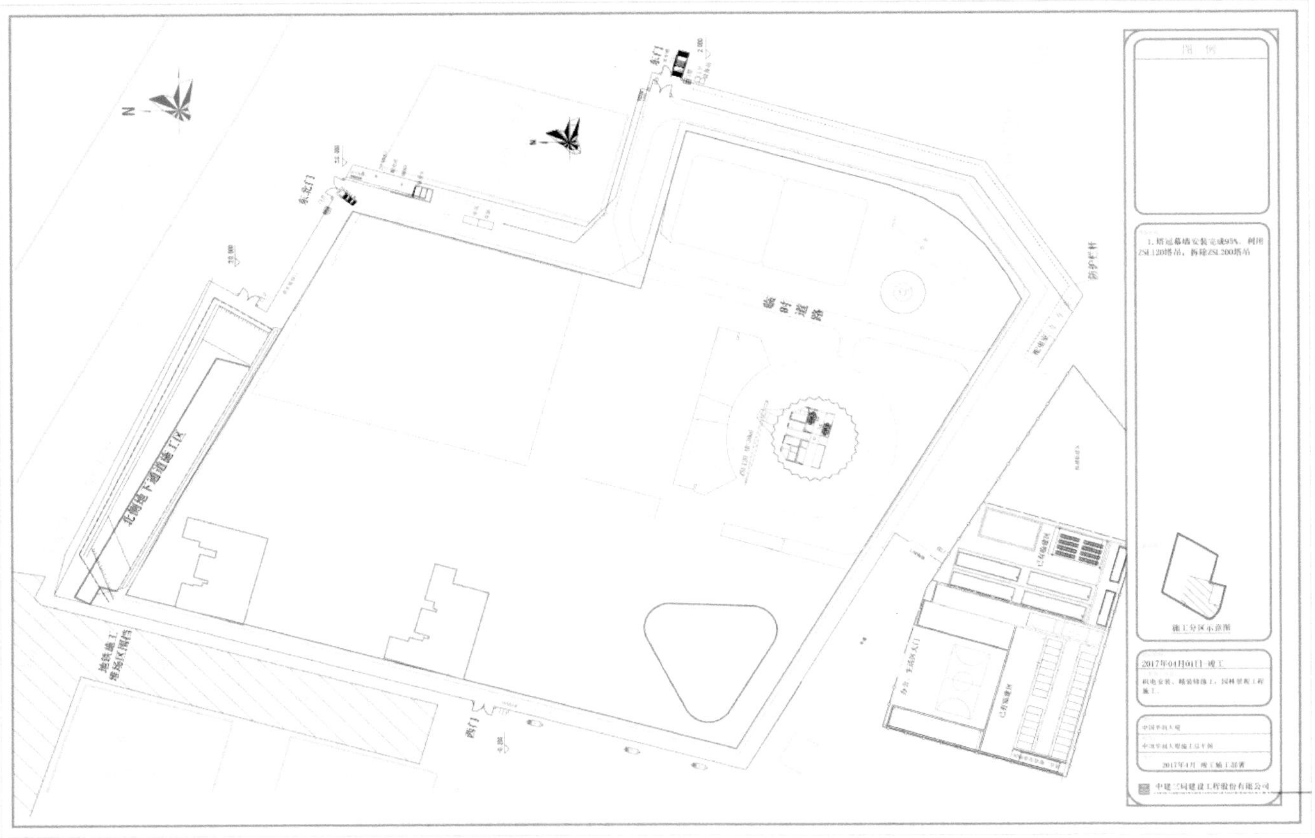

图例

1. 塔冠幕墙安装完成95%，利用ZSL120塔吊，拆除ZSL200塔吊

施工分区示意图

2017年04月01日-竣工

机电安装、精装修施工，园林景观工程施工。

中国华润大厦

中国华润大厦施工总平图

2017年4月-竣工施工部署

中建三局建设工程股份有限公司

东门

东北门

西门

临时道路

北侧地下通道施工区

地铁施工场地区围挡

防护栏杆

办公、生活区大门

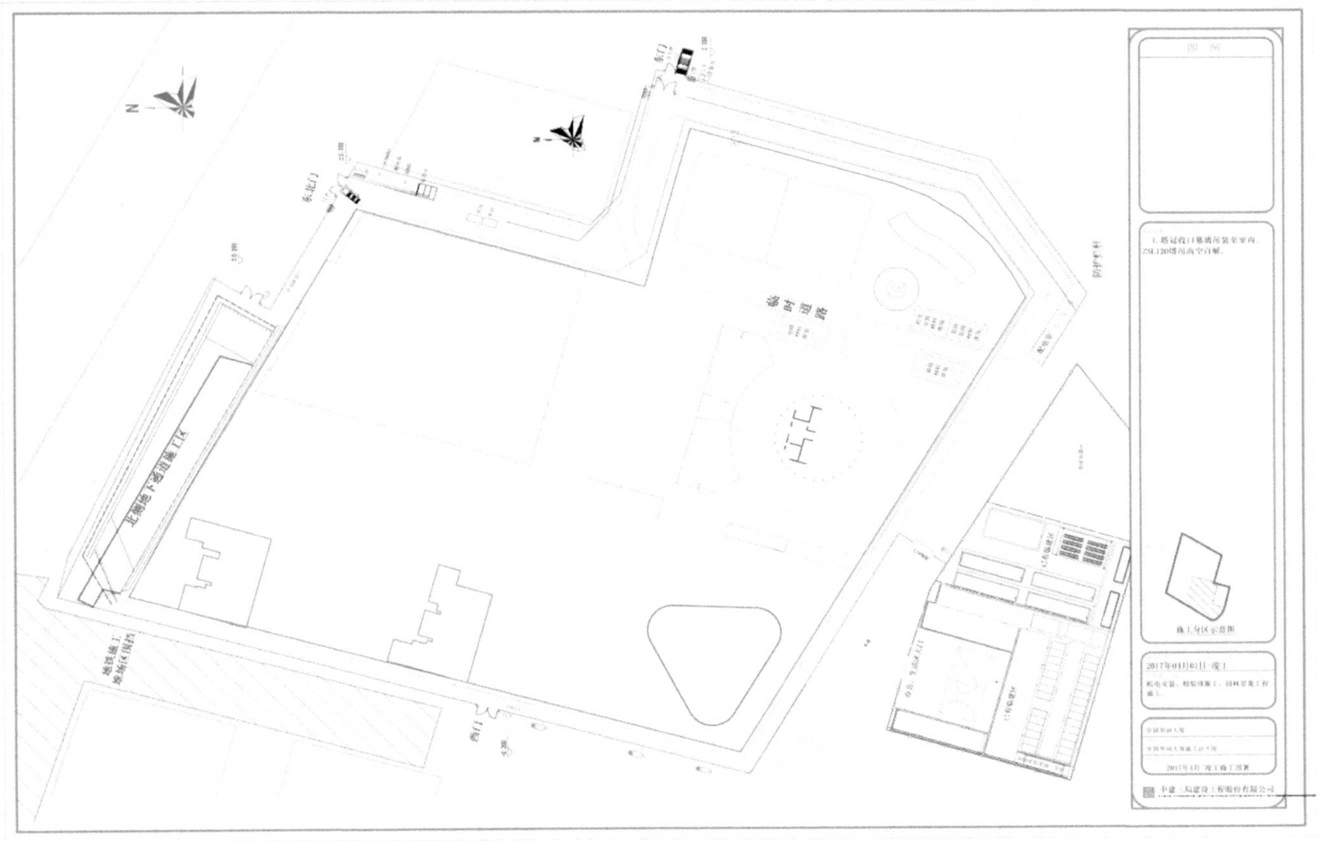

图例

1. 塔冠收口幕墙吊装至室内，ZSL120塔吊高空自解。

施工分区示意图

2017年04月01日-竣工

机电安装、精装修施工，园林景观工程施工。

中国华润大厦

中国华润大厦施工总平图

2017年4月-竣工施工部署

中建三局建设工程股份有限公司

东门

东北门

西门

临时道路

北侧地下通道施工区

地铁施工场地区围挡

防护栏杆

办公、生活区大门

2. 办公及生活区平面布置图

临建场地占地面积约 14160m^2，主要分为工人住宿区和管理人员办公生活区。工人住宿区设置 262 个房间，供 2200 名工人住宿；管理人员办公生活区设置 98 间办公室及会议室、管理人员宿舍 92 间，供 270 名业主、监理、总包管理人员办公及住宿（图 4-17）。

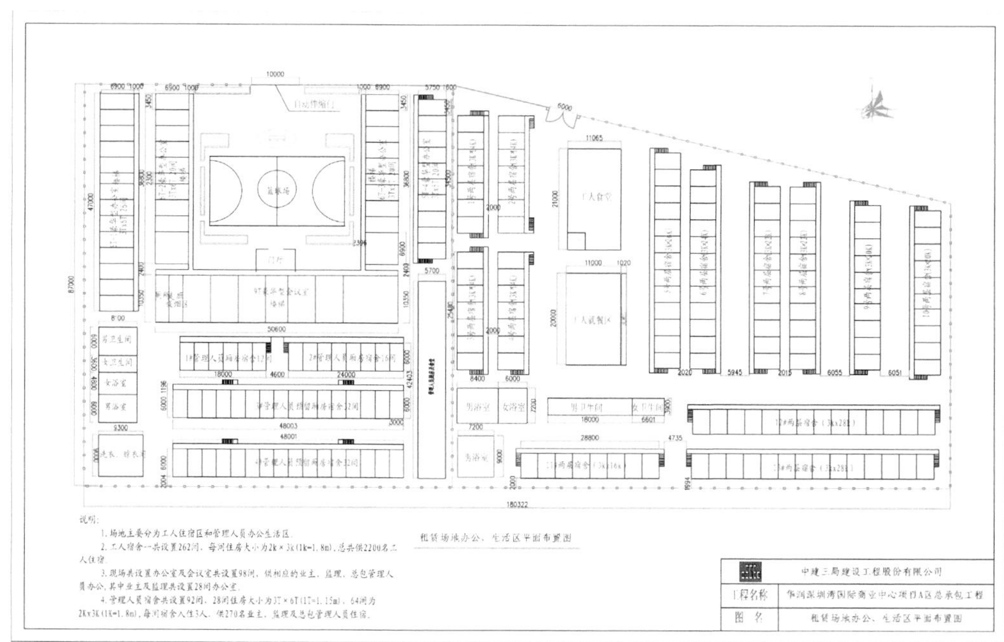

图4-17　办公及生活区平面布置图

5

关键施工技术

5.1 超深桩锚支护基坑施工关键技术

华润项目基坑支护面积约 55990m^2，周长约 1013m，基坑深度 24.64~30.64m，支护形式为桩锚支护体系，是国内采用桩锚体系中最深基坑。基坑土方开挖量约 150 万 m^3。根据地勘报告，大概 -3m 标高以上主要为回填土，-3m~-12m 标高左右为淤泥层，-12m 标高以下为黏土层、花岗岩层等好土层。场地内淤泥厚度大，局部达 11.7m，淤泥土方量约 50 万 m^3。

5.1.1 超深基坑开挖支护遇深厚淤泥层施工技术

项目创造性地在 11.7m 厚淤泥质基坑中采用支护桩 + 锚索支护形式，大大突破了“桩锚支护”在全国范围内的应用深度，运用“超深基坑开挖支护遇深厚淤泥层施工技术”有效控制基坑的位移与沉降。

1. 总体工艺流程

按锚索标高位置进行土方的分层。采用大开挖的方式进行第一层的土方开挖，第二、三层土方采用“中心盆式”开挖，即从中心向四周开挖的方式，运土车通过 4 个大门处的 4 条主干道直接进入基坑运土。第四、五、六、七层土方采用“盆式”和“岛式”相结合的方式进行淤泥层开挖，即从四周往中间开挖，4 条主干道交汇处形成“中心岛”，在土方挖至 -24.64m 标高时，再挖完“中心岛”处土方。

（1）第 1 阶段淤泥开挖，-3m 标高以上主要为回填土，为了便于挖机行走和淤泥开挖，预留 1m 厚的回填土先不挖，采用 PC200 挖机开挖 -2 至 -7m 标高，从场地中心向外开挖，挖机边挖边退。在此过程施工第 1 、2 道锚索及腰梁。距离桩边 5m 处、宽 10m 的石渣填筑完成后，进行中心区域淤泥开挖，开挖至 -7m；同时桩边 5m 范围内填筑砖渣、铺设路基箱，进行锚索施工（图 5-1）。

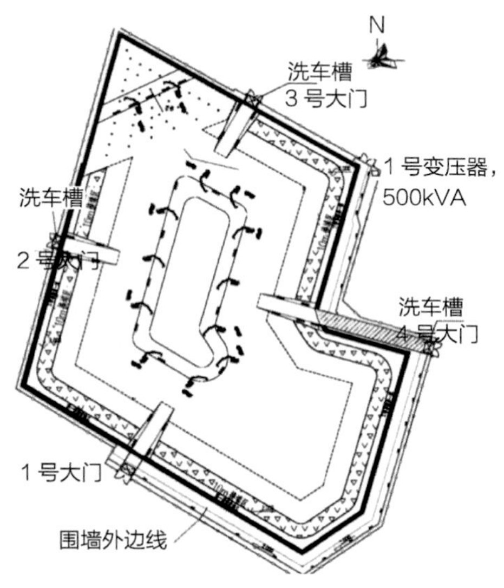

图5-1 第一阶段开挖示意图

（2）第 2 阶段淤泥开挖 -7 至 -12m 标高淤泥，先修建 4 条临时道路至淤泥层底标高，形成“以路为岛”的施工格局；再采用 PC200 挖机由道路中点从淤泥层底部向外开挖，并向中心区汇合，中心区交汇后再向四周扩散开挖，直至淤泥全部挖完，局部采用长臂挖机辅助开挖。以运土坡为中点向场地中心开挖，石渣填筑区域及邻近 15m 范围内土方标高相应下沉。中心区域淤泥从中心向四周开挖至 -12m，形成“以盆为路”的施工格局；在此过程中，第 3 、4 道锚索及腰梁施工完成；最终形成东西相通、南北分界的施工格局，有效控制基坑的位移与沉降（图 5-2、图 5-3）。

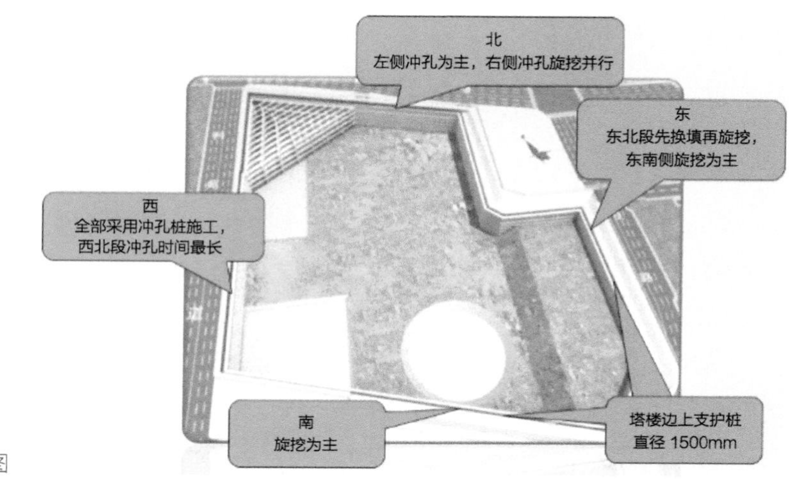

图5-2　项目基坑平面图

图5-3　项目基坑实景图

2. 主要淤泥层开挖施工方法

（1）定点深挖法

特别适用于仅要求淤泥面下降一定深度且需进行表面整平的淤泥开挖工程。施工时，挖淤泥机械位于已沉底的路堤上，采用反铲深挖路堤附近淤泥，远处淤泥不断流向挖掘点，从而可以不移挖淤机具，便可挖掘大量淤泥。

本工程淤泥开挖过程中，分层开挖，每台挖机位在临时道路上，挖掘工作半径范围内约 1.5m 厚的淤泥；再填筑道路，按照 1 ： 6 的坡率进行施工。因此，每次向下填筑的道路长度约 9m；一直到挖机能够下到粉质黏土层，约 -12.00m 标高。

（2）自然滑塌开挖

这种方法一次开挖深度较大，当持力硬土层为斜面时，一般从淤泥较浅处向深处开挖。当淤泥深度变化不大时，宜先抛土石填筑短路堤，以便挖泥机在路堤上退挖，直至形成通向持力硬土层上的施工平台后，挖泥机械便可下至施工平台上，采用进占法开挖。本工程的淤泥施工中，挖机挖至 -11.0m 标高之后，再从下往上，采用进占法开挖，将坡道两侧的淤泥全部挖完并运走。

（3）泥浆泵抽取法

适用于流动性淤泥，采用泥浆泵可以直接抽取，采用泥浆车运输。对于流动性较大的淤泥，则采用 20 台泥浆泵直接抽取。淤泥运输过程中，塑性淤泥采用自卸汽车进行运输，流性淤泥采用泥浆车进行运输。

5.1.2 基坑桩锚支护结构阳角处锚索碰撞处理技术

基坑锚索钻孔施工采用全程套管跟进的方式，施工工艺流程如下：套管跟进成孔→清孔、验孔→锚索制作、安装→一次注浆→套管拔出→孔口封堵→ 10h 后补浆→二次注浆→锚索张拉锁定→腰梁施工。

支护结构阳角位于基坑东侧（平面图中 JKLM 段），该处锚索有 3 个方向，预应力锚索采用 5×7ϕ5，长度达 36m，锚索的孔径 180mm，水平间距 1700mm，竖向间距约 3500mm（图 5-4、图 5-5）。

通过 BIM 对设计图纸进行建模，并选中锚索构件进行了首次碰撞检查，显示了首次碰撞检查报告，查出碰撞点共 241 个。采用 BIM 技术优化锚索设计角度，根据规范要求，钻孔倾斜度允许偏差为 3%，孔口位置允许偏差为 ±50mm，相邻锚索的水平间距大于 1.5m。其中小角度偏移对锚索水平分力及支护效果影响最小，经设计单位同意，钻孔倾斜度可在 ±1° 偏差范围内进行调整，锚索端部位移约在 ±600mm 范围内进行波动；在满足设计及规范要求的前提下倾斜角度调整以方便施工为原则，经优化后，从理论上大幅减少了碰撞率（图 5-6、图 5-7）。

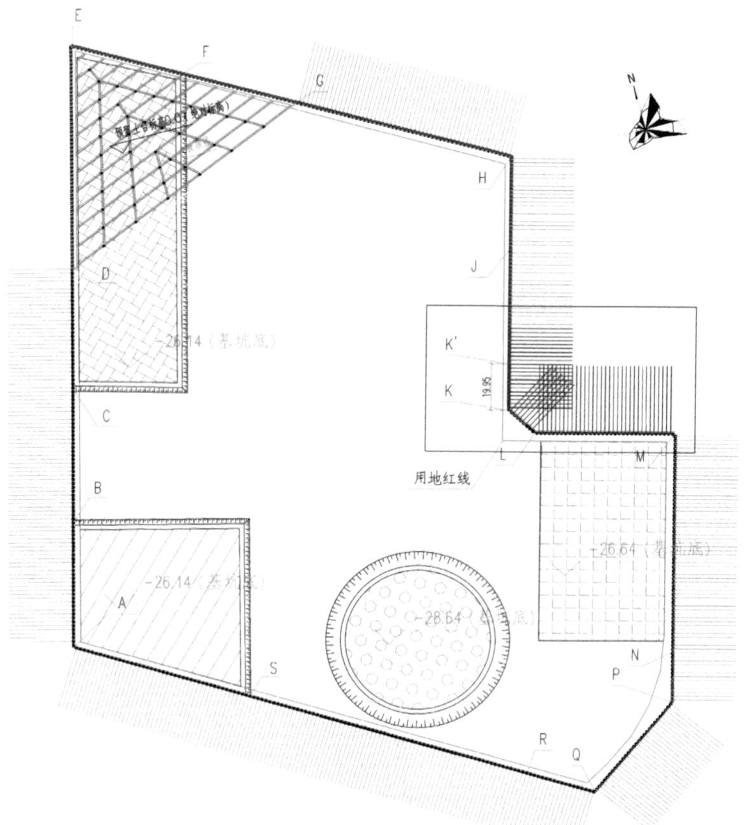

图5-4 基坑支护工程平面示意图

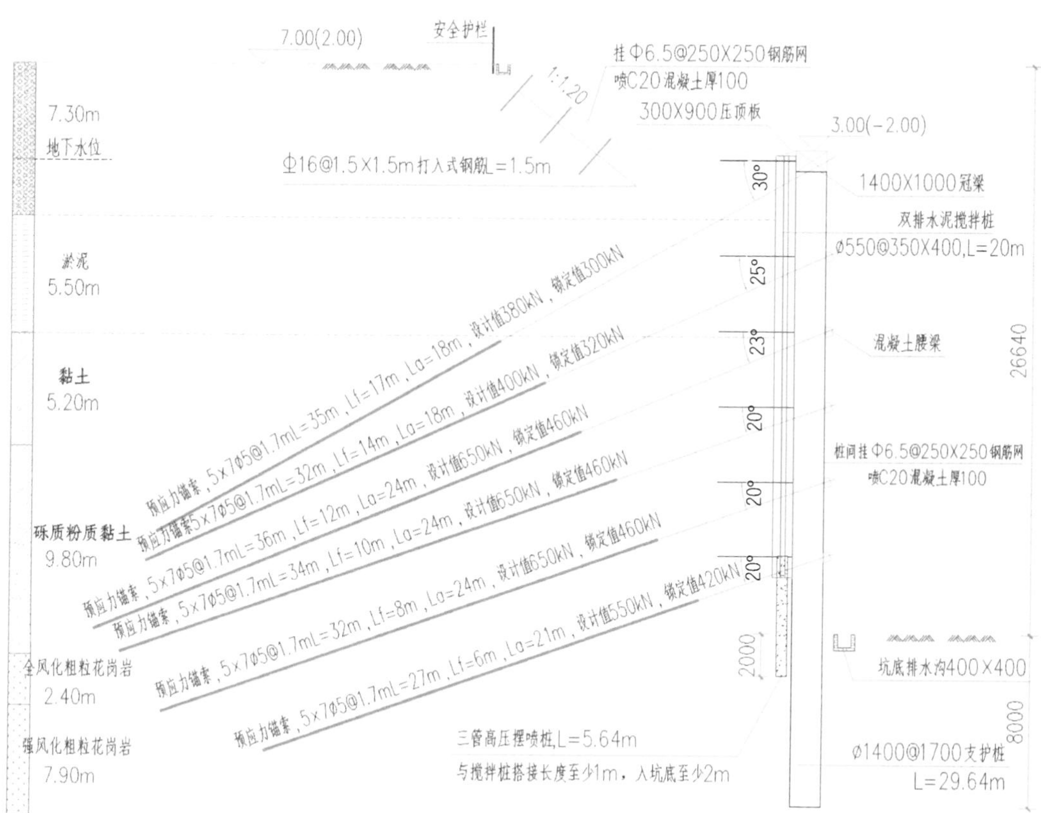

图5-5 JKL段剖面图

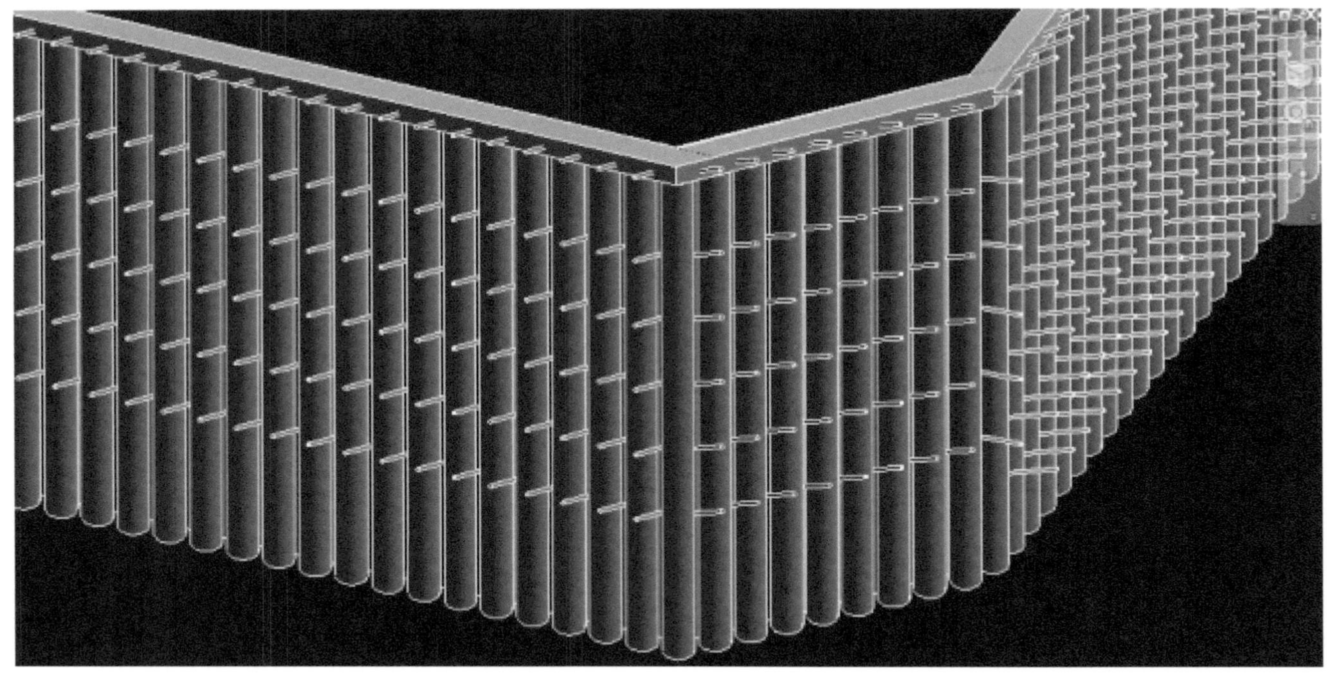

图5-6　锚索碰撞检查模型

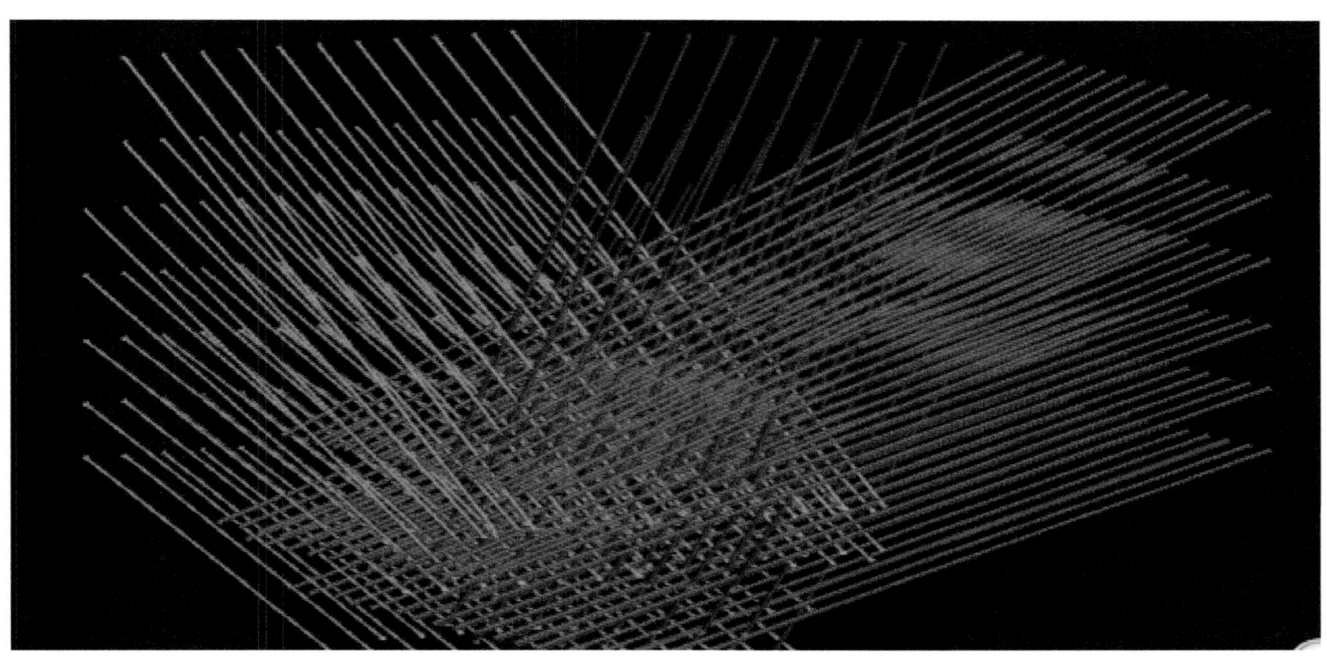

图5-7　大阳角锚索三维模型

实际碰撞点的标高均比 z 坐标理论值略低，这是由于锚索钻机成孔过程中，钻杆悬臂长度达 36m，故实际成孔将有所下挠。若施工过程不可避免地遭遇已施工锚索钻不动时，将钻杆回缩 2~3m 后，微调一定角度继续钻孔，尽可能从上方绕过已施工锚索，确保锚索水平分力满足设计要求及基坑支护安全（图 5-8）。

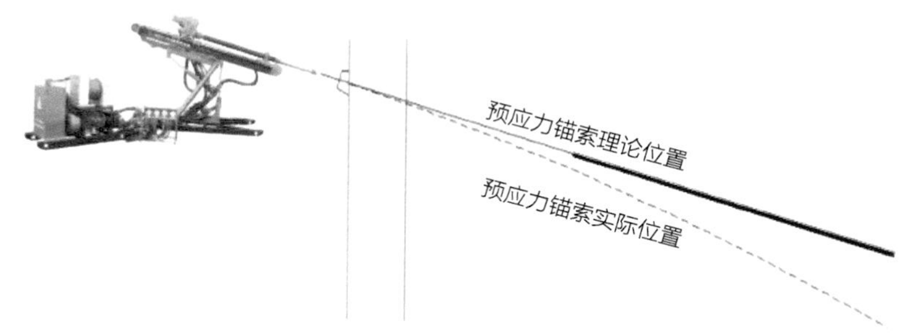

图5-8 锚索钻机成孔钻杆下挠示意图

5.2 大直径人工挖孔桩施工技术

中国华润大厦项目人工挖孔桩总数为 644 根，其中华润大厦塔楼区域设计人工挖孔桩灌注桩 44 根（抗压桩，桩径为 4.1m 的 12 根，桩径 4.5m 的 4 根，桩径 2.3m 的 28 根），裙楼区域人工挖孔灌注桩 600 根（承压抗拔桩，桩径 2.2m 的 1 根，桩径 1.2m 的 599 根），设计桩长约为 15~40m，桩端持力层为中风化花岗岩，嵌岩深度不小于 1m。

按《建筑桩基技术规范》（JGJ94-2008）的规定：当桩净距小于 2.5m 时，应采用间隔开挖，相邻桩跳挖时的最小施工净距不得小于 4.5m。桩基施工时按照“优化跳挖方案”和“避免与锚索施工工作面重叠”两大原则进行。

华润大厦塔楼区域 44 根桩无须进行跳挖，因该区预估桩长为 15~40m，差异较大，前期设备、人员等资源时投入优先考虑桩长较大的深桩，使其具备条件提前插入施工。华润大厦裙楼区域共 600 根桩，三桩、四桩、五桩、六桩承台均分两批跳挖。

根据深圳市现行规范提出的一级基坑变形的设计和监测控制值，结合工程周边环境条件和设计工况的要求，基坑围护设计单位提出以下主要监测数值要求：

监测报警控制值及实际监测值

序号	监测内容	警戒速率	累计警戒值	实际监测值
1	基坑顶水平位移	2mm/ 日	60mm	42mm
2	基坑顶沉降	2mm/ 日	30mm	24mm
3	地面沉降	2mm/ 日	30mm	22mm
4	坑外水位	—	300mm	233mm

大直径桩土方开挖时，分 4 组人在四个面同时进行，钢筋绑扎 6 人 / 根，人工挖孔桩的工艺流程（图 5-9）：

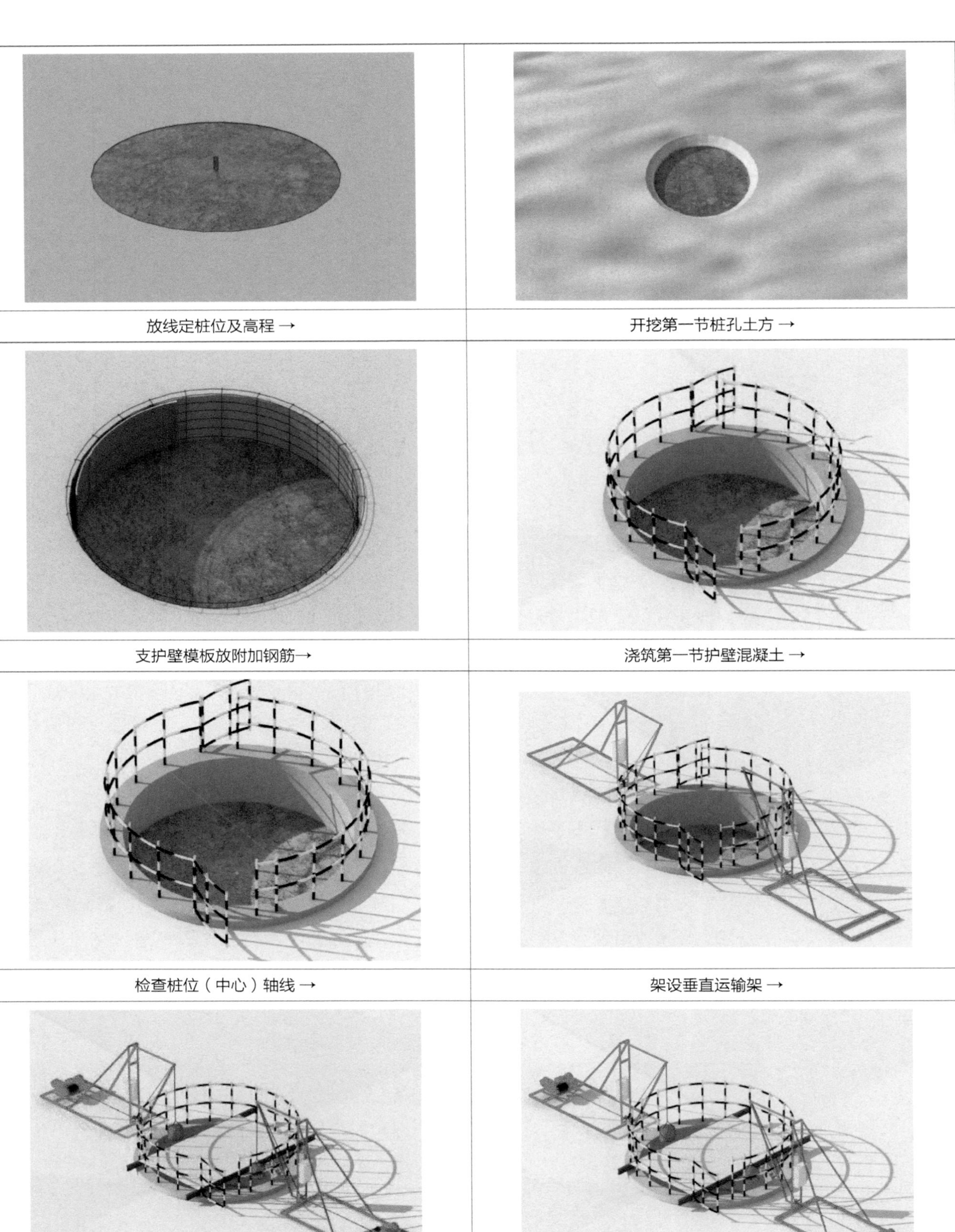

放线定桩位及高程 →	开挖第一节桩孔土方 →
支护壁模板放附加钢筋→	浇筑第一节护壁混凝土 →
检查桩位（中心）轴线 →	架设垂直运输架 →
安装电动葫芦（卷扬机）→	安装吊桶、照明、护栏、盖板、水泵、鼓风机等 →

图5-9

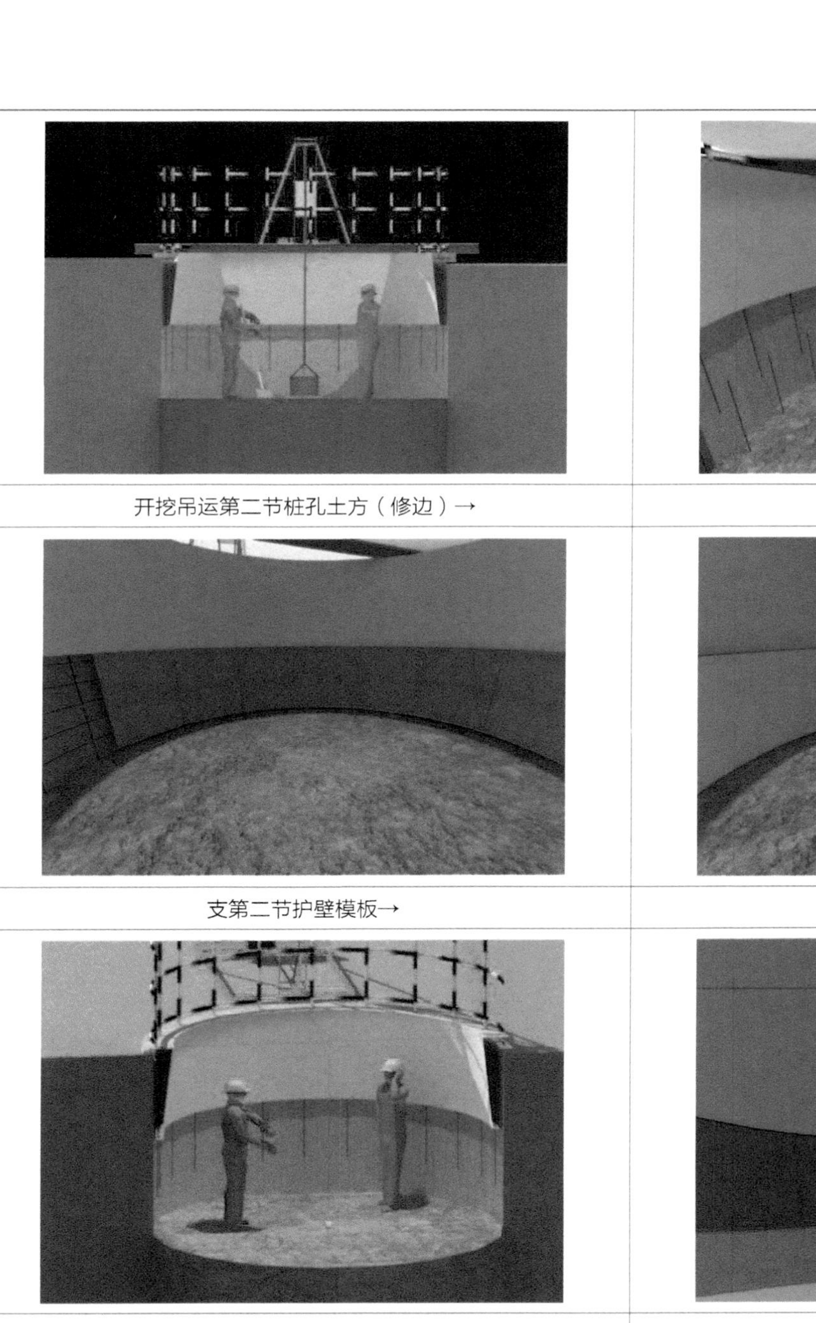

开挖吊运第二节桩孔土方（修边）→

放附加钢筋→

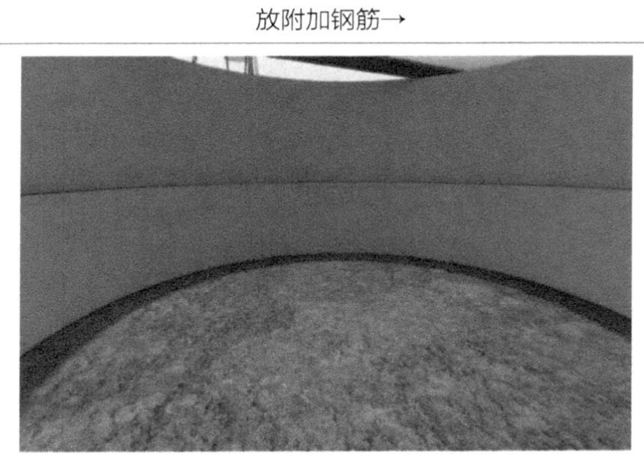

支第二节护壁模板→

浇第二节护壁混凝土 →

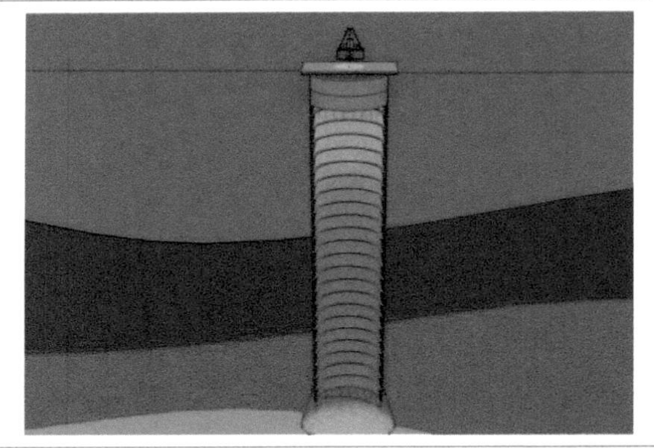

逐层往下循环作业（共两套模板，拆上节、支下节）→检查桩位（中心）轴线 →

开挖至桩底→

开挖扩底部分 →

检查验收 →

图5-9（续）

<table>
<tr><td>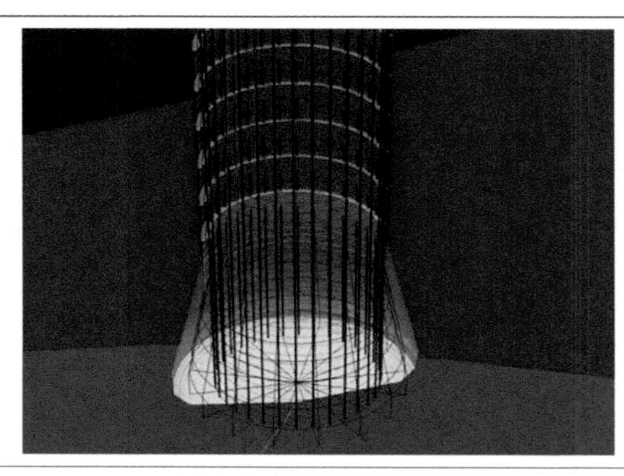</td><td>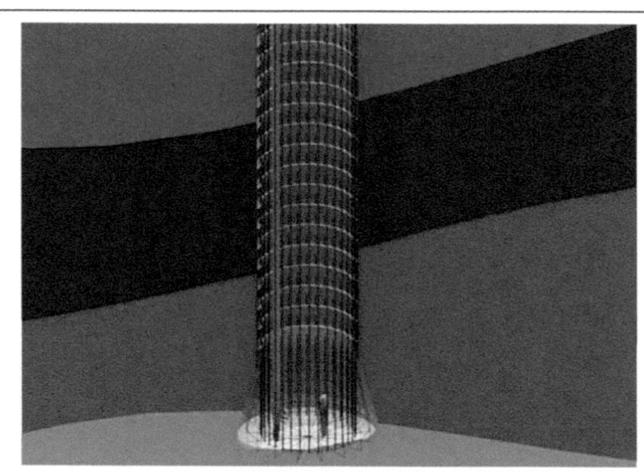</td></tr>
<tr><td>孔内绑扎（或吊放钢筋笼）→</td><td>放混凝土溜筒（导管）→</td></tr>
<tr><td></td><td>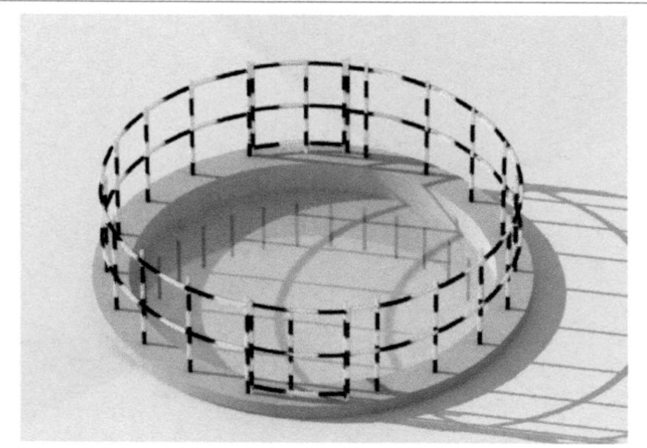</td></tr>
<tr><td>浇筑桩身混凝土（随浇随振）</td><td>桩孔蓄水养护</td></tr>
</table>

图5-9（续）

人工挖孔桩开挖遇中风化岩时，采取静爆方法：按间距 200mm 在岩石临空面上按梅花式布孔，做好标记，并采用直径为 38~42mm 的钻头，向下钻孔 80cm 深，钻孔一次完成，待钻孔面的岩石温度正常后，将静力爆破剂加入 22%~32%（重量比）左右的水（具体加水由颗粒大小决定）调成流动浆体后，迅速直接灌入所钻孔内，盖上覆盖物后，远离装灌点。

每次静爆爆破，待药剂反应时间（视药剂不同，反应时间不同，时间控制在 30~60min）过后，采用风镐对胀裂的岩石进行解小、破碎和人工修整及清孔后，爆破后的井壁不需要进行混凝土护壁，可按相同的静力爆破施工工艺，循环实施下一次爆破，直至完成爆破至设计的桩底标高。

钢筋工程施工：

由于施工场地原因，本工程人工挖孔桩桩身钢筋施工采用井下钢筋成笼的方式。大直径桩径为 4.1m、4.5m，外层螺旋箍采用 C18 钢筋，施工时以 12m 长直条钢筋在加工场预弯成螺旋状，再由人工配合卷扬机吊入孔中，螺旋箍筋之间焊接连接，焊接长度为 10d。

阶段 1：大桩外圈纵筋及箍筋下放（图 5-10）

图5-10

阶段 2：大桩外圈钢筋笼绑扎（图 5-11）

图5-11

阶段 3：大桩外圈钢筋笼绑扎完成（图 5-12）

图5-12

阶段 4：大桩中心钢筋笼绑扎（图 5-13）

图5-13

阶段 5：浇筑桩身混凝土：

桩身采用商品混凝土，利用混凝土导管浇筑。浇筑混凝土时应连续进行，一般第一步宜浇筑到扩底部位的顶面，然后浇筑上部混凝土。

浇筑桩身时需注意的问题：

（1）封底混凝土浇筑：

a. 浇筑混凝土前应检查孔底地质和孔径是否达到设计要求，并把孔底清理干净，同时把积水尽可能排干，为了减少地下水的积聚，每根挖孔桩封底时都要尽可能把邻近孔位的积水同时抽出。

b. 桩孔成型后，封底前应通知监理、业主及设计单位派人赴现场共同对风化界面层及持力层岩性进行验证（验槽），符合设计要求验证无误后清除桩底浮渣，随即浇灌封底混凝土，防止基岩软化，封底混凝土强度等级同桩身混凝土；浇灌封底混凝土后应尽快继续浇灌桩身混凝土（图 5-14）。

图5-14　浇筑封底混凝土

（2）桩芯混凝土必须一次性连续分层浇筑，每层浇筑厚度不超过 1.0~1.5m，并在混凝土初凝前调整好串筒出料口与基面的高度（高度不超过 2.0m），然后开始继续浇筑，不得留施工缝。

（3）在混凝土浇筑前，在桩孔顶口设置混凝土浇筑平台作为架设混凝土集料斗和传递工具的操作面。

（4）桩身混凝土浇筑由混凝土罐车直接送至孔口，再通过串筒或溜槽送至孔底，优先浇筑临近坑内道路的一侧，再由外往内进行浇筑，对个别罐车无法到达的桩孔采用天泵进行浇筑。

（5）浇筑前应在孔内搭设临时操作平台，操作平台垂直间距 2m。平台采用 100mm × 100mm 方木搭设于主筋上，搭设长度不小于 200mm，方木间距 900mm，上铺 250mm × 900mm 竹胶板。当混凝土浇筑面距离操作平台约 500mm 时，拆卸下一级施工平台，浇筑工人上移至上一操作平台浇筑振捣施工（图 5-15）。

（6）桩体混凝土要从桩底到桩顶标高一次完成。如遇停电等特殊原因，必须留施工缝时，可在混凝土面周围加插适量的 ϕ16 短钢筋（每边伸入 300mm）。在灌注新的混凝土前，缝面必须清理干净，不得有积水和隔离物质。

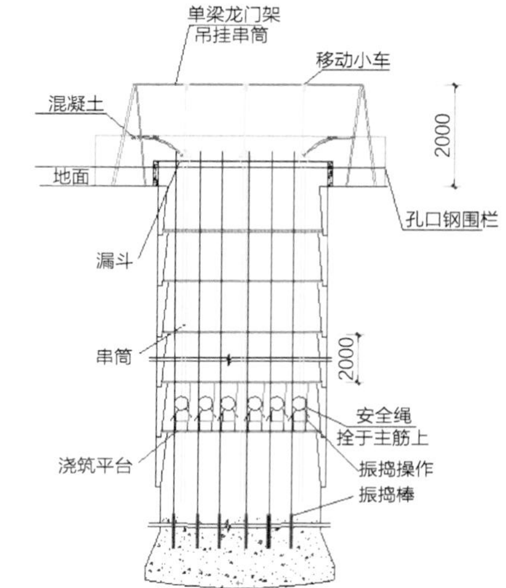

图5-15　采用串筒浇筑混凝土

（7）为配合桩基超声波检测大桩直径为 4.5m 和 4.1m，每桩在混凝土浇筑前预埋 8 根声测管。声测管应采用 Q345-B 钢质管材，具有一定的强度和刚度，规格为 ϕ57mm×3.5mm。声测管底部应预先封闭，采用堵头封闭或用钢板焊封，以保证不渗浆。每节钢管采用螺纹外套管接头连接，保证连接处不渗浆。挖孔桩在安放钢筋笼后将声测管焊接或绑扎在钢筋笼内侧，每节声测管在钢筋笼上的固定点不应少于 3 处，声测管之间相互平行。声测管顶部高出桩顶超灌面标高的距离不宜小于 500mm，底部伸至桩底部（锅底）。埋设完后在声测管上部应立即加盖或堵头，以免异物入内。桩基检测结果如下：

a. 基桩低应变法检测共 210 根桩，其中 200 根桩检测结果为Ⅰ类桩，10 根桩为Ⅱ类桩，Ⅰ类桩占受检总桩数 95%。

b. 基桩超声波检测共 45 根，检测结果全部为Ⅰ类桩，占受检总桩数 100%。

c. 基桩钻芯法检测共 146 根桩，其中抗压桩 44 根，承压抗拔桩 102 根，检测结果芯样连续完整，胶结良好，桩底未见沉渣，符合设计要求，桩身混凝土抗压强度等级满足设计要求，所有桩均为Ⅰ类桩，占受检桩总数 100%。

d. 基桩抗拔静载检测共 10 根，结果显示单桩极限抗拔力≥ 8400kN，符合设计要求。

5.3　超厚底板混凝土施工技术

中国华润大厦筏板厚度主要为 3500mm、2500mm、1000mm，核心筒电梯基坑处厚度有 10300mm、5700mm 不等，底板、承台采用的混凝土等级为 C40P12。

塔楼范围混凝土一次浇筑量约 2 万 m^3，在基坑南侧围墙外布置 3 台 HBT60C 混凝土输送泵（A1#~A3#），基坑南侧配电房南侧布置 1 台 HBT60C 混凝土输送泵（A4#），AⅢ区布置 3 台 HBT60C 混凝土输送泵（A5#~A7#），使用 60 台混凝土运输车，连续浇筑 72 小时。

混凝土泵管下基坑需支设附坑壁钢管支架，在钢筋面上采用泵管架的措施，缓冲输送泵的冲击力。具体做法如下（图 5-16）：

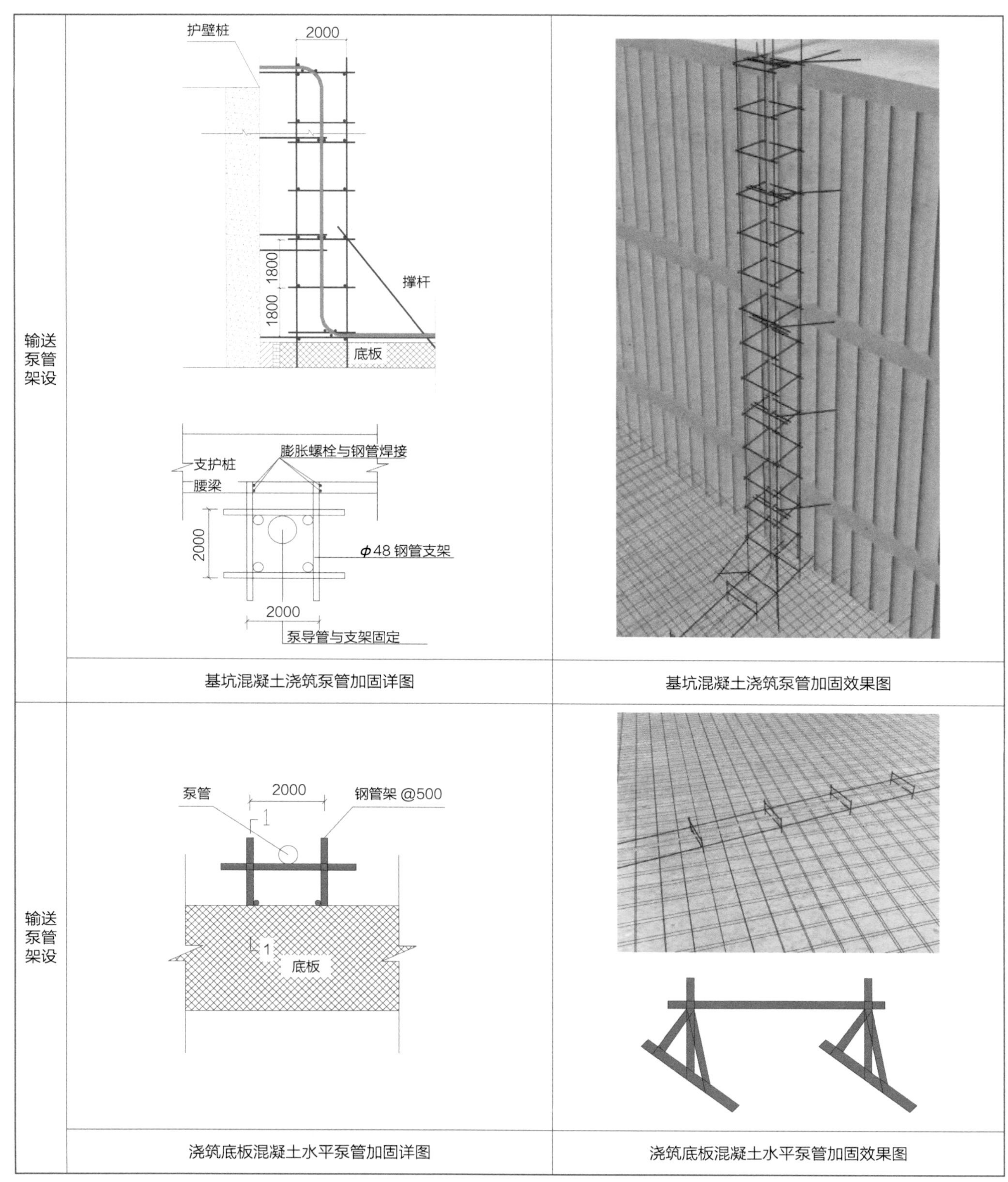

图5-16 超厚底板混凝土施工流程图

根据混凝土输送泵布置，相应的设置三个临时罐车停车场，确保现场供料充足、大体积混凝土浇筑连续进行，三个临时罐车停车场设置明显标识，安排专人引导罐车行走，所有混凝土罐车卸料完成后均前往东门外冲洗点冲洗干净方可离开施工现场（图5-17，图5-18，图5-19）。

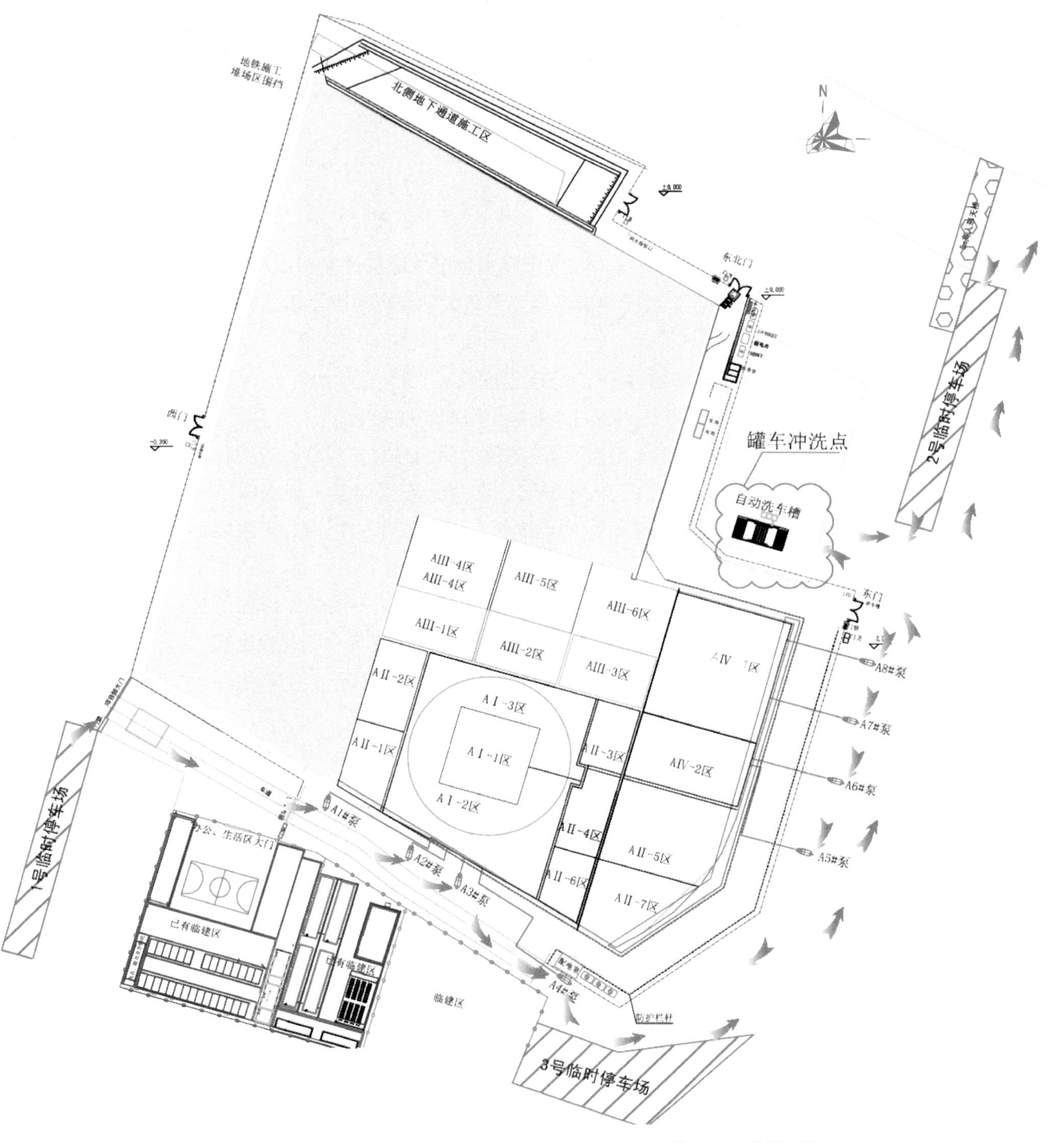

图5-17　底板大体积混凝土浇筑总平面布置图

图5-18　基坑顶浇筑点布置

图5-19　基坑底浇筑点布置

1. 材料和质量要点

地下室大体积混凝土应合理选择原材料（如采用低水化热水泥加适量粉煤灰等）和配合比，尽量降低水泥用量，控制混凝土浇灌温度和采取其他降低混凝土水化热和减少混凝土干缩的有效措施。

（1）控制坍落度及坍落损失符合泵送要求，混凝土坍落度 160+20mm。

（2）浇筑混凝土施工适时二次振捣、抹压消除混凝土早期塑性变形。

（3）采用铺设一层塑料薄膜并在薄膜上铺湿麻袋的保温保湿方式，混凝土内部温差（中心与表面 100mm 或 50mm 处）不大于 25℃，混凝土表面温度（表面以下 100mm 或 50mm）与混凝土表面外 50mm 处的温度差不大于 20℃，以避免产生裂缝，保湿养护时间不少于 14 昼夜。

（4）底板浇筑方法：底板混凝土采用由厚到薄斜面分层浇筑法，浇筑工作由下层端部开始逐渐上移，循环推进，每层厚度约 500mm。浇筑时，在下一层混凝土初凝之前浇捣上一层混凝土并插入下层混凝土 5cm，以避免上下层混凝土之间产生冷缝，同时采取二次振捣法保持良好接槎，提高混凝土的密实度。

为了保证位于混凝土较厚区域上下层不出现冷缝，必须规划好浇筑时间，按照混凝土配合比可得，混凝土初凝时间为 10h~12h，基本可以保证混凝土在初凝之前有新拌补充进去（图 5-20）。

采用插入式振捣棒振捣，振捣器的插入点间距为 1.5 倍振动器的作用半径，防止漏振；斜面推进时振动棒应在下料处与坡脚处及斜面中间插振。

2. 入模温度控制措施

中国华润大厦底板大体积混凝土于 2014 年 5 月施工，此时大气气温较高，施工过程中采取以下措施控制混凝土入模温度不超过 35℃：

（1）采用混凝土搅拌车运输。运输车储运罐装混凝土前用水冲洗降温，并在混凝土搅拌运输车罐顶设置湿麻袋降温刷，及时浇水使降温刷保持湿润，在罐车行走转动过程中，使罐车周边湿润，蒸发水汽降低温度，并尽量缩短运输时间。运输过程中慢

混凝土配合比设计报告

单位自检　　　　报告编号:2014-06-P0345

见证人单位	---						见证人		试验单位	深圳市东大洋混凝土有限公司试验室（印章复印无效）
委托单位	中建三局集团有限公司						送检日期	2014.06.28		
工程名称	华润总部大厦						报告日期	2014.06.29		
工程部位	D-H~D-N/D-2~D-7轴底板、承台	强度等级	C40	抗渗等级	P12	抗折等级	----	设计规程	JGJ 55-2011	

原材料性能

水泥产地厂名牌号 广西 贵港 "台泥"　品种、强度等级 普通硅酸盐水泥 P.O 42.5(GB 175-2007)　28天预测强度 49.2 MPa

砂子产地 东莞五华　表观密度 2620 kg/m³　堆积密度 1450 kg/m³　细度模数 2.6　含泥量 0.4 %　泥块含量 0.2 %

1.石子产地 惠州　针片状含量 4 %　压碎指标 8.2 %　含泥量 0.3 %　泥块含量 0.1 %　最大粒径 25 mm

2.石子产地 ----　针片状含量 ---- %　压碎指标 ---- %　含泥量 ---- %　泥块含量 ---- %　最大粒径 ---- mm

粉煤灰产地 汕尾　名称规格 F类 Ⅱ级　掺量 17.8 %　取代方式 ----　影响系数 ----

矿渣粉产地 ----　名称规格 ----　掺量 ---- %　取代方式 ----　影响系数 ----

膨胀剂产地 ----　名称规格 ----　掺量 ---- %　取代方式 ----　影响系数 ----

1.外加剂产地 深圳五山　名称规格 聚羧酸高效减水剂　掺量 2.20 %

2.外加剂产地 ----　名称规格 ----　掺量 %

混凝土塌落度 140-160 mm　表观密度 2360 kg/m³　拌合方法 机械　振捣方法 机械

设计配合比

名称	水	水泥	砂	1.石	2.石	粉煤灰	矿渣粉	膨胀剂	1.外加剂	2.外加剂	水胶比	备注
材料用量(kg/m³)	160	370	720	1020	----	80	----	----	9.900	----	0.36	
比例	0.43	1.00	1.95	2.76	----	0.2162	----	----	0.0268	----		

批准人：　　校核人：　　主要试验人：　　深圳市建设工程试验报告统一格式 4-1

图5-20　底板C40 P12混凝土配合比

速搅拌混凝土。

（2）搭设地泵遮阳棚，对地泵及正在浇筑的混凝土罐车进行遮阳，同时泵管挂麻袋，并洒水湿润，以达到降温目的。

（3）混凝土浇筑前，做好充分准备，备足施工机械，创造好连续浇筑的条件，混凝土从搅拌机到入模时间及浇筑时间要尽量缩短。

（4）原材料的温度控制

优先采用进场时间较长的水泥和粉煤灰进行拌制混凝土，尽可能降低水泥及粉煤灰在生产过程中存留的余热。

混凝土搅拌站对混凝土原材料进行遮阳降温处理，保证混凝土原材料温度不影响混凝土入模温度：采用通风良好的遮阳大棚料场，避免太阳直射达到降温目的；应急时可采用对骨料洒水降温的方法进行降温；混凝土搅拌站采用在拌制混凝土的自来水中加冰块将水降温至 0℃ ~5℃。

（5）混凝土的温度监控

1）入模温度检测

入模温度每个台班检测两次，入模温度按不高于 35℃进行控制。

2）混凝土测温系统

测温采用数字化无线温度检测仪检测，在现场按测温点位置布置温度探头，每隔两个小时，无线温度检测仪检测一次温度，动态监测整个大体积混凝土水化热温度场，以便及时采取措施，保证温度分布均匀。

3）测温点布置

底板混凝土测温点平面布置	中国华润大厦底板大体积测温点共布置8个，其中AI-1区4个，AI-2、3区共4个，具体布置图详见右图	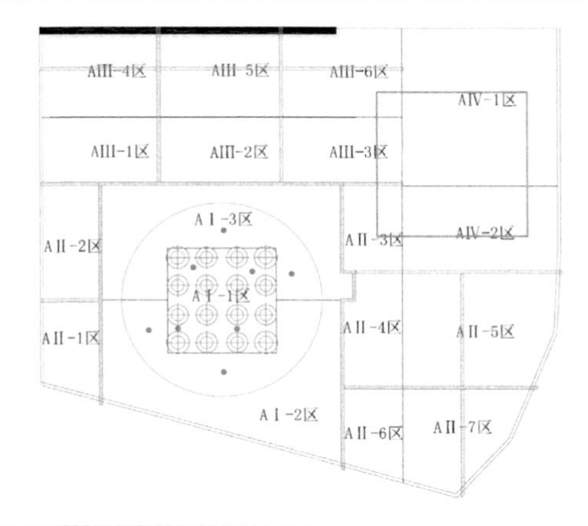 中国华润大厦底板混凝土测温点布置图
底板混凝土测温点立面布置	1. 测温点平面布置与混凝土浇筑方向平行纵向排列， 中国华润大厦塔楼核心筒底板10300mm承台处竖向布置17个测温传感器，间距约为600mm； 中国华润大厦塔楼核心筒底板5700mm承台处竖向布置10个温度传感器，间距约为600mm； 中国华润大厦塔楼核心筒底板3500mm承台处竖向布置6个温度传感器，间距约为600mm； 中国华润大厦塔楼核心筒底板2500mm承台处竖向布置4个温度传感器，间距约为600mm； 2. 测试元件埋入混凝土后要注意保护，以免振捣棒碰坏，外露的线头用薄膜缠绕包裹，严防人为破坏 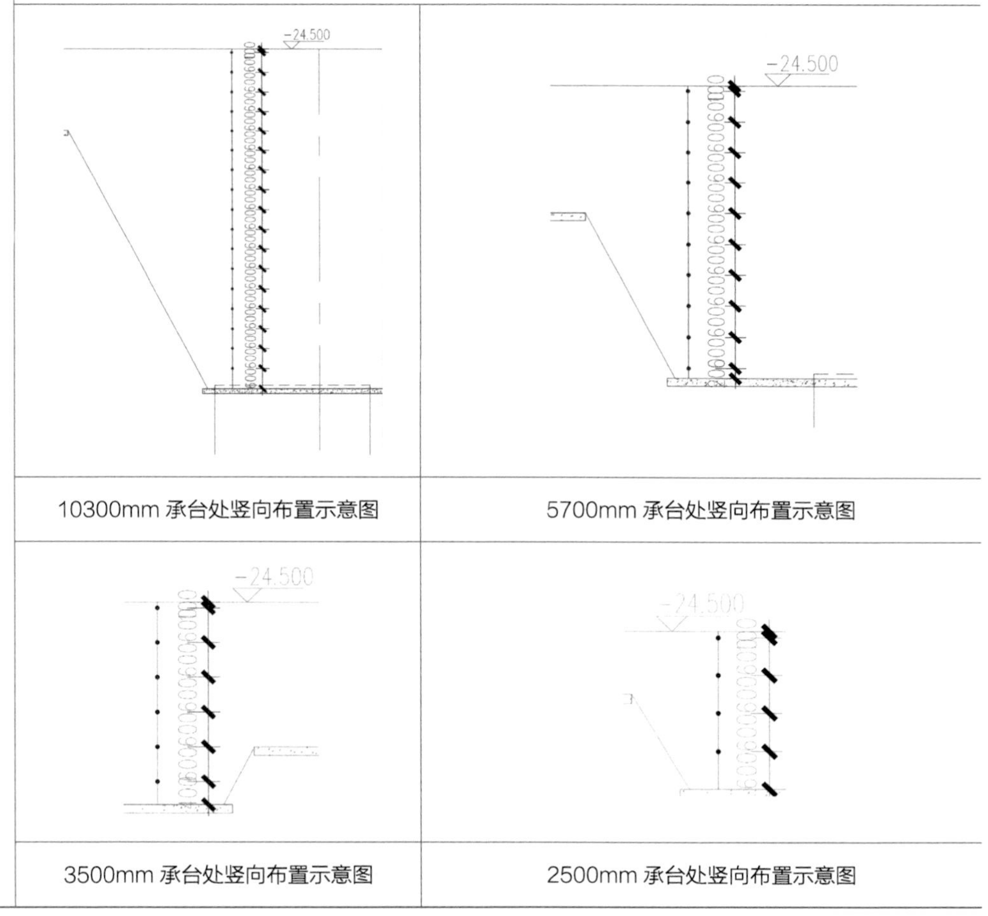 10300mm承台处竖向布置示意图 5700mm承台处竖向布置示意图 3500mm承台处竖向布置示意图 2500mm承台处竖向布置示意图	

4）温度监控

根据混凝土温升规律，制定以下测温频率：

养护时间	测温时刻
1~7 天	6：00、8：00、10：00、12：00、14：00、16：00、18：00、20：00、22：00、24：00、2：00、4：00
7~14 天	6：00、10：00、14：00、18：00、22：00、2：00
14 天以上	混凝土内外温差应不大于 25℃，否则根据现场实际需要进行测温。

3. 大体积混凝土的裂缝控制措施

混凝土裂缝的控制措施是大体积混凝土施工中最重要的一个环节，也是大体积混凝土有别于普通混凝土的所在之处。控制混凝土裂缝，首先是选择合适的混凝土材料及配合比，提前做好混凝土试配，还必须采取合适的浇筑措施，并加强养护控制混凝土内外温差。

为了防止混凝土因内部温度过高产生温度裂缝，保证混凝土在一定时间温度、湿度的稳定，使胶凝材料充分水化，前期主要是潮湿养护，可防止表面脱水，产生干缩裂缝。在后期降温阶段要减少表面热扩散，缓慢降温可充分发挥混凝土的应力松弛效应，提高抗拉性能，防止裂缝产生。浇筑完成后覆盖薄膜与麻袋保湿养护，前 7 天禁止在板面搭设支模架，总养护时间不少于 14 天。

5.4 核心筒结构施工关键技术

5.4.1 微凸支点智能控制顶升模架应用技术

中国华润大厦核心筒结构复杂多变，核心筒墙面最厚为 1500mm，分别在 5、15、28、38、48、51 层分次内收，内收幅度 150mm~200mm。48~49 层外墙为 8 度斜墙内收，内收幅度 2100mm，64~66 层结构由南向北缩减。在全国范围内，首次创新性采用新型可变自适应微凸支点智能控制顶升模架进行施工。凸点顶模由钢框架系统、支承系统、动力系统、模板系统及挂架系统组成。项目施工过程中研究应用多项创新技术，提高模架承载能力、适应性及智能监控水平，大幅提升模架在高空施工的安全性（图 5-21，图 5-22）。

关键点 1：高承载力及高适应性的支承系统应用技术

支承系统包含若干个支承点，主要分布在核心筒外围墙体上。各支承点包括微凸支点、上支承架、下支承架及转接立柱。支承系统根据模架的工作状态分为静置、顶升和提升三个状态，每个状态的工作原理及传力路径不同。项目实施前对支撑系统进行实验研究，通过 1 ：1 模型模拟真实情况下微凸支点及支承架受力的情况，通过液

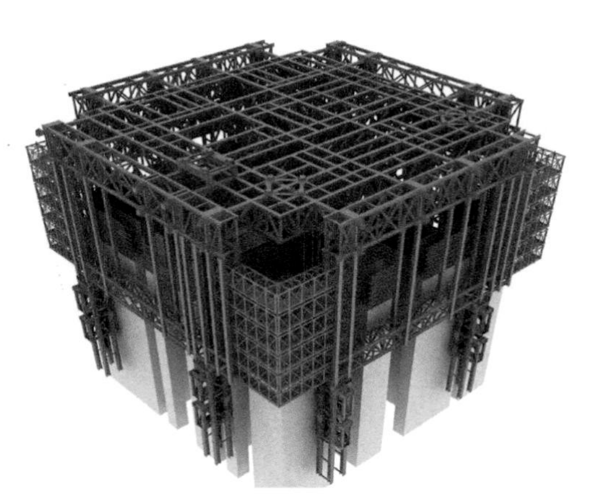

图5-21　顶模整体效果图

图5-22　顶模整体安装完成

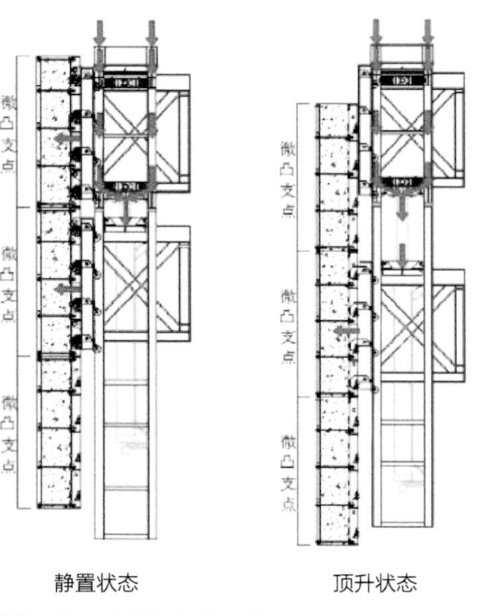

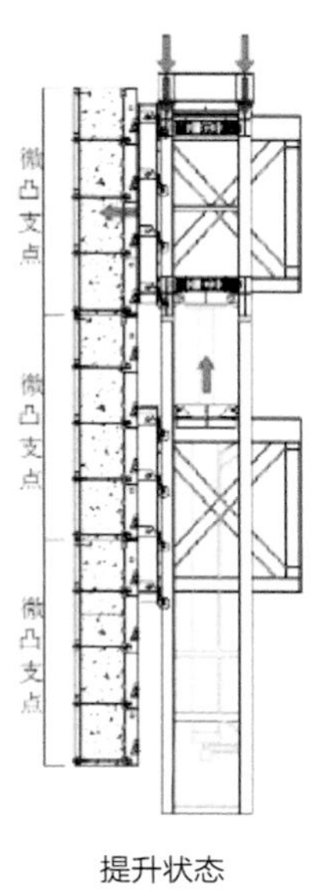

提升状态

图5-23　支撑系统传力路径图

图5-24　支承系统试验现场图

压加载设备进行加载实验。发明了一种利用 2cm~3cm 的约束素混凝土凸起抵抗上百吨竖向剪力新型构造——可周转混凝土承力件，通过在承力件上引入对拉螺杆，形成可同时承受数百吨剪力、拉力及数百吨米弯矩的微凸支点（图 5-23，图 5-24）。

考虑模架的使用受核心筒结构变化的影响，通过墙体预埋件支承，当墙体内收、外扩、倾斜变化时，模架调整工作量大，对墙体变化适应性低。发明了一种可以适应墙体内收、外扩、倾斜等复杂工况的新型可变自适应支承系统，包含自动咬合机构、斜爬机构、滑移机构、调平装置，使模架对结构变化的适应性大幅提升。通过支承架挂爪箱的可翻转挂爪及承力件楔形爪靴的共同作用，支承架可自动咬合、脱离承力件，提升支承系统运行的自动化水平。将支承架挂爪箱设计为可翻转结构，使支承架能改变挂爪箱角度，解决墙体倾斜的问题。支承架底部与爪箱连接位置设置旋转销轴，支承架顶部设置定位销轴；以旋转销轴为圆心，通过调整定位销轴位置完成爪箱倾斜。端部爪箱以支承架底部销轴为轴做旋转运动实现倾斜和垂直角度变化。滑移机构使支承架能相对墙体水平移动，转接立柱也能相对支承架水平移动，解决墙体内收、外扩的问题。转接立柱与支承架之间设置调平装置，通过调平装置的压缩变形，减小承力件安装误差对模架的影响，均衡模架整体受力，提高模架安全度（图 5-25~图 5-28）。

图5-25　挂爪与爪靴咬合示意图

图5-26　斜爬支承架试验模型

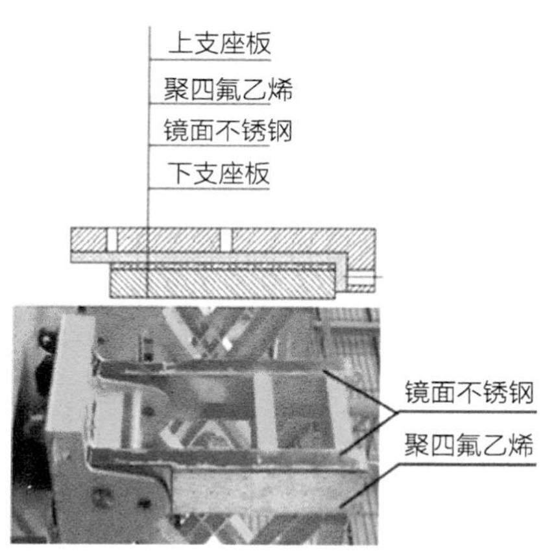

图5-27　滑移支座组成图

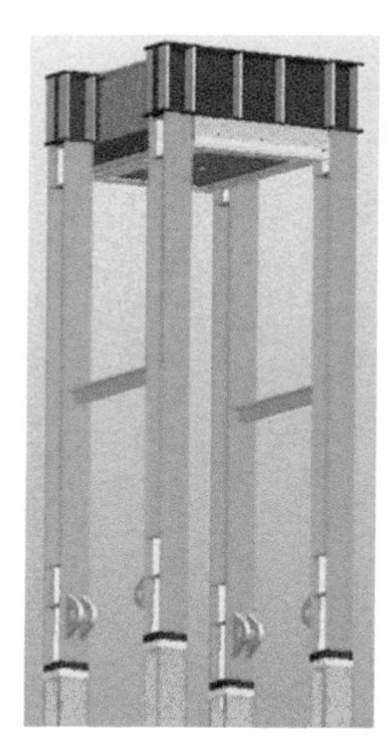

图5-28　调平装置立面布置图

关键点 2：高承载力及高适应性的钢框架系统应用技术

发明了一种利用核心筒外围墙体支承的模架巨型空间框架结构，该结构承载力及抗侧刚度较传统模架有数倍的提升。钢框架系统为空间框架结构，通过框架梁与框架柱共同作用用抵抗模架承受的水平荷载及竖向荷载。框架梁采用大截面梁或桁架梁，框架柱为格构柱，布置在核心筒外围墙体上（图 5-29）。

发明了模架角部开合机构、伸缩机构等可变机构满足核心筒结构变化及劲性构件整体吊装需求，从而使模架更好地满足结构变化及劲性构件施工的需求（图 5-30，图 5-31）。

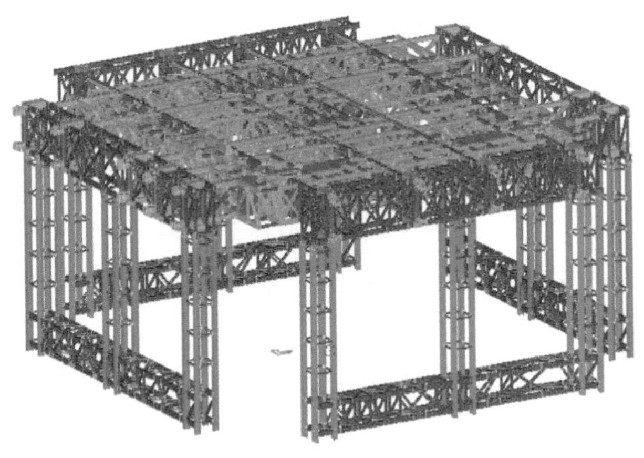

图5-29　钢框架系统示意图

图5-30　开合机构打开、外伸牛腿吊装图

图5-31　伸缩机构应用实景图

关键点 3：高适应性特殊装置应用技术

发明了模板竖向高度调节装置、模架自带卸料平台及电梯滑动附着装置，提升了模架的机械化程度，降低了现场劳动力投入，施工效率显著提升。

设计应用一种模架体系固定式卸料平台，提高核心筒结构的施工效率，缩短施工用料传递路线，提高结构施工速度。卸料平台采用悬挑式钢结构平台，由主边框、横肋、面板以及围护网组成，布置在外围立柱上靠近钢筋绑扎层部位（图 5-32）。

设计应用一种模板整体竖向调节装置，适应模板高度快速调整，模板调节装置在设计构造上主要由滑梁及滚轮、倒链葫芦、扁担梁、承重链条、钢模板等几部分组成（图 5-33）。

设计应用一种电梯滑动附着机构，适应电梯在顶模范围附着，从而保证电梯直接上平台顶部且不用每次对附着机构重复安拆（图 5-34）。

图5-32　外围卸料平台现场图

图5-33　铝模板高度调节装置

图5-34　电梯滑动附着装置

关键点 4：国内首例智能综合监控系统应用技术

研发了国内首例模架智能综合监控系统，系统通过各种类型的传感器对模架的运行状态数据进行采集，根据监测数据判断模架的运行是否安全。系统具有采样频率高、抗干扰能力强、运行平稳等特点。系统由硬件部分和软件部分组成，两者协同工作，共同实现系统的各项功能（图 5-35）。

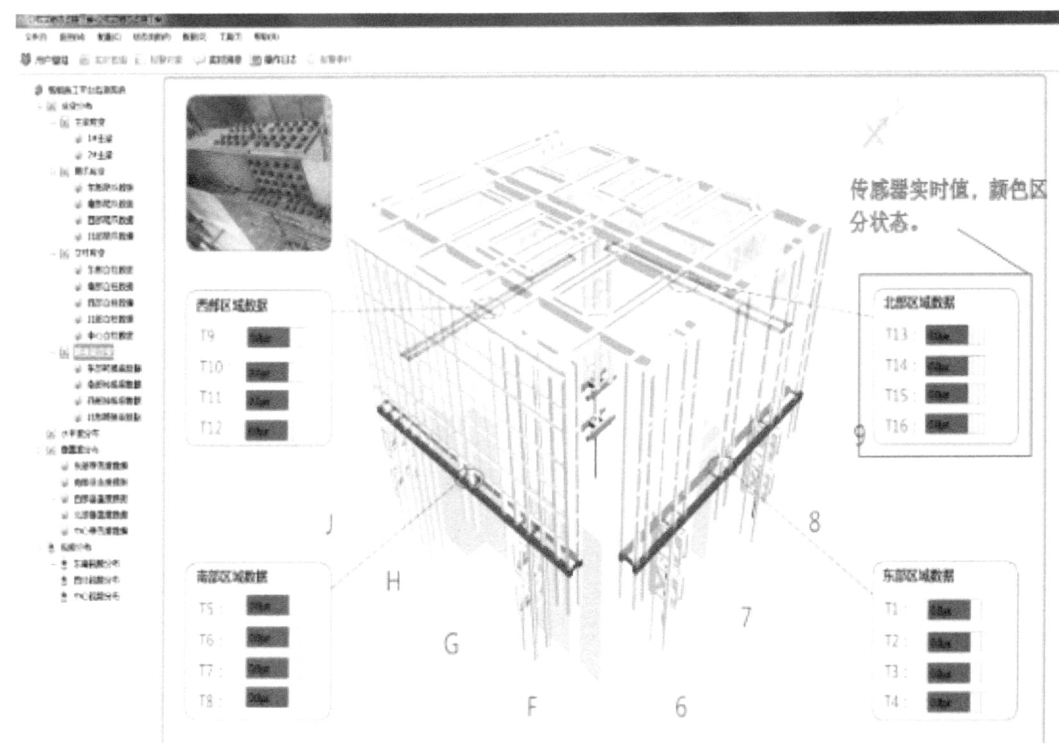

图5-35　智能监控系统运行界面

模架顶升是比较危险的过程，综合监控系统能够比较全面地监测模架的运行状态，因此可将综合监控系统与动力系统联动，模架顶升过程中，当平整度、应变等监测信息超过设定指标时，监控系统激发动力系统，启动自动停机动作。

通过数据采集和处理、分析对比及计算、综合监控预警及处理、综合监控系统与动力系统联动四大功能实时监控模架应力、应变、平整度、立柱垂直度、风速、温度等信息，对顶模施工过程进行实时管控，降低施工风险，提高施工效率，保证了 3d 一层的施工速度。

5.4.2 基于智能集成平台状态下核心筒斜墙段施工技术

中国华润大厦 48 至 49 层核心筒结构急剧倾斜收缩，斜墙内缩距离达到 2.1m，倾斜角度达到 8°，施工高度达到两个结构层 15.5m。顶模顶升过程中，需沿斜墙爬升并整体内收，核心筒内尚无水平结构；顶模斜爬、挂架内退、斜墙支模架搭设等是施工的重难点（图 5-36）。

斜墙施工主要涉及斜墙支模、顶模斜爬、核心筒水平楼板施工等多个工作内容。斜墙施工总体顺序为：核心筒施工至 L48 层→顶模内挂架拆除→型钢支撑平台搭设→ 48 层斜墙第一段支模架搭设→ 48 层斜墙第一段钢筋安装→顶模爬升及合模→ L48 层第一段混凝土浇筑→ 48 层斜墙第二段支模架搭设→ 48 层斜墙第二段斜墙钢筋安装→顶模顶升及合模→ L48 层第二段斜墙混凝土浇筑→ L49 层支模架搭设→ L49 层钢筋绑扎→顶模第一次斜爬顶升→顶模外挂架第一次内收、合模→ L49 层斜墙混凝土施工→ L50 层墙体钢筋绑扎→顶模第二次斜爬顶升及合模→顶模外挂架第二次内收、合模→ L50 层混凝土浇筑→内挂架安装→ L51 层墙体钢筋绑扎→顶模第三次斜爬顶升及合模→顶模外挂架第三次内收、合模→ L51 层墙体浇注→ L52 层墙体钢筋绑扎→顶模第四次斜爬顶升及合模→顶模外挂架第四次内收、合模→ L52 层墙体浇注→ L53 层墙体钢筋绑扎→顶模第五次斜爬顶升及合模→顶模外挂架第五次内收、合模→ L53 层墙体浇注→内挂架安装→斜爬完成。

斜墙结构施工前，拆除顶模内挂架，防止内挂架影响斜墙内侧支模。为搭设斜墙支模架体，在 47 层墙体顶部预留孔洞，通过预留洞安装型钢支撑平台（型钢采用 H 型钢间距 300mm 布置），支撑平台上方铺设 8mm 厚花纹钢板，既提供钢管支模架受力平台又作为水平硬防护的使用。型钢支撑平台安装完成后，在其上方搭设斜墙钢管支模架，钢管支模架分 4 段搭设，前三次每次搭设高度 4.5m，第四次搭设高度 2m。墙范围内所有核心筒满搭支撑架，斜墙竖直投影范围内立杆横距 300mm，纵距 900mm，步距 1500mm，斜墙竖直投影范围外（非支模区域）立杆纵横间距按 900mm、步距 1500mm 搭设（增加架体宽度，减小高宽比至 1.89，保证架体整体稳定性），每

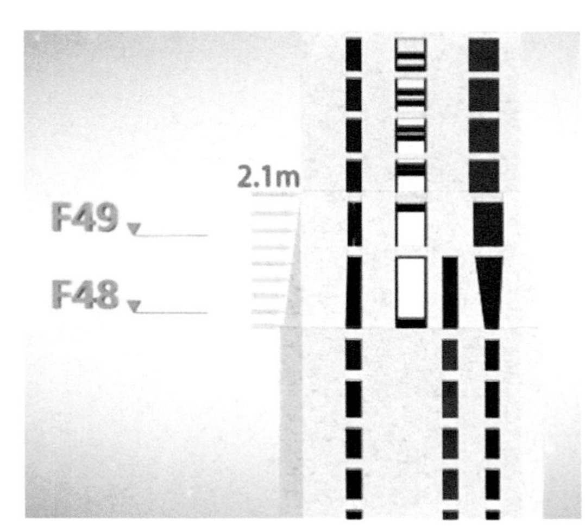

图5-36　48至49层斜墙模型

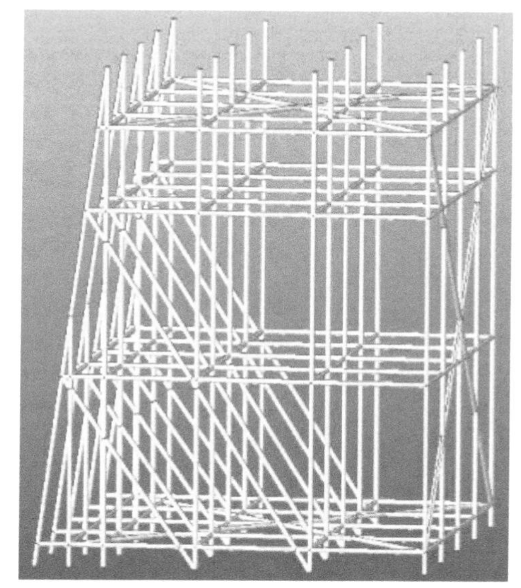
图5-37　斜墙支模架搭设

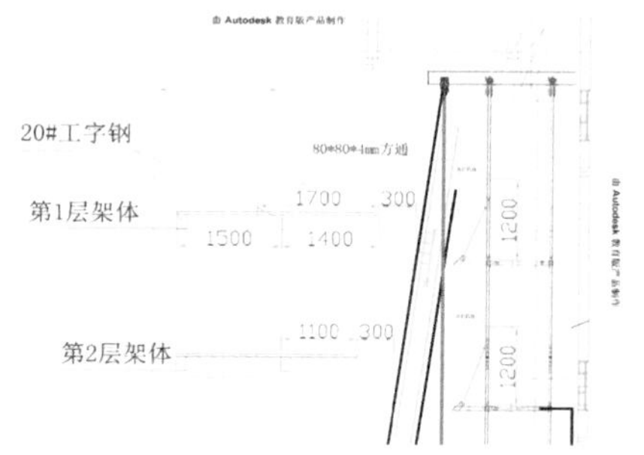

图5-38　悬挑平台与挂架关系示意图

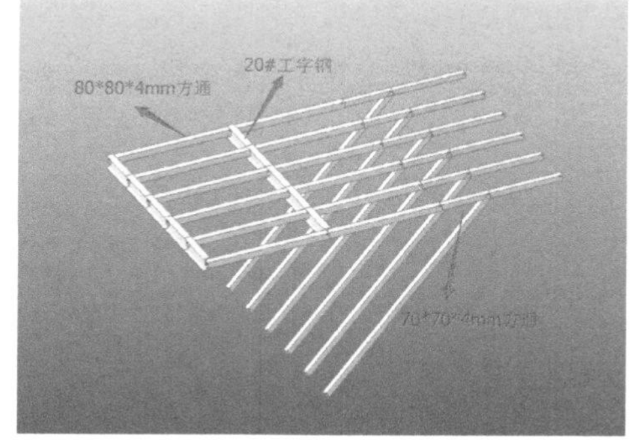

图5-39　悬挑平台斜撑示意图

图5-40　核心筒外承力件翻转

层设置 2 道钢管斜撑，斜撑纵向间距 900mm，斜撑底部应与 47 层钢平台顶紧，剪刀撑沿脚手架外侧及全高方向连续设置（图 5-37）。

核心筒斜墙施工时，随着墙体向内收缩，智能集成平台外框架距离墙体距离逐渐增大，最终变为 3200mm；核心筒施工 50 层以上时，钢框架整体逐层向内合拢。为方便墙体绑扎钢筋、合模板需要，在外框搭设悬挑可收缩式操作平台。收缩式平台采用大方通套小方通的方式，根据施工需要外伸及内收小方通。具体做法为：将 3200mm 长 70mm×70mm×4mm 方通预先套在 80mm×80mm×4mm 方通内。70mm×70mm×4mm 方通可自由伸长，最大外挑 1500mm（1、3、5 层架体 1700mm 套在 80mm×80mm×4mm 方通内，2、4、6 层架体 1400mm 套在 80mm×80mm×4mm 方通内）；70mm×70mm×4mm 方通每向外伸长一段后，在大小方通接头处开孔 ϕ14mm，穿 ϕ12mm 钢筋头固定。悬挑操作平台搭设完后，在其上方满铺木枋、模板。为确保方通平台受力安全，在 1、3、5 层 70mm×70mm×4mm 方通向外伸长 600mm，2、4、6 层 70mm×70mm×4mm 方通向外伸长 900mm（平台悬挑 2000mm）后，在其下方设置斜撑；撑在下层 20# 工字钢上，斜撑同样采用 70mm×70mm×4mm 方通，具体布置方式如图 5-38，图 5-39。

斜墙爬升阶段，需对顶模底部 8 个支点（下挂柱及下挂架）进行改造。受墙体内收影响，智能集成平台内挂架区域需分 5 次内退，共计内退 2100mm。挂架内退前，需保证挂架上材料清理干净。核心筒内筒挂架采用 16# 工字钢为滑梁，滑梁焊接在主次桁架下翼缘，采用 Q235 直径 20mm 圆钢进行卸荷，同时采用 5t 手拉葫芦进行吊运及移位。承力件沿墙体倾斜放置，端部爪箱以支撑架底部旋转销轴为轴做开合运动，通过顶部定位销轴进行定位，实现倾斜和垂直角度的变化（图 5-40，图 5-41）。

5.4.3　基于智能集成平台状态下水平楼板分段施工技术

超高层采用顶模施工工艺时，为节省总工期，一般优先施工塔楼核心筒竖向结构，核心筒内水平结构滞后施工。核心筒墙体先行施工，施工人员只能通过施工电梯到达施工作业面，无竖向应急逃生通道；下部水平结构极易受其他因素影响施工进度，若水平结构施工未及时插入，核心筒墙体与水平结构高差将越来越大，不利于结构整体稳定，同时测量精度不易控制。中国华润大厦采用基于智能集成平台状态下水平楼板分段施工技术实现了超高层核心筒水平楼板与竖向结构同步施工，解决了上述可能存在的问题。

中国华润大厦核心筒墙体随顶模施工至标准层 L11 层时，根据施工平面布置及结构特点，选择核心筒内不妨碍核心筒墙体施工的水平结构（代号为 T 板），通过在 L11 层 T 板区域搭设高空荷载支撑平台，再通过该支撑平台进行 L12 层水平结构支模架搭设，实现 L12 层及以上楼层墙体与水平结构 T 板同步施工。以 L11 层 T 板为分界线，核心筒内水平结构分为三段施工：

A 分段：L11 层以上楼层核心筒内水平结构 T 板；

B 分段：L11 层及以下楼层核心筒内水平结构；

C 分段：L12 层以上楼层核心筒内除 T 板之外的水平结构；

A 分段水平楼板与核心筒竖向结构同步施工，并及时搭设竖向应急通道，使各层水平楼板与顶模平台连通；待核心筒内水平硬防护施工完成后，插入 B 分段水平楼板施工；B 分段水平楼板施工完成后，开始 C 分段水平楼板施工。A 分段水平结构施工利用铝模板快拆体系保证施工进度，配置一套模板，三套支撑，A 分段第一次施工及非标准层施工采用木模板辅助施工。B、C 分段水平结构钢筋在竖向结构施工时提前预埋在墙体中，B、C 分段施工时，凿出预埋钢筋头，人工调直后与板筋绑扎，梁筋采用套筒连接（图 5-42）。

在中国华润大厦核心筒 12 层 T 型板区域安装贝雷架，作为水平楼板施工的底部支撑平台。12 层以上的水平结构与竖向结构同步施工，有效解决了超高压泵管检修、测量的操作面问题，同时也形成了逃生通道，保障了核心筒 4 天一层的施工目标。

图5-41　下挂柱及下挂架改造

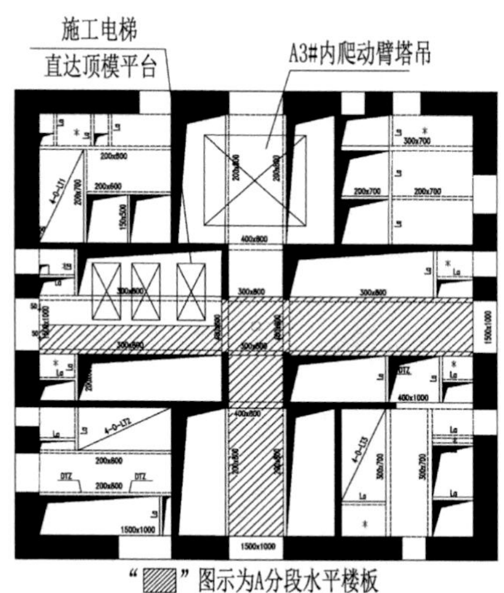

图5-42　水平楼板分段示意图

施工 A 分段楼板时，在 L11 层搭设高空支模平台，高空支模平台采用 3000mm×1500mm×176mm 型号贝雷架安装，按照基本模数（900mm 或 450mm 组合）确定贝雷架布置间距为 900mm 或 1350mm，平行两榀贝雷架之间采用钢管及扣件卡死，5 号筒内贝雷架与其他筒内贝雷架采用 10# 槽钢焊接固定。桁架平台挂架安装完成后，在桁架上方满铺木方 + 模板，形成操作平台兼硬防护（图 5-43，图 5-44）。

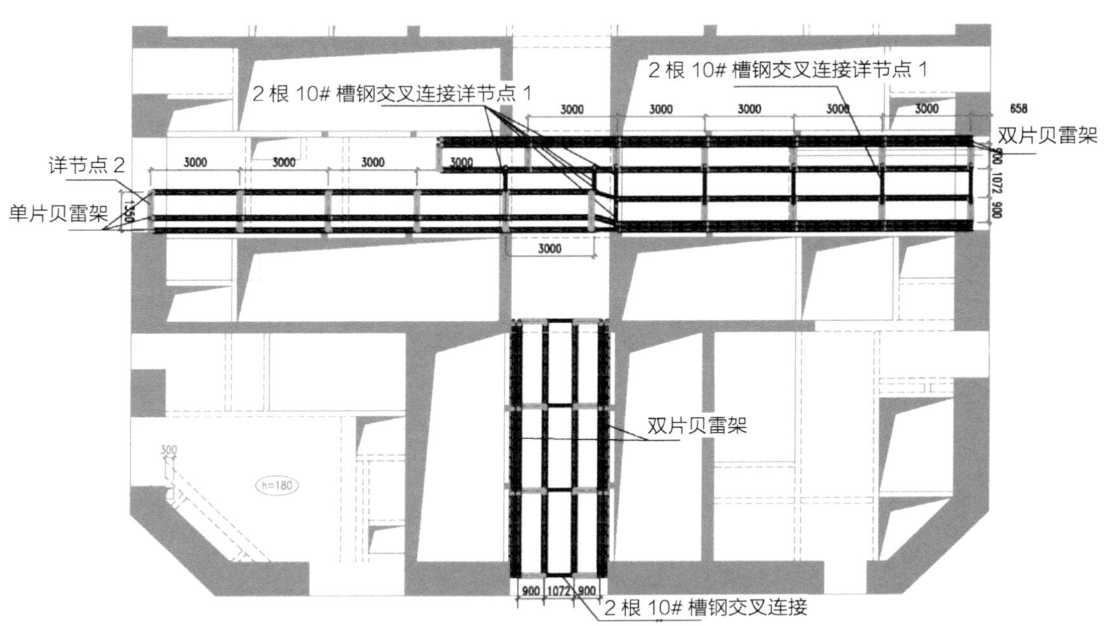

图5-43　贝雷架平面布置示意图

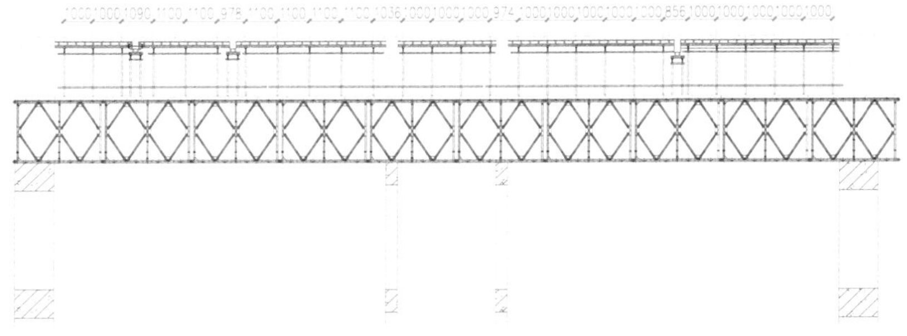

图5-44　贝雷架及支模示意图

吊装时，每榀桁架在地面组装完成后，再由塔吊从钢平台上方竖向吊入至预定位置，桁架一端采用 7t 电动葫芦配合 ϕ15 钢丝绳（双股）固定于主桁架上，将贝雷架调整水平后，再缓缓放入预定连梁上，并固定好。考虑顶模内空间的局限性，每次吊装以 4 榀 12m 长为限，其余在挂架内再进行拼接。吊装过程中应对所影响范围内的挂架横杆、翻板及走道板提前进行拆改（图 5-45~ 图 5-48）。

图5-45 贝雷架搭设现场照片

图5-46 贝雷架搭设后仰视图

图5-47 核心筒内楼板施工

图5-48 安全通道搭设

5.5 超高层动臂塔吊施工关键技术

5.5.1 动臂塔吊爬升技术

中国华润大厦采用三台动臂塔吊，分别为东侧、南侧外挂 M600D 型，北侧内爬 M900D 型。

塔吊的爬升，主要是通过布置在标准节内的千斤顶和上下套架中间的爬升梯的相对运动来实现。爬升顺序主要为：

工具梁的设计、制作→埋件安装→工具梁安装、调平→ C 型梁安装、调平→爬带安装→松开挡块→连接液压装置→顶升→调整塔吊垂直度→塔吊附着爬升验收。

图5-49 中国华润大厦塔吊布置图

三台塔吊实行错位顶升，每台塔吊支撑梁周转、安拆时间为 2 天 / 次，每台塔机每次爬升时间总计占用 0.5 天 / 次（图 5-49）。

南侧 M600D 塔吊共计 15 道附着，最后一道附着埋件顶标高位于 48 层，标高 240.95m，塔吊共计爬升 14 次，标准层爬升间距为 18m。塔吊基础与结构底板浇筑为整体，初始安装高度 56m，第 1 次爬升，塔吊由自立塔吊变为外挂式塔吊，爬升间距 13.4m。附着框间最小爬升间距为：第 11~14 次爬升，爬升间距 17.27m，最大爬升间距：第 2 次爬升，爬升间距 19.85m。

东侧 M600D 塔吊共计 21 道附着，最后一道附着为钢结构附着框，位于 66M 层，标高 348.45m，塔吊共计爬升 20 次，标准层爬升间距为 18m。塔吊基础与结构底板浇筑为整体，初始安装高度 56m，第 1 次爬升，塔吊由自立塔吊变为外挂式塔吊，爬升间距 13.4m。附着框间最小爬升间距为：第 12~13 次爬升，爬升间距 17m，最大爬升间距位于斜墙段位置，第 15 次爬升，爬升间距 20.00m。

北侧 M900D 塔吊共计 20 道附着，最后一道附着埋件顶标高位于 66 层，标高 331.45m，塔吊共计爬升 18 次，标准层爬升间距为 18m。塔吊不设基础，直接在核心筒内安装，初始安装高度 56m，最小爬升间距为：第 1 次、第 15 次爬升，爬升间距 17m，最大爬升间距：第 9 次爬升，爬升间距 18.85m（图 5-50）。

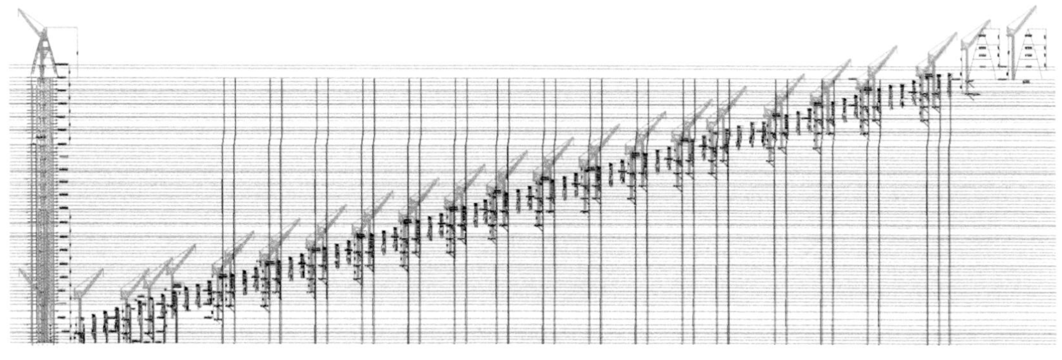

图5-50　动臂塔吊爬升规划示意图

5.5.2　超高层可调式外挂塔基支撑架及智慧监测施工技术

中国华润大厦核心筒墙体多次内收，且在L48和L49层，连续两层整体倾斜8°，核心筒剪力墙单侧向内收缩2.1m。由于墙体逐渐内收，外挂塔吊支撑架需根据墙体变化逐步调整，塔吊中心位置离墙体距离由4.5m逐步扩大至7.7m。核心筒外墙在斜墙段以上部位，厚度从600mm逐步缩减至400mm，对塔吊附着及塔吊爬升造成重大影响，智慧监测部分重点解决墙体变薄后，塔吊支撑体系及核心筒墙体的受力安全性。智慧监测体系中，采用无线传输技术及手机APP动态监测技术，可实现全天候实时把握塔吊支撑体系及核心筒现场施工的安全。此施工技术体系形成的应力应变监测结果，作为后续塔吊支撑架设计优化的理论支撑，同时作为超高层核心筒设计阶段及施工阶段加固设计的理论依据（图5-51）。

图5-51　斜墙段塔吊支撑架布置图

关键点1：可随墙体内收的支撑体系设计

由于墙体外截面内收，塔基设计之初，在考虑塔基稳定性的前提下，还需考虑塔吊塔基的墙体适应性。整个塔基由水平支撑梁、主支撑梁、C型梁、斜支撑梁及支撑马镫构成，可调式塔基选用的钢材均为Q345B钢材，混凝土强度等级为C50。当墙体变化时，塔吊标准节相对于主体结构中心位置保持不变，通过在支撑体系上设置的支撑马镫，按照墙体内收距离、内收次数，预留塔吊C型框连接螺栓孔，来达到调节塔吊支撑架整体跟随墙体内收的目的（图5-52，图5-53）。

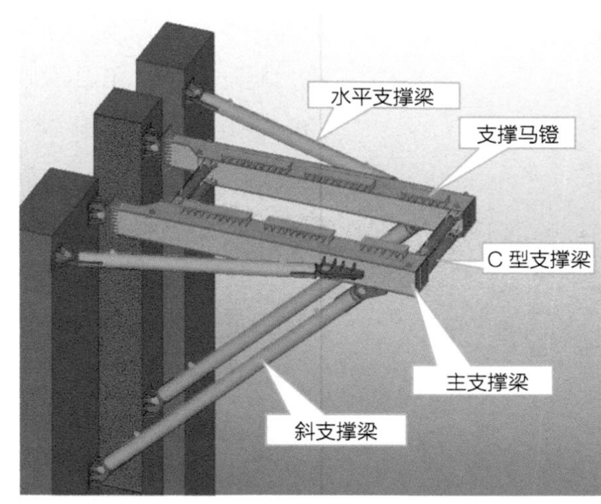

图5-52　可调式外挂塔基示意图

在塔吊支撑架计算时，考虑到核心筒墙体内收，分别计算塔吊标准节相对支撑架十二个相对位置；对每一个相对位置，分别考虑塔吊工作状态下的五种工况、非工作状态下的五种工况。计算支撑架变形、应力取各工况的包

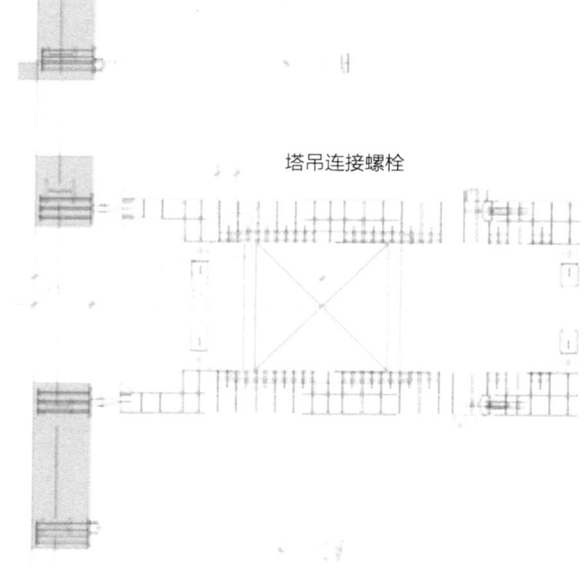

图5-53　可调式外挂塔基随墙体变换工作原理

络，计算出支撑架最大应力比为 0.71 < 1，满足要求（图 5-54，图 5-55）。

关键点 2：测点布置及塔基智慧监测技术

根据塔吊爬升需要设置三道支撑，塔吊单道支撑架设 8 个应力应变传感器，共计 24 个应力应变传感器共同工作，以监测塔吊运行时支撑架受力情况。为研究塔吊正常运行状态下，支撑架受力对可调塔基埋件、耳板受力情况及核心筒混凝土应力应变影响，在塔吊支撑架埋件内侧布置应力应变计，每道支撑架设置 5 个测量点位，总计 15 个传感器（图 5-56~图 5-58）。

可调式塔基智慧监测的内容包含：塔吊支撑架应力应变监测，混凝土、预埋件、耳板或牛腿应力应变监测。每个塔吊共有三道支撑架，塔吊工作时，有两

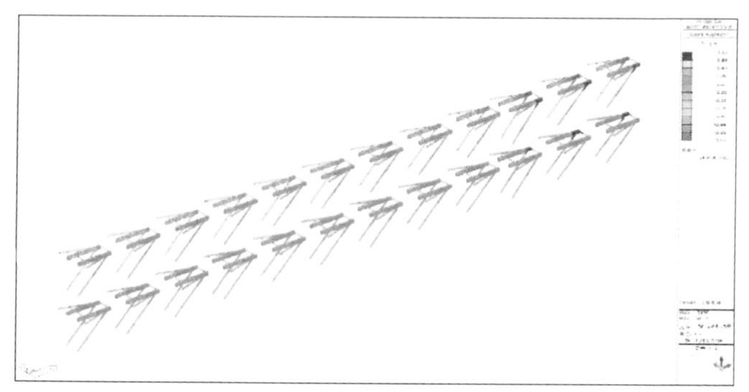

（a）最大 x 向位移（mm）

图5-54　最大X向位移分析

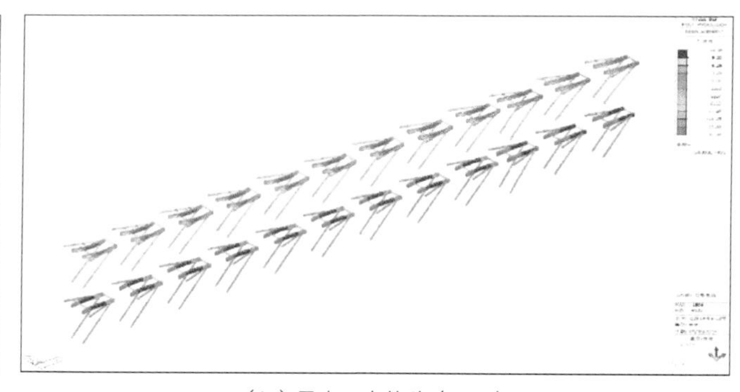

（b）最大 y 向位移（mm）

图5-55　最大y向位移分析

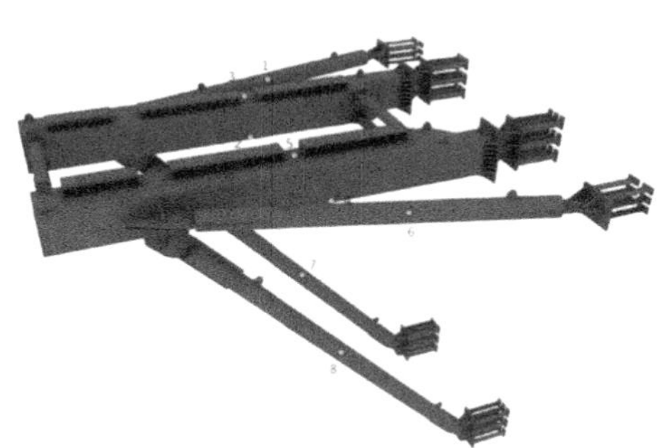

图5-56　可调式外挂塔基应力应变监测布置图

图5-57　塔吊支撑架应力应变测点安装

图5-58　混凝土结构应力应变测点安装

道支撑架固定机身，位于塔吊底部的一道支撑架主要承受竖向和水平荷载作用。

智慧采集系统架构如下图，每个塔吊单独配置一台 32 通道采集仪及无线发射模块，传感器与采集仪之间通过有线方式连接，然后通过无线发射模块将采集到的数据传送到监控室内的数据接收服务器进行数据汇总，之后通过无线发射装置，将数据从监控室传递给项目部内的数据处理服务器进行数据处理、监听及发布，最终所有监测数据在 web 界面进行实时展示，通过网络映射实现展示界面的远程访问（图 5-59，图 5-60）。

超高层可调式外挂塔基，由于其具有良好的超高层核心筒内收适应性及可变性，能完美的解决大距离核心筒墙体内收导致的塔吊附着困难问题。同时由于墙体内收过大，调节长度较长，本工程创造性采用互联网 + 智慧应力应变监测技术，实施动态的

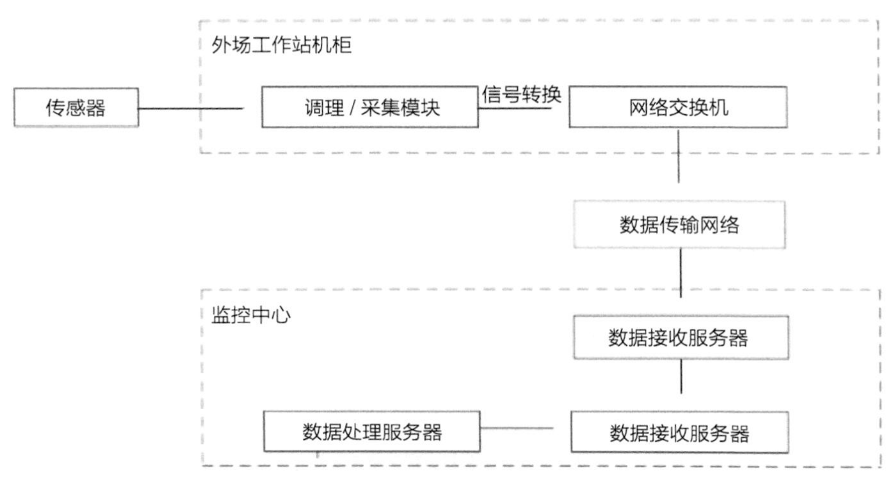

图5-59 智慧采集系统架构

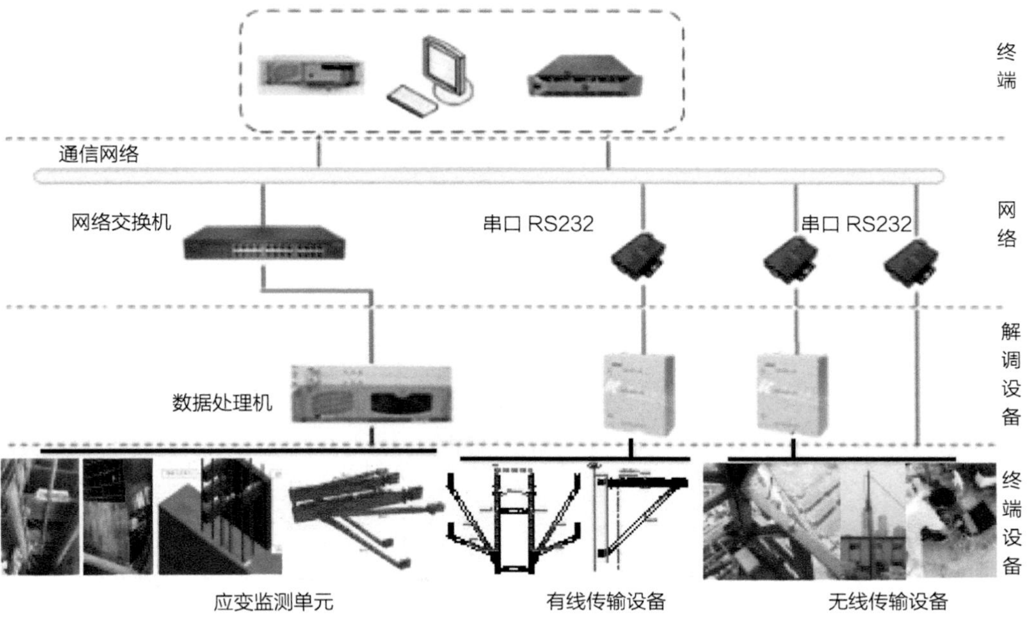

图5-60 智慧应力监测系统

得出混凝土、塔基应力应变变化。通过应力应变分析，得出塔基安全结论，为墙体继续变化情况下，塔吊应力监测积累数据。

5.5.3 无平台环境下锥形塔冠外挂塔吊大臂结构及其拆除施工技术

顶模施工至 52 层时，利用东侧外挂式 M600D 和北侧内爬式 M900D 塔吊拆除南侧外挂式 M600D 塔吊；核心筒结构封顶后，M900D 塔吊最后一道附着设置在 62 层，利用东侧 M600D 拆除 M900D 塔吊。东侧 M600D 塔吊安装完全部塔尖构件，并预留被塔吊影响的 61~66 层部分钢构件，然后在 L66（331.45m）安装一台 ZSL380 塔吊拆除东侧外挂式 M600D 塔吊并补装剩余钢构件。所有钢结构和幕墙安装完成后，采用安装小塔拆除大塔的方式逐步拆除塔吊，安装 ZSL200 塔吊拆除 ZSL380 塔吊，安装 ZSL120 塔吊拆 ZSL380 塔吊。

中国华润大厦幕墙外立面呈圆锥形，顶部急剧收缩 70°，采用“小塔拆大塔”的施工工艺，无法解决最后一台塔吊拆除难题。最后一台外挂 ZSL120 塔吊拆除时将面临无操作平台，国内尚无先例，项目创新性的采用“顶部拉悬挂 + 中部支撑”的拆除方式安全拆除，运用“无平台环境下锥形塔冠外挂塔吊大臂结构及其拆除施工技术”，通过在 372m 顶部设置拉杆，354m 设置支撑杆；在塔冠幕墙已安装的情况下，成功将 30m 塔吊大臂拆除。

第一阶段：塔吊大臂在中部支撑平台以上滑移时。利用塔吊自身起重钢丝绳绕过顶部悬挑装置牵引塔吊大臂缓慢下降，同时依靠中部支撑平台，避免了塔吊大臂缓慢向下滑移过程中触碰建筑物幕墙等构件，确保了塔吊大臂顺利通过中部支撑杆。操作流程见图 5-61~ 图 5-64：

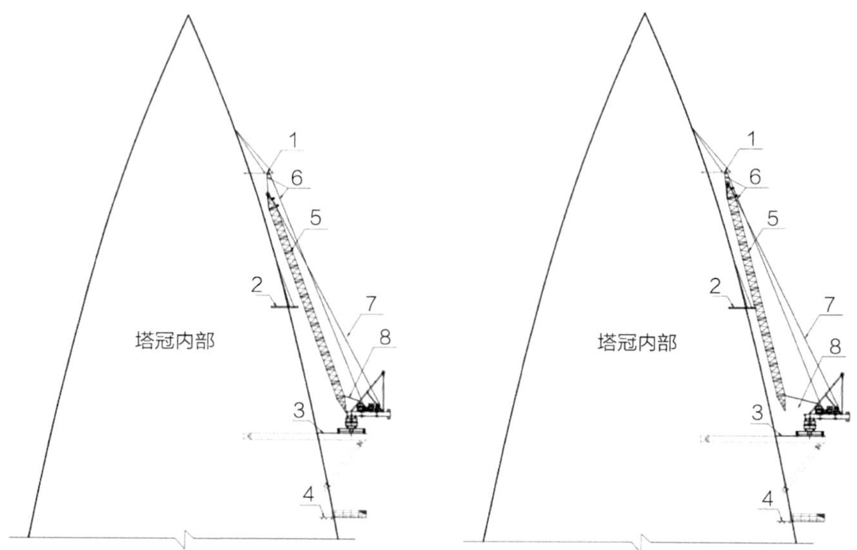

图5-61 塔吊大臂顶部在支撑杆上部滑动初始状态

图5-62 塔吊大臂底部脱离塔吊状态

注：1：372m 顶部悬挑吊装系统，2：354m 中部支撑系统，3：338m 塔吊支撑架底部临时周转平台系统，4：L65 层底部悬挑钢平台，5：待拆动臂塔式起重机的起重臂标准节，6：塔吊起重钢丝绳，7：塔吊变幅钢丝绳，8：底部手拉葫芦

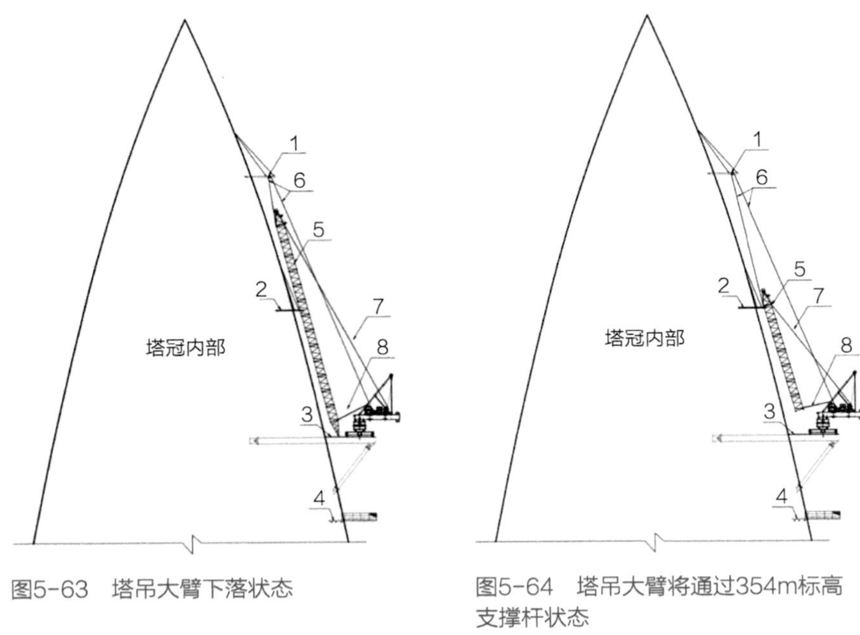

图5-63　塔吊大臂下落状态

图5-64　塔吊大臂将通过354m标高支撑杆状态

注：1：372m 顶部悬挑吊装系统，2：354m 中部支撑系统，3：338m 塔吊支撑架底部临时周转平台系统，4：L65 层底部悬挑钢平台，5：待拆动臂塔式起重机的起重臂标准节，6：塔吊起重钢丝绳，7：塔吊变幅钢丝绳，8：底部手拉葫芦

第二阶段：在塔吊大臂滑移通过中部支撑杆后。同样利用塔吊起重钢丝绳牵引塔吊大臂缓慢滑移下落，同时采用塔吊变幅钢丝绳配合调节塔吊大臂姿态，避免塔吊大臂触碰建筑物幕墙等构件。操作流程见图 5-65~ 图 5-67：

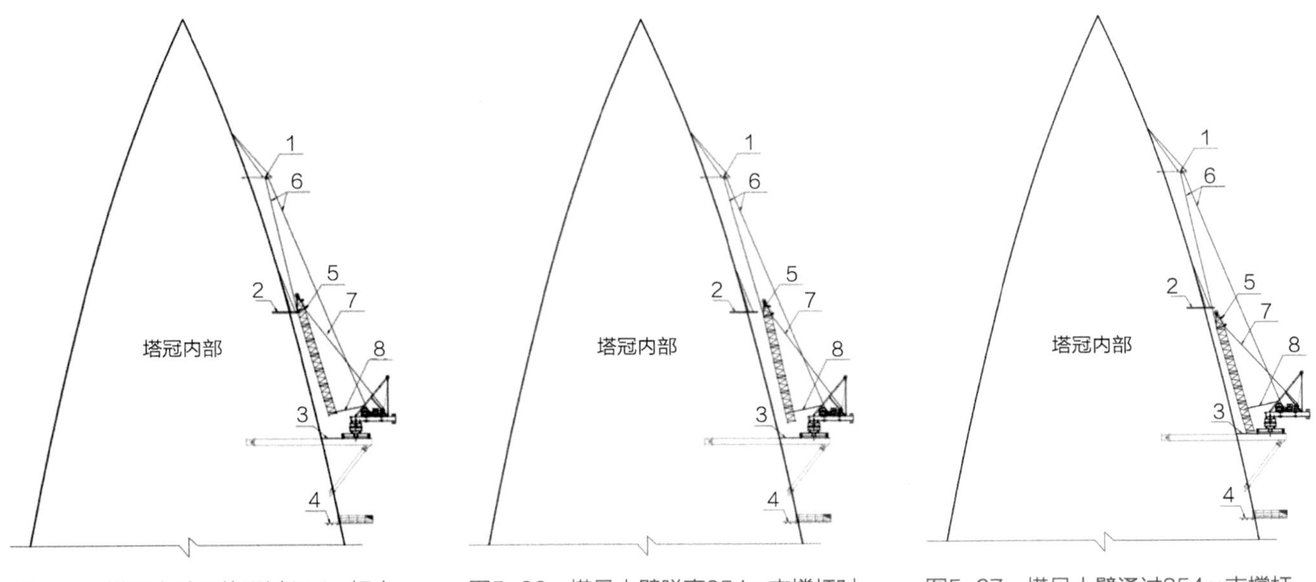

图5-65　塔吊大臂即将通过354m标高支撑杆状态

图5-66　塔吊大臂脱离354m支撑杆时状态

图5-67　塔吊大臂通过354m支撑杆时状态

注：1：372m 顶部悬挑吊装系统，2：354m 中部支撑系统，3：338m 塔吊支撑架底部临时周转平台系统，4：L65 层底部悬挑钢平台，5：待拆动臂塔式起重机的起重臂标准节，6：塔吊起重钢丝绳，7：塔吊变幅钢丝绳，8：底部手拉葫芦

现场操作流程图片（图 5-68~ 图 5-73）:

图5-68　372m拉杆现场照片

图5-69　354m中部支撑杆现场照片

图5-70　塔吊大臂即将经过354m支撑杆

图5-71　塔吊大臂已通过354m支撑杆

图5-72　ZSL120塔吊大臂拆解前

图5-73　ZSL120塔吊大臂拆解后

5.5.4 外挂悬挑支撑架结构及其内移拆除施工技术

ZSL120 塔吊支撑架悬挑外挂于塔冠外侧，塔吊支撑基座突出建筑物边线达 6.9m，塔吊支撑架总重量达 58.3t，相当于近 50 辆小轿车悬挂在塔冠上，全国范围内尚无拆除案例。我司运用"外挂悬挑支撑架结构及其内移拆除施工技术"，在无任何起吊设备辅助的情况下，通过钢丝绳及葫芦安全顺利地将支撑架构件全部平移至室内，逐步切割（每次切割 1m），完成拆除，成功将外挂塔吊及 58.3t 的塔吊支撑架在 300m 高空解体，平安落地。

第一步 拉结钢丝绳 + 葫芦固定支撑架	
第二步 拆除第一段 1m	
第三步 支撑架内移 1m，更换钢丝绳吊点并切割 1m	

续表

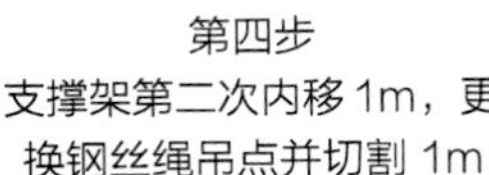 第四步 支撑架第二次内移 1m，更换钢丝绳吊点并切割 1m	
第五步 支撑架第三次内移 1m，更换钢丝绳吊点并切割 1m	
第六步 支撑架第四次内移 1m，更换钢丝绳吊点并切割 1m	

续表

第七步 支撑架第五次内移 1m，更换钢丝绳吊点并切割 1m	
第八步 支撑架第六次内移 1m，拆除剩余部分	
第九步 拆除中间连梁	

续表

第十步 拆除东侧下支撑	
第十一步 拆除东侧主梁	
第十二步 拆除西侧支撑架	

现场操作实景图如图 5-74~ 图 5-77：

图5-74　支撑架拆除前拉结固定

图5-75　支撑架内移拆除

图5-76　支撑架切割

图5-77　支撑架拆除完成

5.6 超高层施工电梯关键技术

5.6.1 施工电梯选型

中国华润大厦塔楼选用 1 部单笼高速变频施工电梯和 6 部双笼变频施工电梯（其中，双笼高速 2 部，双笼中速 4 部）。

施工电梯编号	1#	2#	3#	4#	5#	6#	7#
施工电梯型号	SC200G	SC200/200G	SC200/200GZ	SC200/200G	SC200/200G	SC200/200GZ	SC200/200G
额定载重量/kg	2000	2×2000	2×2000	2×2000	2×2000	2×2000	2×2000
吊笼尺寸(长×宽×高)/m	3.0×1.3×2.5	3.0×1.3×2.5	3.2×1.5×2.5	2.4×1.5×2.5	2.4×1.5×2.5	3.2×1.5×2.5	5×1.5×2.5
标准节总高度/m	373	373	203	282	282	60	203
提升速度/m/min	0~96	0~96	0~96	0~63	0~63	0~63	0~63
电机功率/kW	3×18.5	2×3×18.5	2×3×11	2×3×11	2×3×11	2×3×11	2×3×18.5
附墙类型	Ⅱ	Ⅱ	Ⅱ	特殊Ⅴ型	特殊Ⅴ型	Ⅱ	特殊Ⅱ型、特殊Ⅴ型
附墙间距/m	3.0~10.5	3.0~10.5	3.0~10.5	3.0~10.5	3.0~10.5	3.0~10.5	3.0~10.5
标准节悬臂高度/m	7.5	7.5	7.5	7.5	7.5	7.5	7.5
标准节类型/mm	650×650×1508	650×650×1508	650×650×1508	650×650×1508	650×650×1508	650×650×1508	650×900×1508

5.6.2 施工电梯的布置

中国华润大厦在 2014 年 9 月核心筒顶模安装完成后，开始投入施工电梯运输材料和劳动力。根据施工需要，2014 年 9 月投入的劳动力约为 510 人，并逐月加大，到 2016 年 3 月达到峰值约 1280 人；其后按照施工需求开始逐渐减少。2017 年 3 月，顶模拆除后开始 1#、2# 施工电梯拆除；2017 年 9 月，消防电梯及货梯投入使用后，开始拆除其余施工电梯，实现与正式电梯的转换（图 5-78）。

中国华润大厦核心筒电梯井内布置 2 台施工电梯（编号：1#、2#）以满足顶模人员与材料的垂直运输，安装高度 B4~L66 层，安装完成时间与顶模安装同步（2014 年 9 月），拆除时间为顶模拆除完成后（2017 年 3 月）。1#、2# 施工电梯基础在地下室底板上（图 5-79）。

外框 3#、7# 施工电梯主要作为低中区人员材料运输，安装高度 L1~38 层，安装时间为华润大厦外框水平楼板施工至 6 层时（2015 年 9 月），拆除时间为结构塔尖施工完毕且幕墙收口时（2017 年 11 月）（图 5-80）。

核心筒内 4#、5# 施工电梯主要作为中高区人员材料运输，安装高度 L1~L48 层，主要服务于 38~48 层，通过外框 3#、7# 施工电梯转换，以满足垂直运输需求；其安装时间为外框楼板施工至 38 层时（2016 年 5 月），拆除时间与 3#、7# 同步（图 5-81）。

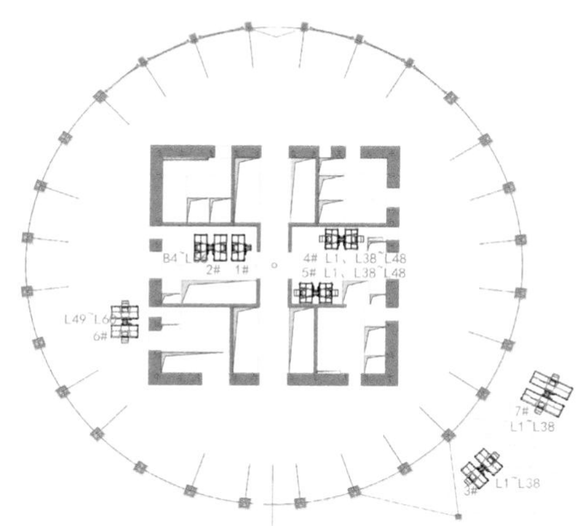

图5-78　中国华润大厦施工电梯布置图

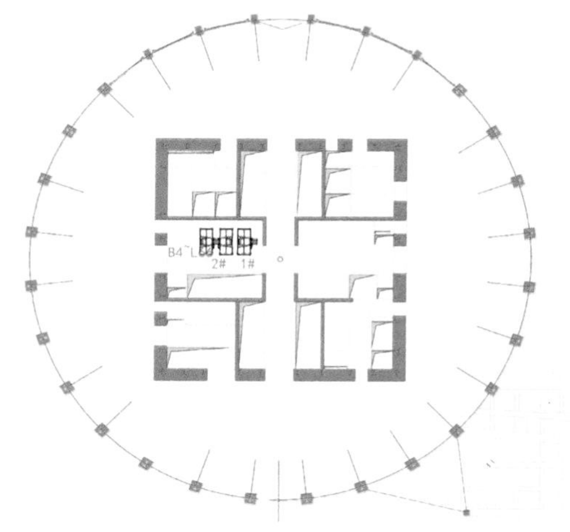

图5-79　1#、2#施工电梯布置图

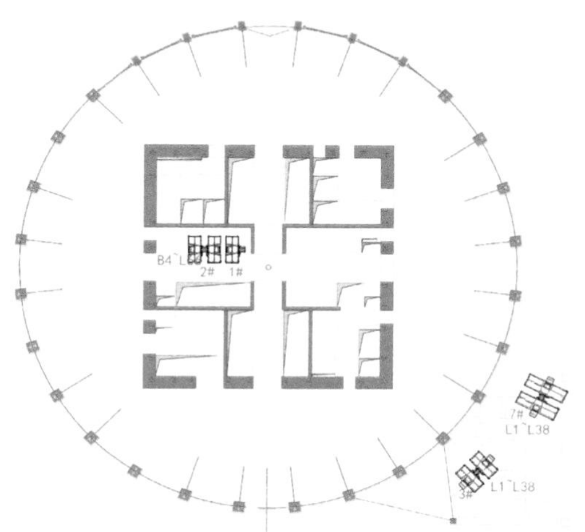

图5-80　3#、7#施工电梯布置图

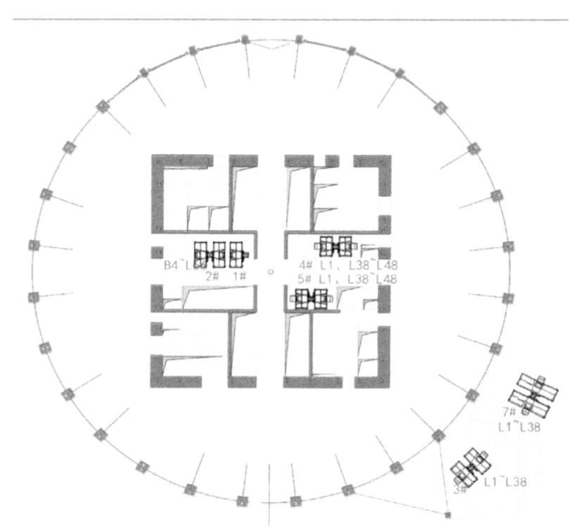

图5-81　4#、5#施工电梯布置图

核心筒外 6# 高区电梯在核心筒西侧结构洞口处布置，基础在 L48 层楼板上，安装高度 L48~L60（停靠 L49~L60）层，利用 4#、5# 电梯转运作为高层材料人员运输，安装时间为塔楼外框楼板施工至 51 层时（2016 年 7 月），拆除时间为正式电梯投入使用后（2017 年 10 月）（图 5-82）。

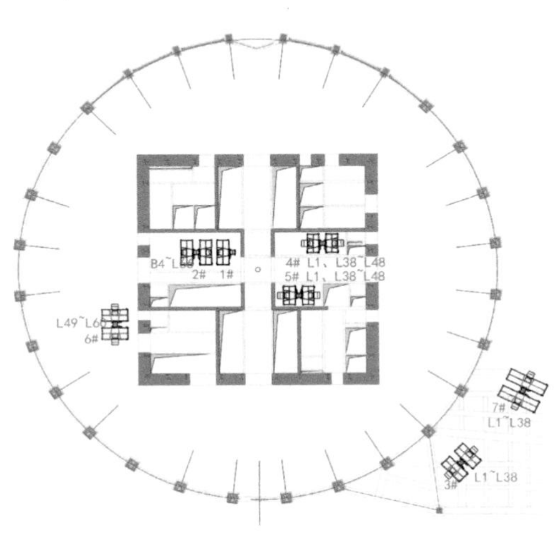

图5-82 6#施工电梯布置图

5.6.3 施工电梯与正式电梯的转换

塔楼结构封顶后，插入正式电梯机房的施工；提前安装中区消防电梯及货梯 4OF-3、4OC-1，再安装高区消防电梯 4OF-1、4OF-2，实现施工电梯与正式电梯的转换。

（1）核心筒内 1#、2# 施工电梯拆除。拆除时间节点：1）顶模拆除后；2）6# 施工电梯安装完成（图 5-83）。

（2）核心筒外 6# 施工电梯拆除。拆除时间节点：1）上部二次结构、粗装施工完成；2）正式电梯 4OF-1、4OF-2、4OF-3、4OC-1 启用（其中，4OF-3、4OC-1 服务 B4~L48，先启用）（图 5-84）。

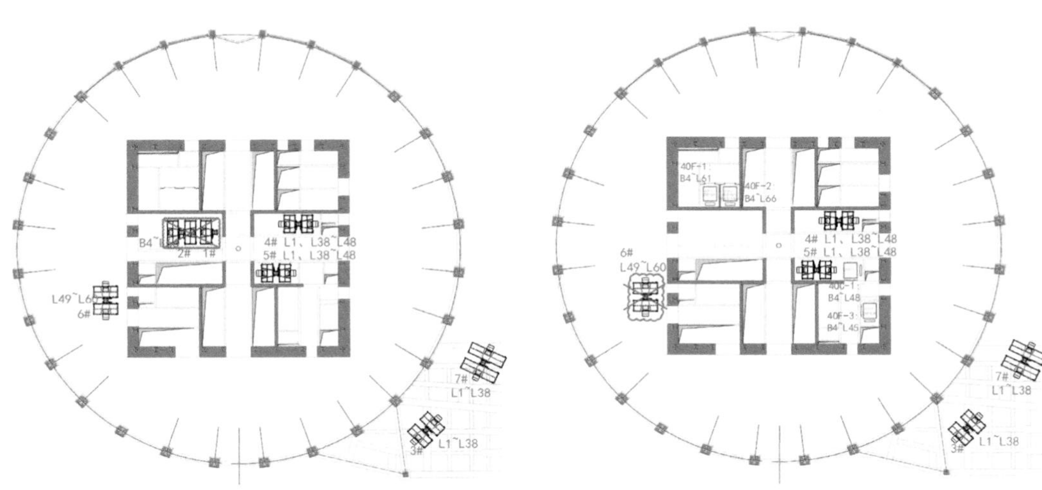

图5-83 1#、2#施工电梯拆除　　图5-84 6#施工电梯拆除

（3）核心筒内 4#、5# 施工电梯拆除。拆除时间节点：1）二次结构、主要设备机房基本施工完成；2）6# 电梯拆除完成（图 5-85）。

（4）外框 3#、7# 施工电梯拆除。拆除时间节点：1）4#、5# 电梯拆除完成；2）结构塔尖施工完毕且幕墙收口时（图 5-86）。

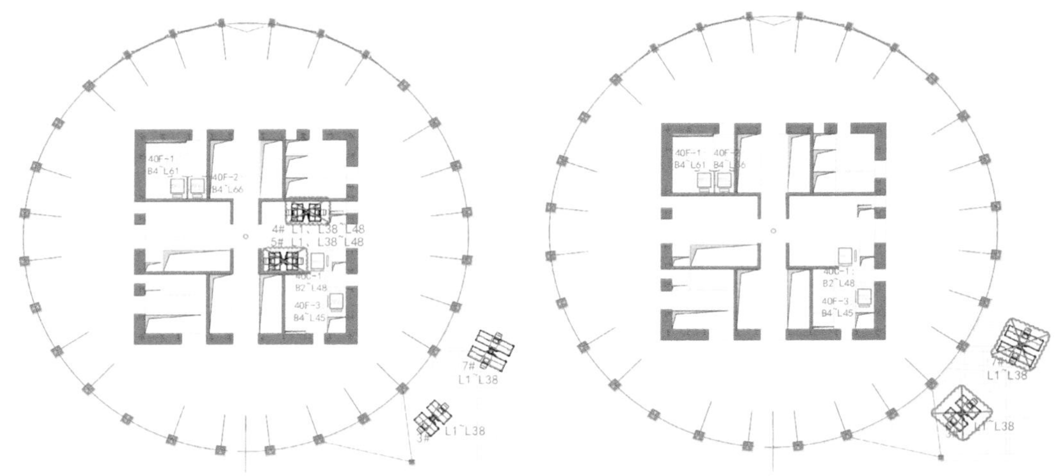

图5-85 4#、5#施工电梯拆除　　图5-86 3#、7#施工电梯拆除

正式电梯（消防电梯、货梯）投入使用时间及停靠楼层如下（说明：OF 代表消防电梯，OC 代表货梯，中间数字代表停靠分区）：

电梯编号	台数	开始使用时间	结束使用时间	载重量kg	停靠楼层	主要用途
4OF-1	1	2017.10	2018.11	2000	B4-L61	全层材料运输
4OF-2	1	2017.10	2018.11	2000	B4-L66	全层材料运输
4OF-3	1	2017.5	2018.11	2000	B4-L45	全层材料运输
4OC-1	1	2017.5	2018.11	4000	B4-L48	全层材料运输

5.7 超高层圆锥状钢结构施工技术

5.7.1 圆筒形外框密柱钢结构施工变形控制技术

1. 钢框架安装工艺技术与施工偏差规律分析研究

对常规钢框架安装工艺技术进行分析，包括框架整体安装工艺顺序，以及构件吊装顺序、校正与临时固定顺序、焊接顺序。

对常规安装在圆筒形外框密柱钢结构施工变形实测数据进行统计分析。总结该结构偏差规律为现场柱顶切向偏差为主、径向偏差为次。采用列举法进行影响因素的统计，并采用“失效模式和影响分析”的分析方法评估风险系数，通过对影响因素的评估，确定偏差主要影响原因为：①钢框架整体施工流程中，对钢柱柱顶坐标的测量控制仅限于钢柱吊装后的测量校正，对辐射梁、环梁吊装后的钢柱定位缺少控制，钢柱定位容易受吊装碰撞、倒链校正及焊接等因素影响；②外框柱及外环梁焊接顺序为先从下到上焊接钢梁，再焊接钢柱，造成钢柱下部先产生焊接收缩偏差，柱顶累积下部偏差（图 5-87）。

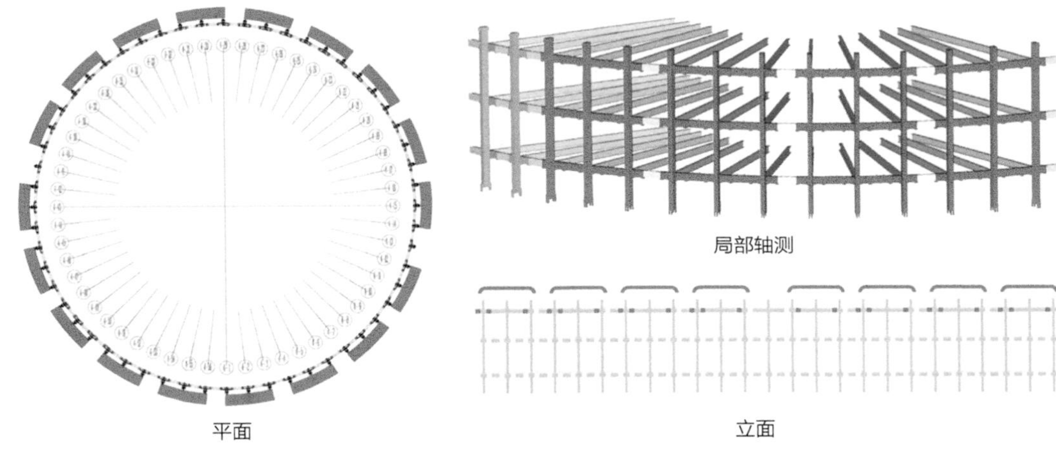

图5-87 钢柱分组焊接示意图

2. 外框密柱钢结构现场高空吊装及校正精度控制技术

对钢框架整体施工流程，针对偏差产生原因，采用以下创新技术：①在钢梁安装后对外框柱进行第二次定位校正，并对钢柱连接板进行定位焊固定。钢柱二次定位校正后，再对环梁进行二次定位焊，使钢框架定位完全固定；②先铰接辐射梁后刚接环梁的技术，达到密柱钢结构在吊装及校正环节上的精度控制。

钢构件临时连接采用分级连接技术，对安装就位、校正固定采用不同的临时连接方式，确保校正前有一定的活动空间，校正后避免偏差积累。外框柱采用双夹板自平衡技术与连接板角焊缝封焊两种方式结合，辐射梁采用码板与连接板两种方式结合，外环梁采用临时连接板与腹板打底焊两种方式结合。

对钢柱控制点的测量定位采用地面控制与高空控制结合。构件进场后，于地面对外框柱柱身折点定位进行复验，避免柱身折点偏差对外框柱高空定位造成影响。现场高空安装测量控制对柱顶控制点进行主控，对柱身及牛腿进行辅助校核（图 5-88）。

3. 外框密柱钢结构现场焊接变形约束、基于单元刚度的变形控制技术

采用对柱顶变形约束的思路，先焊接柱顶辐射梁、环梁焊缝，对柱顶定位进行约束后，再焊接柱底对接焊缝，最后焊接中、下层辐射梁、环梁焊缝。由于钢柱对接焊缝焊接前，柱顶已收到水平方向的约束，柱对接焊缝不均匀收缩、柱中下部焊缝收缩对柱顶偏差的影响将减至最小。

外环梁单层焊接顺序采用柱单元多级焊接、刚度平衡的变形控制技术。对所有钢柱进行分组，以 3 根钢柱为一组，第一级焊接对每组 3 柱之间的外环梁进行焊接形成 3 柱稳定单元，第二级焊接对相邻 3 柱单元之间外环梁进行焊接形成 6 柱单元，按此形式分别形成 12 柱单元、24 柱单元，最

图5-88 对接口现场复查

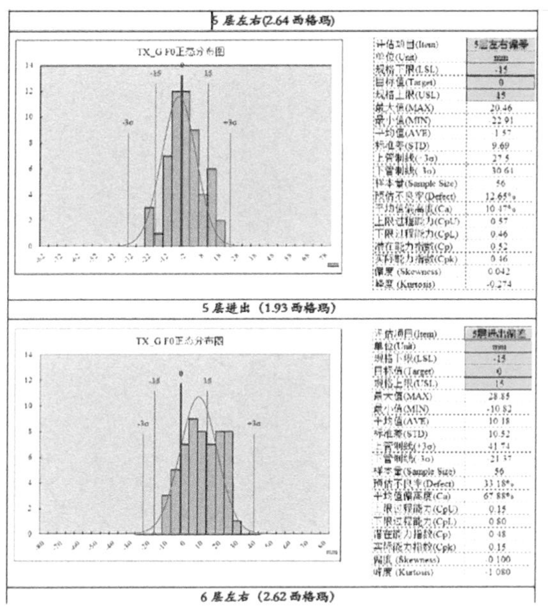
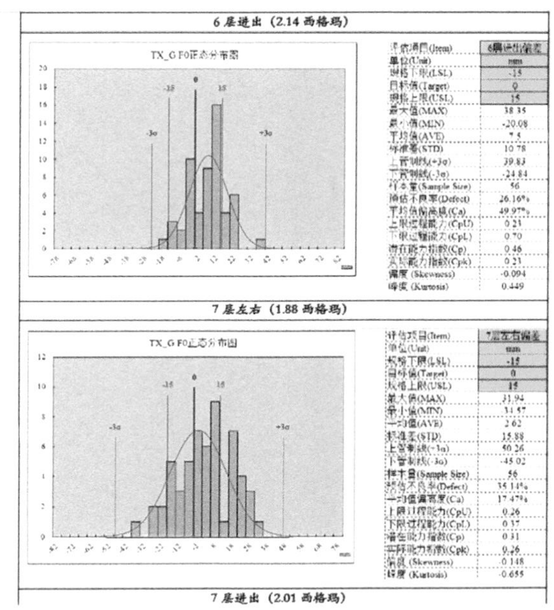

图5-89　六西格玛数据分析

终将该层外环梁焊接完成。改刚度平衡技术为使单元中心柱两侧焊接变形接近，且保持同级单元刚度相近，使同级单元间焊接收缩拉力对等，保证刚度小的柱或单元不受刚度大的柱或单元影响，避免钢柱产生同一方向的累积变形（图 5-89）。

5.7.2　超高层圆锥状预应力张弦结构塔冠施工技术

关键点 1：采用圆锥仿形支撑体系，以及校正、焊接新技术控制结构变形

（1）支撑体系设计及变形控制

本结构圆锥锥角为 45°，外框柱倾斜角度为 13°~23°。外框柱安装时，每节柱底部采用安装连接板进行临时固定，由于存在倾斜角度，支撑体系需承受每根外框柱吊装就位、校正的水平分力。

根据外框柱分段及分布，采用多层型钢仿形框架支撑体系。支撑体系作为独立的框架结构，根据斜交外框柱分段进行逐层安装，承载力、刚度满足结构安装需求。

支撑胎架分为主支撑胎架及 BMU 层支撑胎架，胎架采用装配式桁架结构设计，支撑柱为刚接，其余全为铰接。主支撑胎架设置在 L66 层及 L66M 层楼面上，底标高 331.400m，顶标高 366.300m，总高度 34.9m。胎架共计三层，杆件的主要截面尺寸为 P245mm × 9mm、P203mm × 8mm、P180mm × 6mm、HW250mm × 250mm × 9mm × 14mm，材质为 Q235B。BMU 支撑胎架底标高 371.550m，顶标高 380.550m，总高度为 9.0m，杆件截面尺寸为 P180mm × 6mm、HW250mm × 250mm × 9mm × 14mm，材质为 Q235B（图 5-90，图 5-91）。

图5-90　支撑胎架示意图

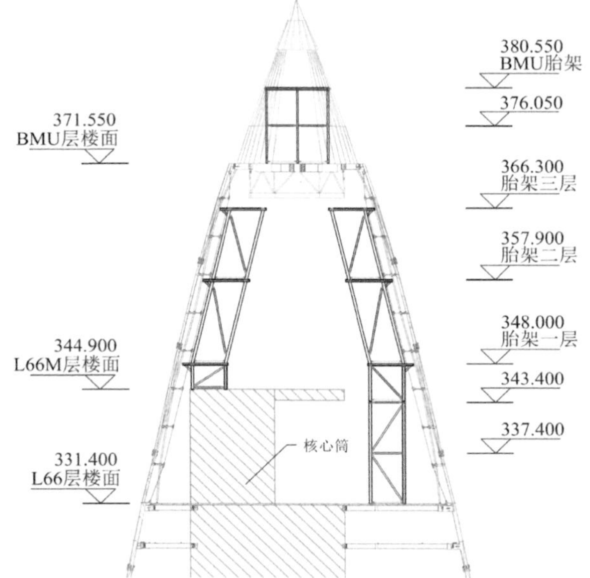

图5-91　支撑胎架立面标高示意

（2）斜交外框现场安装校正技术

1）整体校正方法

钢柱校正采用千斤顶进行，钢柱吊装就位后立即进行钢柱坐标的柱顶坐标初级校正，初级校正完成在钢柱对接口处利用千斤顶进行对接错口以及钢柱标高的调整，错口及标高调整完成后在胎架上设置千斤顶对钢柱柱顶坐标进行精细调整，调整完成后将钢柱与胎架进行点焊连接固定（图 5-92，图 5-93）。

2）构件对接校正

塔冠外框柱异形构件数量多，对接接头多，须对外框柱每个对接接头进行粗调、精调，控制每个对接接头的错边。对精调后接错边超过 t/10 或 3mm 的部位，对构件边缘进行火焰矫正，使对接错边减小至 3mm 以下；对错边为 3mm 以下部位，采用焊缝填充平缓过渡。

图5-92　塔冠外框柱就位

图5-93　钢柱定位校正

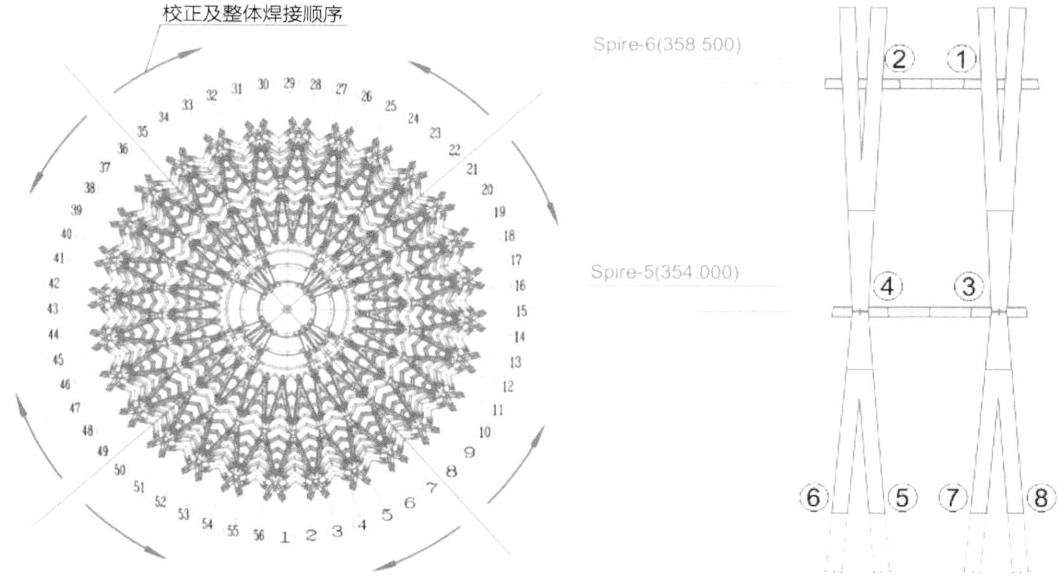

图5-94　外框钢结构校正及整体焊接顺序　　图5-95　外框钢结构局部焊接顺序

3）斜交外框构件焊接工艺

整体焊接顺序：与安装顺序相同，从四个角开始逐步扩展施工，校正完成后再进行焊接作业，每节塔冠钢柱均有环梁连接，采用先环梁后钢柱的焊接顺序进行焊接，环梁焊接遵循从上到下的顺序（图 5-94，图 5-95）。

4）钢柱整体焊接顺序

以一个焊接操作平台的两根钢柱作为一个立柱单元，采取立柱单元跳焊的方式进行焊接，避免相邻立柱单元的相互影响。

5）环梁整体焊接顺序

环梁整体焊接顺序为先焊上层，后焊中层，最后焊接下层，保证钢柱柱顶首先受到约束。环梁以单片立柱单元（两根钢柱组成一个立柱单元）对称焊接为基础，与相邻单元形成 3 个立柱的稳定单元，相邻稳定单元再连成整体。塔冠环梁焊接方法类似，现以塔冠第 1 节环梁焊接为例进行说明。

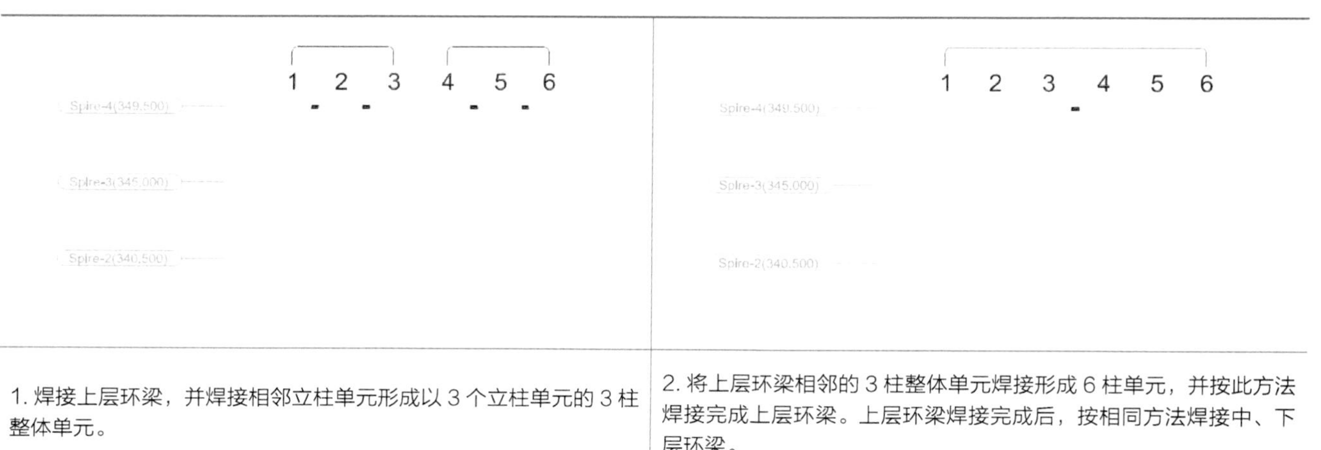

1. 焊接上层环梁，并焊接相邻立柱单元形成以 3 个立柱单元的 3 柱整体单元。	2. 将上层环梁相邻的 3 柱整体单元焊接形成 6 柱单元，并按此方法焊接完成上层环梁。上层环梁焊接完成后，按相同方法焊接中、下层环梁。

6）截面焊接顺序

外框柱、环梁箱型截面较小，双肢外框柱采用两个焊工分别对两个支腿进行对称焊接，四肢外框柱采用 2 个焊工分别对 4 个支腿对称焊接。

关键点 2：多种方式控制圆锥状斜交外框结构预留及补装施工变形

（1）预留部位上部结构施工方法

在预留部位上部设置马鞍形胎架，上部结构荷载通过胎架传递至周边结构，从而实现上部结构的正常施工。支撑胎架上部横杆两端以及下部外侧斜撑与预留洞口两侧钢柱进行固定连接，内侧斜撑固定于核心筒墙体上（图 5-96，图 5-97）。

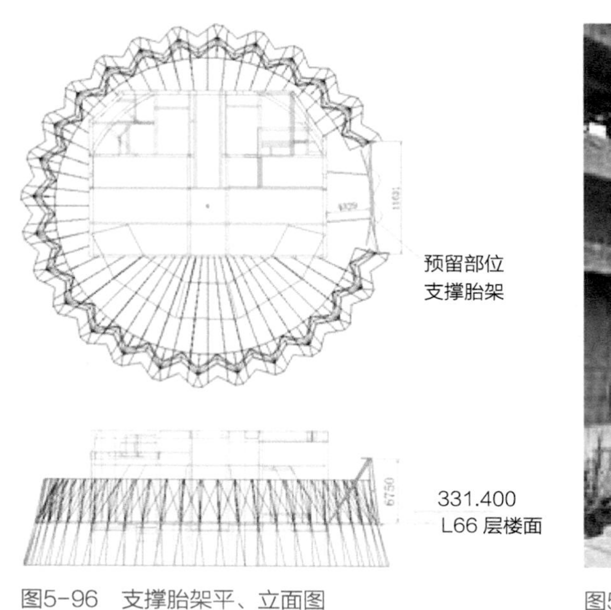

图5-96　支撑胎架平、立面图

图5-97　支撑胎架示意图

（2）预留部位周边结构变形控制措施

1）预留胎架刚度设计

支撑胎架同时抵抗上部结构的变形以及洞口两侧结构向外扩大变形。利用有限元软件对支撑胎架进行优化设计，以施工过程及最终的结构变形作为控制条件，确保预留胎架具备足够刚度。

2）预留部位周边结构控制措施

预留洞所在层的外环梁无法形成整体抗拉环，该部位钢柱易受外环梁、柱底的对接焊缝影响而产生较大变形。因此，需对钢柱顶部进行约束固定，形成稳定刚性单元后方可进行钢柱对接焊。该部位外框结构整体焊接顺序为：先焊上层辐射梁以及外环梁，再焊外框柱，最后焊下层辐射梁以及外环梁。

外环梁焊接遵循成组焊接的方法，进行上层环梁焊接时，对除预留钢柱之外所有钢柱进行分组，以 2 根钢柱为一组，组成“∧”型进行环梁焊接，再同时焊接相邻两组“∧”之间的环梁两端，从而组成“∧∧”单元片，最后同时进行单元片之间环梁两端的焊接从而形成稳固约束（图 5-98）。

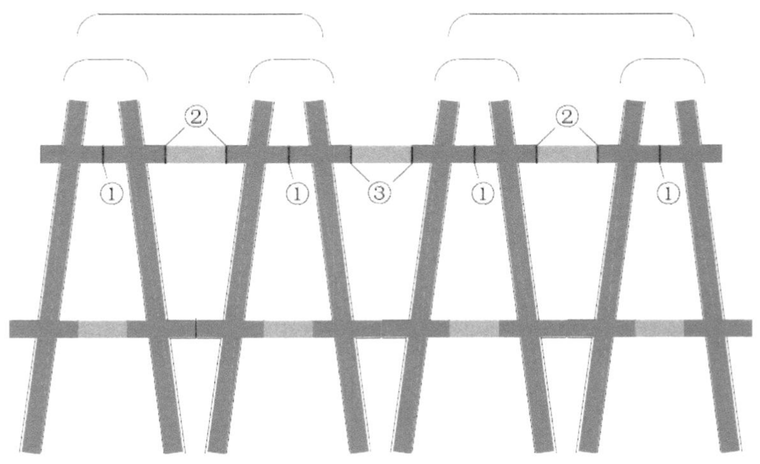

图5-98　预留洞口周边上层环梁焊接示意图

3）施工过程模拟

根据预留洞工况，利用有限元软件将圆锥体斜交网格结构施工分为若干个施工步骤进行施工过程仿真计算，确保结构安装阶段位移可控。

对预留洞部位周边关键点，分为“预留洞口”与“不预留洞口”两种计算工况进行模拟计算对比，分别提取各自计算模型中这些关键点位在各个施工步骤的位移值，并进行比较分析。通过对比可得知，结果显示预留洞口比不预留洞口情况下的应力及位移稍大，最大水平位移差为 1.42mm，最大竖向位移差为 2.11mm。将分析结果作为实际施工过程中预变形措施的理论依据（图 5-99）。

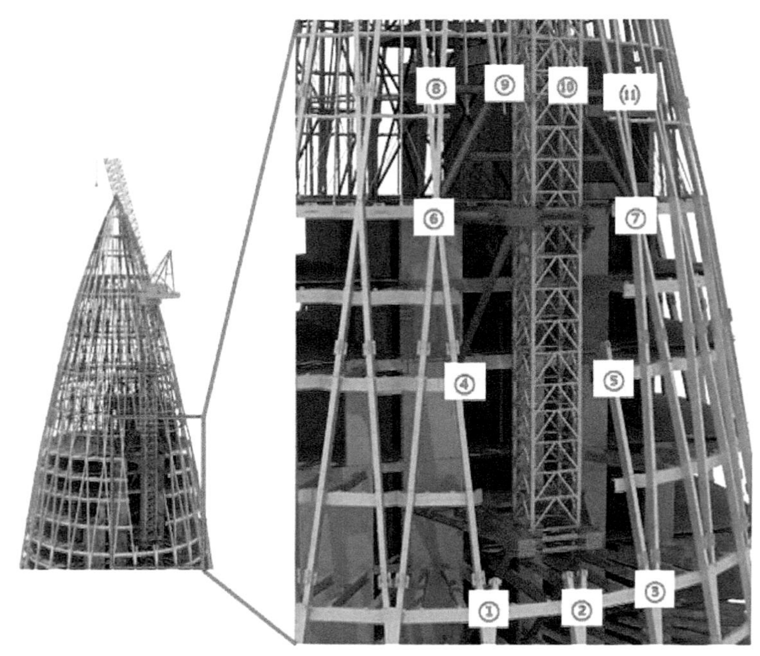

图5-99　洞口周边监测点布置图

4）胎架顶部坐标预调

根据模拟计算分析结果，在上部结构施工前，将预留胎架顶部标高进行预调，预留胎架卸载时上部结构的下沉量，从而对结构卸载变形进行控制。

（3）预留洞补装变形控制措施

1）补装结构焊接变形控制

焊接顺序控制：补装结构分为一层一节，每节结构吊装完成后，整体焊接顺序为：辐射梁→环梁→钢柱。环梁焊接按照分组形成刚性单元的方式，即先焊接两根钢柱环梁牛腿对接焊缝，再同时焊接两组间环梁两端，从而逐渐与预留洞周边结构形成整体，使同一刚性单元两侧施加的焊接收缩应力大致相等，保证焊接应力在结构间均匀分布。

焊接速度控制：为防止补装构件与周边结构连接焊缝应力过大，采取控制焊接电流、每道焊缝填充量以及每道焊缝的间隔时间等措施，对焊接速度进行控制，以减少焊缝收缩对周边结构的影响。

2）后补柱镶嵌施工

为提高施工的便利性，保证施工的顺利进行，在上下钢柱合拢部位设置长度为500mm 的镶嵌短柱。镶嵌短柱通过长连接板固定上下柱之间，通过对焊缝间隙、错边进行拟合及过渡，以保证钢柱合拢部位连接质量（图 5-100）。

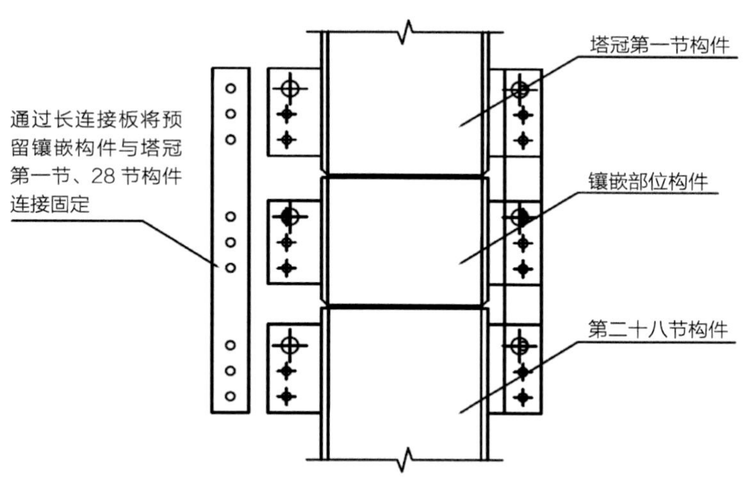

图5-100　长连接示意图

（4）胎架卸载变形控制

在预留部位结构焊接完成，整体结构形成稳定受力体系后，对预留胎架进行卸载。通过施工模拟计算确定每个支撑点的应力变化、卸载变形量与结构位移，确定本工程的卸载顺序与工艺。胎架采用分级同步卸载，即分级同时释放胎架对上部结构的支撑约束，实现胎架承重→胎架与预留部位结构共同承重→预留部位结构承重的平稳过渡。采用全站仪对卸载变形进行过程检测，确保变形可控。

关键点 3：分批次进行圆锥状张弦结构预应力同步对称施工

由于结构为中心对称圆锥状，理想状态下所有张拉点应同时、同步进行张拉，以达到张拉力及变形的同步。因拉杆列数达 56 列、张拉点数量达 84 个，根据结构特点及施工可行性，采用 4 组张拉设备按一定的顺序进行对称同步的方式进行张拉，并通过分级张拉消除各组拉杆应力、变形的差异。通过对张拉过程的详细模拟计算，得出撑杆理论变形值作为预应力施工前变形预调的依据。

采用分级、分组张拉：①共分为 3 级，第一级为预紧（全部加载至设计张拉力 40%），第二级为张拉（全部加载至设计张拉力 80%），第三级为调整（全部加载至设计张拉力 100%）；②平面上共有 56 列拉杆，每组同时对称张拉的列数设为 3-4 列，按照一定顺序进行对称同步张拉，保证结构应力均匀（图 5-101）。

（1）水平桁架预调

水平桁架杆件在胎架拆除前先进行一次标高调整，控制标高偏差在 ±10mm 以内。张拉前，将水平桁架杆件需根据施工模拟计算的预调值要求进行精确调整，严格控制水平桁架调高精度，同时相邻水平桁架杆件正负误差控制在 5mm 以内。张拉后水平桁架杆件会产生轻微相对错位现象，总体每层水平桁架会有下降趋势，后期通过安装钢格板时统一调整板顶标高来进行找平（图 5-102）。

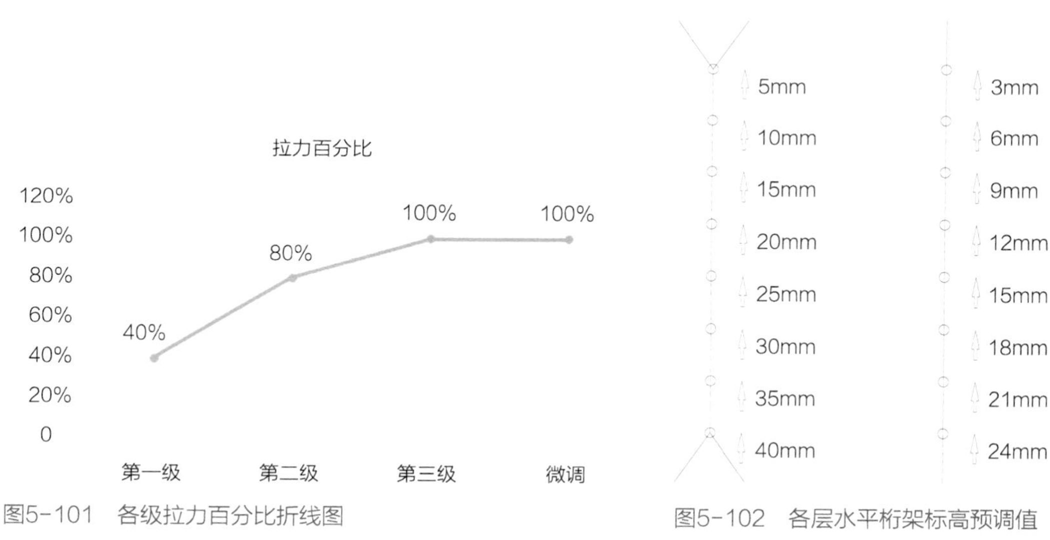

图5-101 各级拉力百分比折线图

图5-102 各层水平桁架标高预调值

（2）分组及分批次张拉

平面沿圆周分布有 28 列 A 类拉杆（单列，底层设计张拉力 110kN）与 28 列 B 类拉杆（底部分叉，底层设计张拉力 170kN），A 类拉杆与 B 类拉杆间隔布置；立面共 9 层，首尾与水平撑杆相连。水平撑杆共 8 层，相邻水平撑杆均有环向水平杆连接，构成环向猫道结构（图 5-103，图 5-104）。

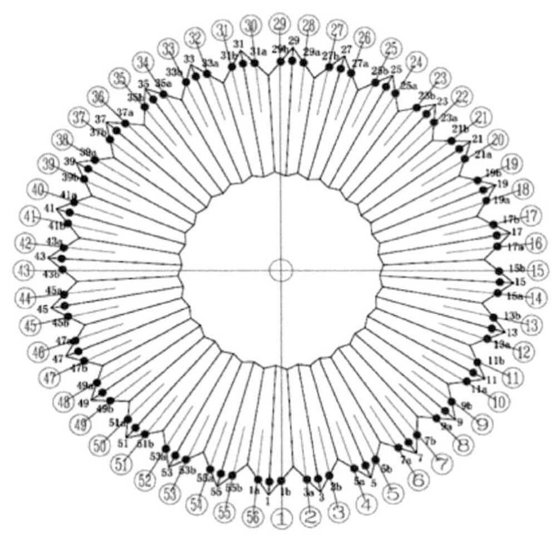

图5-103　张拉点分布平面图

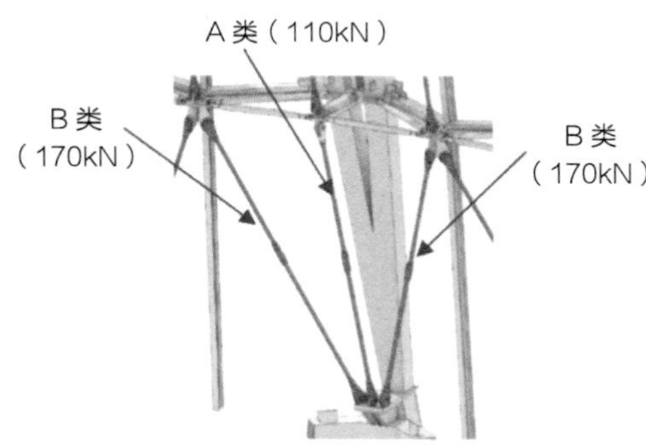

图5-104　张拉点示意图

根据对称同时张拉的原则，结合工程量与施工可行性，分 4 组同时进行张拉，每组 2 台千斤顶，即同时进行 8 个张拉点的张拉。采用 4 点对称、各向均匀张拉的方式，先对 A 类张拉点进行对称张拉，再对 B 类张拉点进行对称张拉。

（3）张拉力、结构变形监测

拉索张拉过程中采用油压传感器及相应配套的读数仪表读出施加的张拉力值。油压传感器安装于液压千斤顶油泵上，在拉索张拉过程中通过专用传感器读数仪随时监测预应力钢索的拉力。

对张拉结构变形的监测采用全站仪在钢拉杆张拉时进行实时监测。张拉施工开始前，对监测点坐标进行测量，记录初始值；于每级张拉完毕后对监测点坐标进行复测，记录过程值；所有张拉工序完毕后测量坐标最终值。东、南、西、北侧外框柱柱顶、柱中部多层位置设置监测点，监测点于 L66M 层可向上通视（图 5-105，图 5-106）。

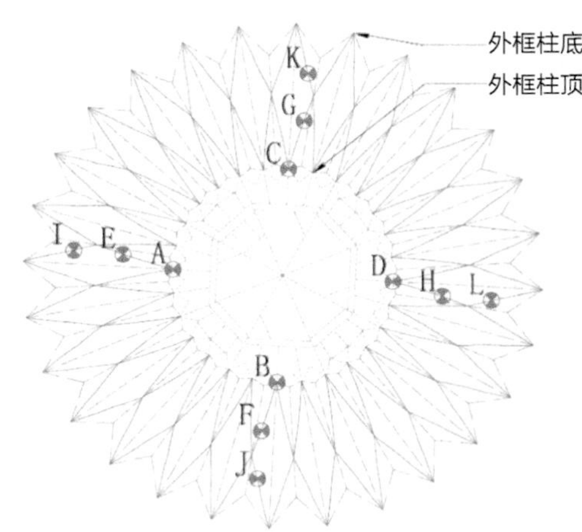

图5-105　监测点布置示意图

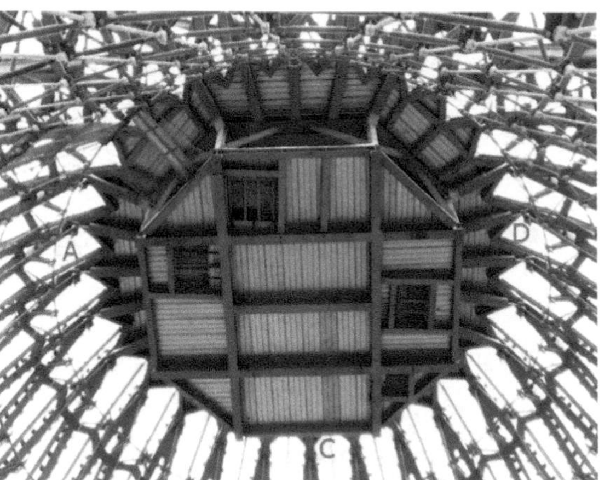

图5-106　监测点布置实况图

5.8 幕墙施工关键技术

5.8.1 幕墙工程概况

中国华润大厦造型独特，像一根“春笋”矗立在后海中心，塔楼平面投影是不同半径的同心圆，立面从 1 层至 23 层是渐渐外倾，从 23 层至塔尖渐渐内缩，最后内缩成塔尖。

塔楼外框结构施工至 24F 时，插入幕墙施工。为保障幕墙施工人员的安全，在 22 层搭设安全防护棚；单元体的安装选用环形轨道进行水平转运安装，环形轨道安装在 20F，吊装 5~18 层单元体板块，此施工段单元体运输选用活动小吊车配合揽风绳进行垂直运输，单元体存放于塔楼首层周围。

本工程玻璃单元系统的单元体板块为超大板块，49 层最重单元 1200kg，高 6800mm，宽 1200mm，厚 330mm；玻璃单元系统的标准板块重 738kg，高 4500mm，宽 1515mm，厚 330mm；不锈钢单元体板块，49 层最重单元 1200kg，高 6500mm，宽 2300mm，厚 1200mm；不锈钢单元体板块标准单元重 400kg，高 4500mm，宽 760mm，厚 910mm。

5.8.2 幕墙施工段划分

外立面幕墙从 5 层开始自下而上按楼层施工，施工至建筑标高 372m 的擦窗机层时，从上至下进行塔尖幕墙的安装，并同时进行塔基 1~4 层幕墙施工。

中国华润大厦外立面幕墙施工竖向分为 6 段：

第一施工段：5~18 层（首层起吊，采用轨道吊装，轨道安装 20 层，防护棚安装在 22F）；

第二施工段：19~29 层（单元体进楼层，采用轨道安装在 32 层，防护棚安装在 34F）；

第三施工段：30~47（单元体进楼层，轨道安装在 49 层，防护棚安装在 52F）；

第四施工段：48~65（单元体进楼层，轨道依次安装在 54 层、59 层、64 层，防护棚安装在 56 层、61 层、66 层）；

第五施工段：66~ 塔尖（半单元幕墙及框架幕墙，采用塔吊吊装）；

第六施工段：1~4 层（框架幕墙，汽车吊配合安装）（图 5-107）。

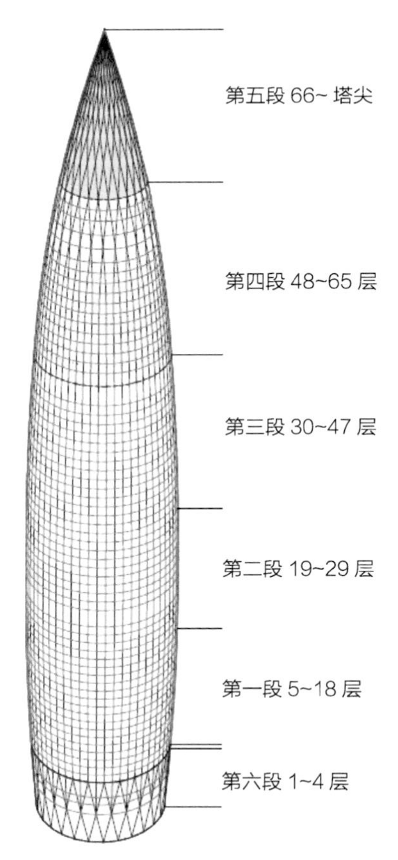

图5-107 幕墙竖向分段示意图

5.8.3 幕墙板块吊装

根据本工程外立面内、外倾斜的特征，通过模拟，选择可调式环形轨道进行板块安装；计划在 20 层、32 层、49 层、54 层、59 层、64 层搭设双层环形轨道。

环形轨道的悬臂构件采用 22a 工字钢，长度为 4m，每根挑臂通过 M16 螺栓与结构相连，挑臂端与结构通过直径 20mm 的拉索相连。悬臂构件上设置可调节螺栓孔，悬臂长度可通过改变螺栓位置进行调节。

幕墙采用双层轨道吊装，外轨用于安装高空吊篮，内轨安装起重设备，主要用于吊装单元体，内轨安装环链电动葫芦额定起重量为 2T（图 5-108）。

测量放线完成后，进行地台码安装，开始吊装单元体，单元板块施工顺序：

a. ①号与②号玻璃单元安装完成；

b. 然后安装⑤号不锈钢 装饰条单元体；

c. 安装③号玻璃单元；

d. 安装④号玻璃单元；

e. 以此顺序类推来完成一层单元体幕墙的安装（图 5-109）。

幕墙单元体上升或下降到安装楼层后，将起吊扁担上的挂钩转换到钢轨道葫芦上，通过牵引，水平移动板块到安装位置；通过手动葫芦调节板块高度到适当位置并安装到转接件上（图 5-110）。

不锈钢装饰线条的吊装方法同玻璃板块的吊装方法，吊装示意如图 5-111。

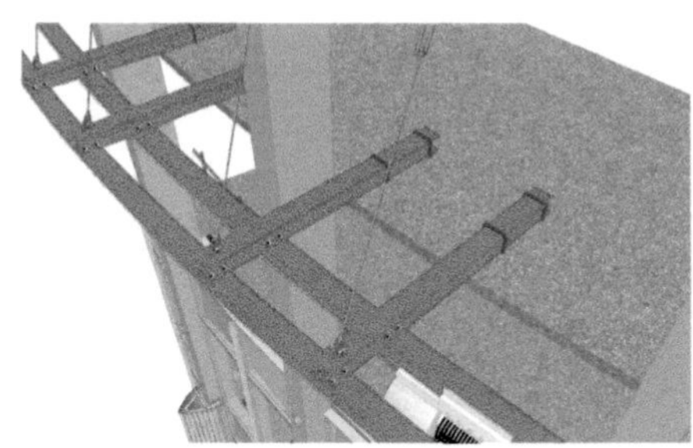

图5-108　环形轨道示意图

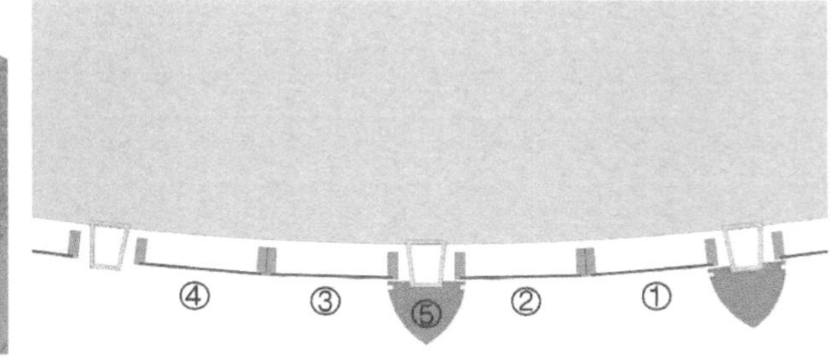

图5-109　安装顺序示意图

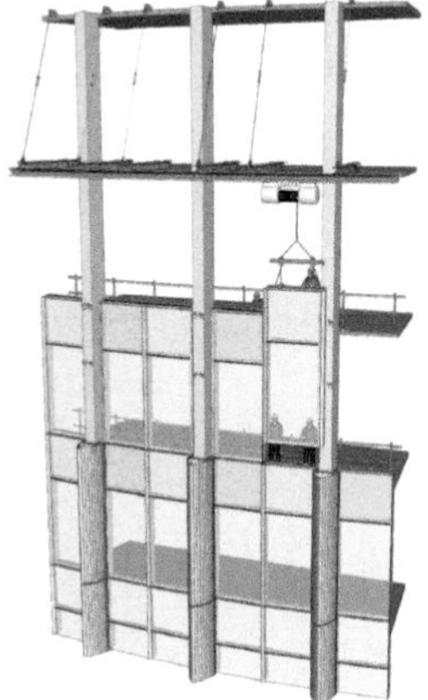

图5-110　玻璃板块安装示意图

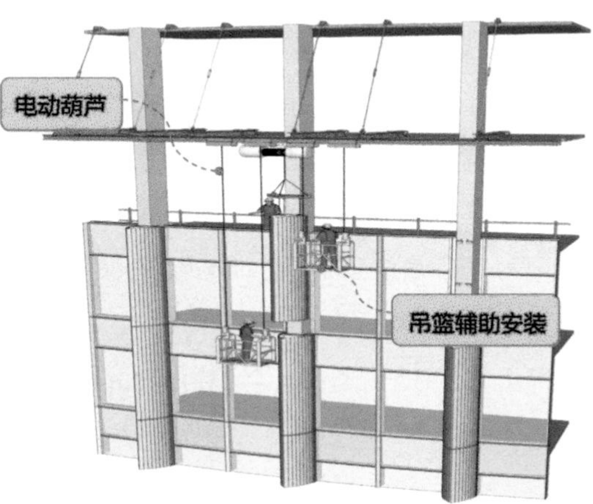

图5-111　不锈钢装饰线条安装

底部 1-4 层框架式幕墙采用汽车式起重机配合从下往上进行安装，L66 至 372m 标高处半单元式幕墙采用塔吊配合钢索网平台从下往上进行安装；分别在底部塔楼外侧搭设 37.5m 高钢管操作平台、在塔顶内侧搭设 39.3m 高钢管操作平台进行幕墙安装（图 5-112~ 图 5-116）。

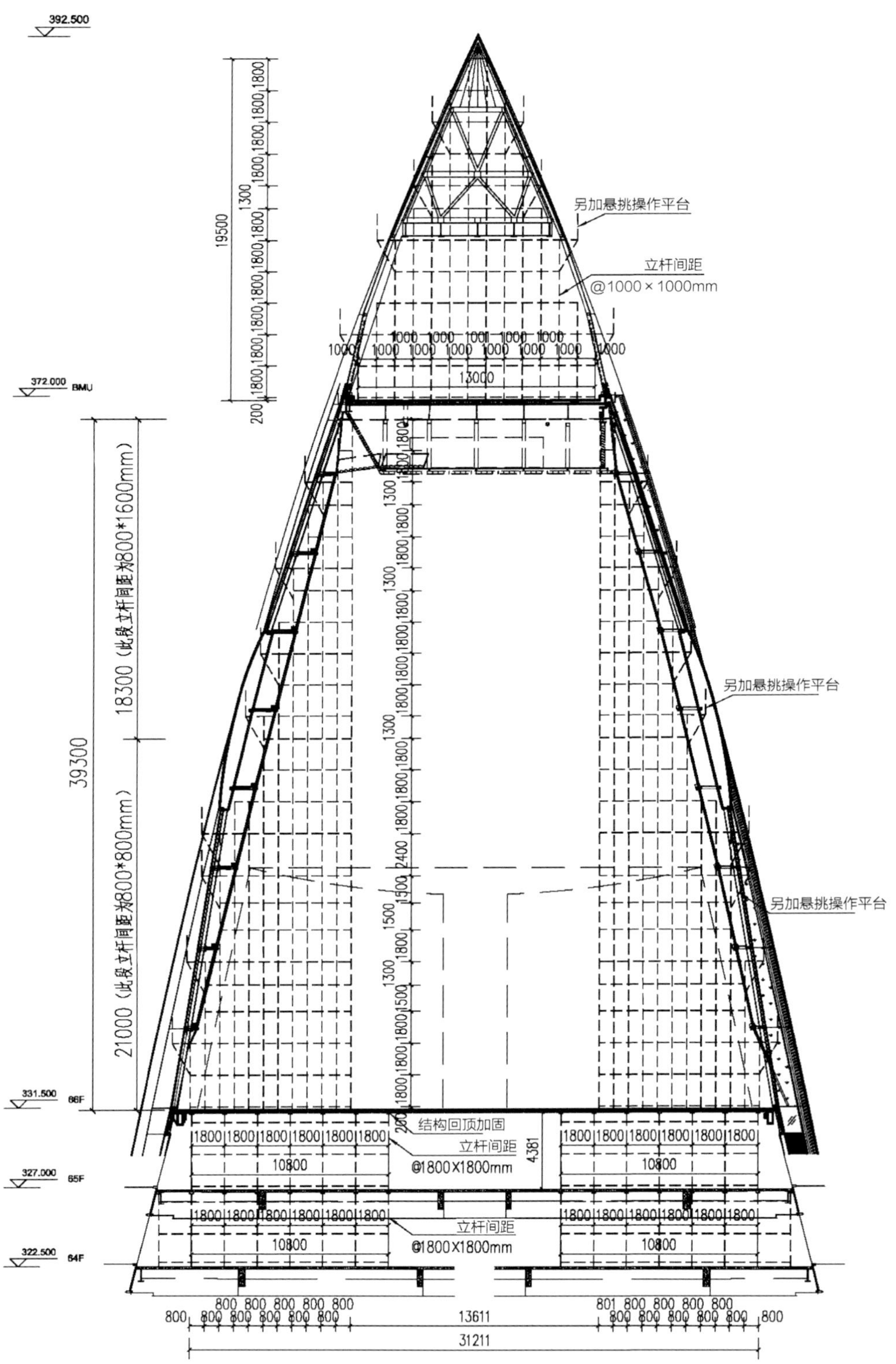

图5-112　塔顶多排脚手架搭设剖面图

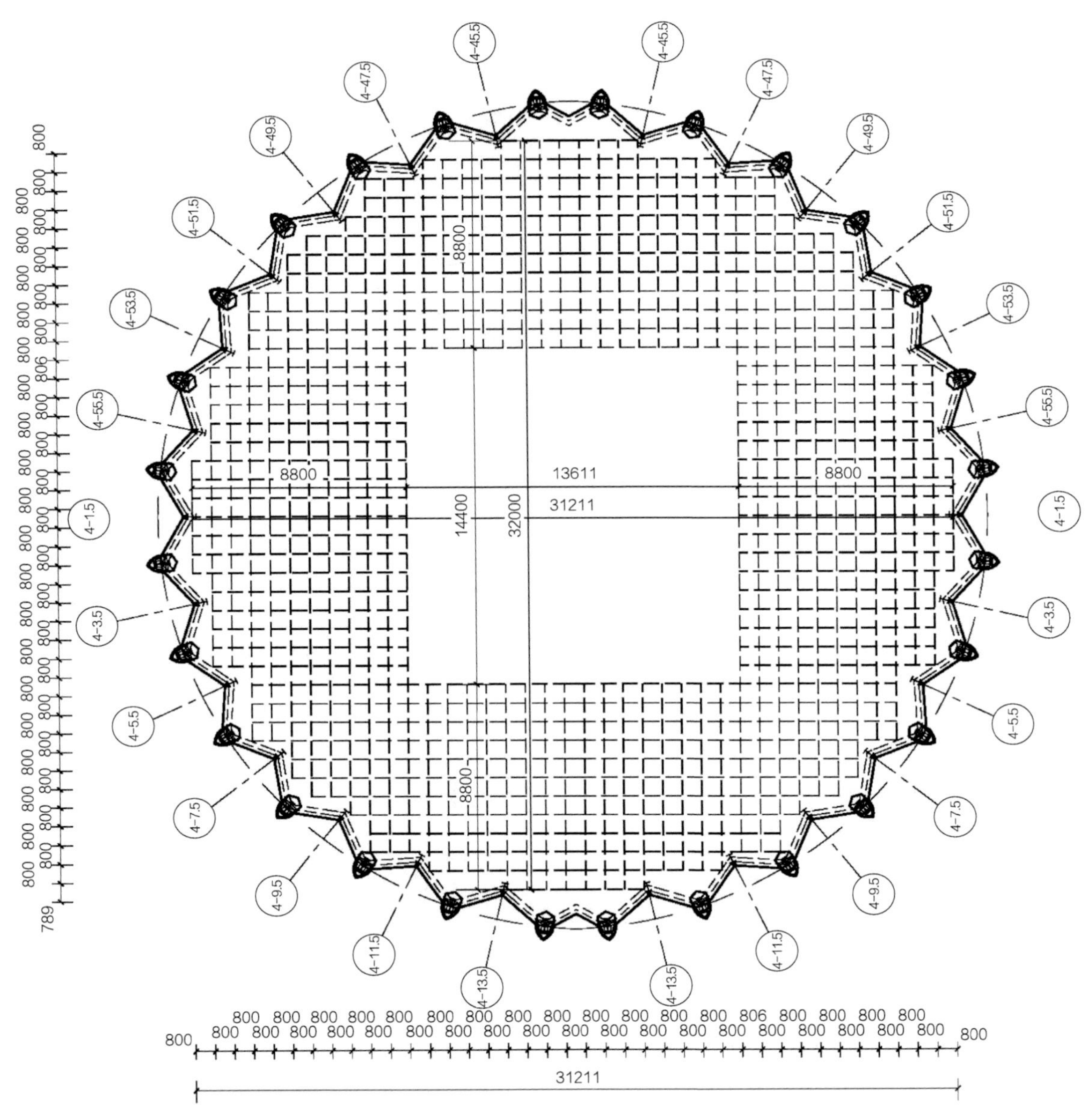

图5-113 塔顶多排脚手架搭设平面布置图

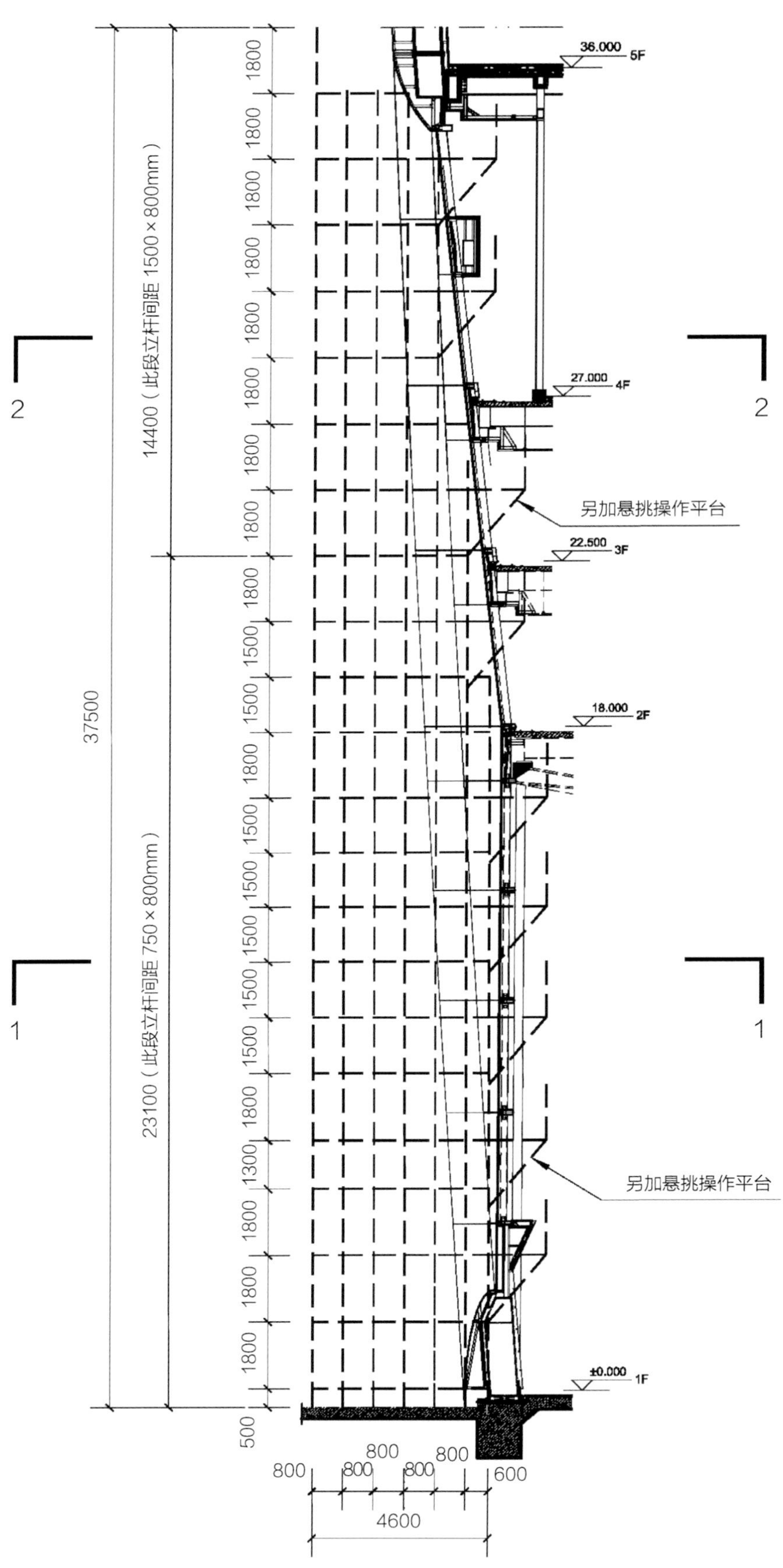

图5-114 塔基多排脚手架搭设剖面图

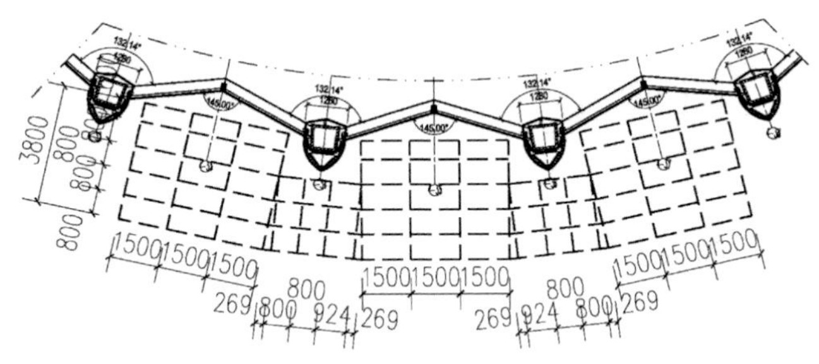
图5-115　塔基多排脚手架搭设2-2平面布置图

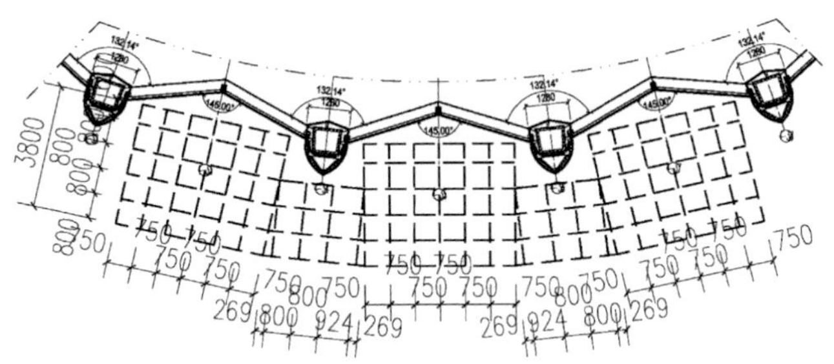
图5-116　塔基多排脚手架搭设1-1平面布置图

锥形塔冠幕墙全国范围内尚无安装案例，我司创新采用锥形塔冠整体吊装技术，将385m-392.5m塔冠部分先在地面上安装成整体，然后把不锈钢塔尖装饰也预先安装至钢结构上，采用塔吊进行预安装好的塔尖整体吊装（图5-117~图5-120）。

图5-117　地面钢结构与幕墙拼装

图5-118　地面起吊

图5-119　顶部整体吊装

图5-120　塔尖整体吊装完毕

5.8.4 幕墙收口施工

外框施工电梯位置幕墙收口工作量较大，约占幕墙施工的 20%；且为主要误差消化处，对设计方案和项目施工要求高。中国华润大厦塔楼 1F~38F ④轴 ~ ⑪ 轴为幕墙外附电梯收口部位，根据施工电梯的布置宽度，每层预留 12 樘玻璃单元板块、6 樘不锈钢装饰线单元板块作为收口。结构外附电梯只上升至 38F，39F 以上幕墙安装不留空位，正常安装。

具体施工方法：

A. 大面幕墙安装完成

当大面幕墙施工至 38F 时，在④轴 ~⑪ 轴电梯收口板块上方安装起底料后，进行 39F 单元体板块的安装，与标准板块安装方法一致。

B. 收口幕墙安装

外框施工电梯拆除后，电梯口位置幕墙已不能采用轨道安装，改用简易吊车来安装单元体和不锈钢装饰线单元。

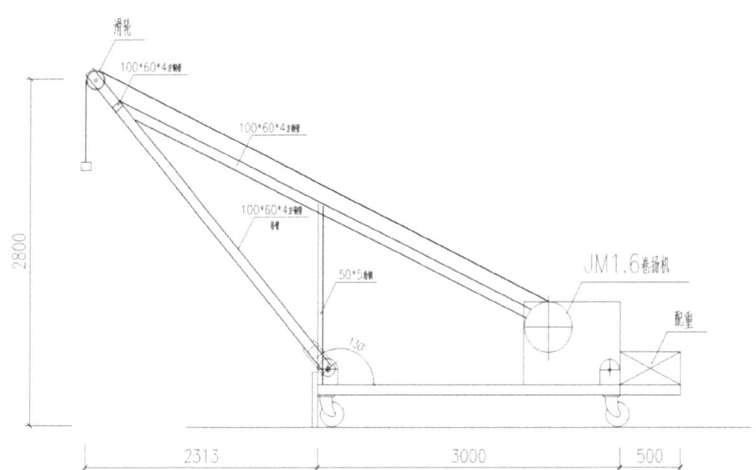

图5-121　简易吊车剖面图

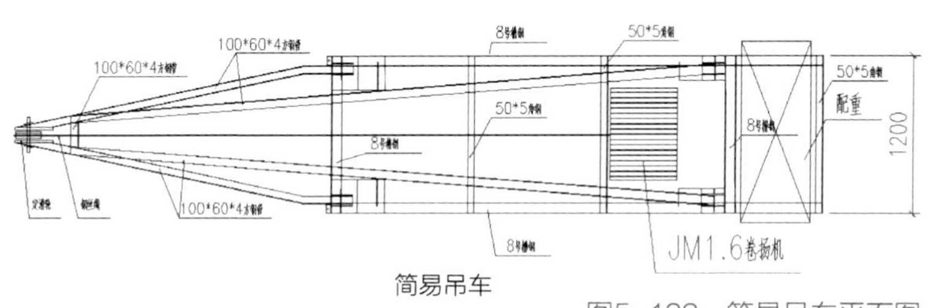

图5-122　简易吊车平面图

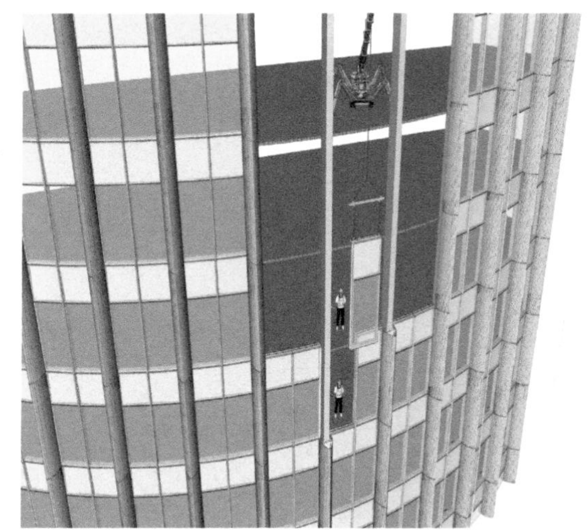
图5-123　“简易吊车”安装单元体示意图

5.9 机电和设备安装关键技术

5.9.1 中央制冷机房模块化预制及装配化施工技术

中国华润大厦中央制冷机房位于 B4 层东南侧，建筑面积约 2140m^2，采用模块化预制及装配化施工工艺，通过有机结合 BIM 技术、全站仪机器人与二维码技术，实现空间、地理、信息三维一体化，实现制冷机房数字化预制、装配式施工，创造了全国首例 48 小时完成全预制装配式制冷机房施工的壮举（图 5-124）。

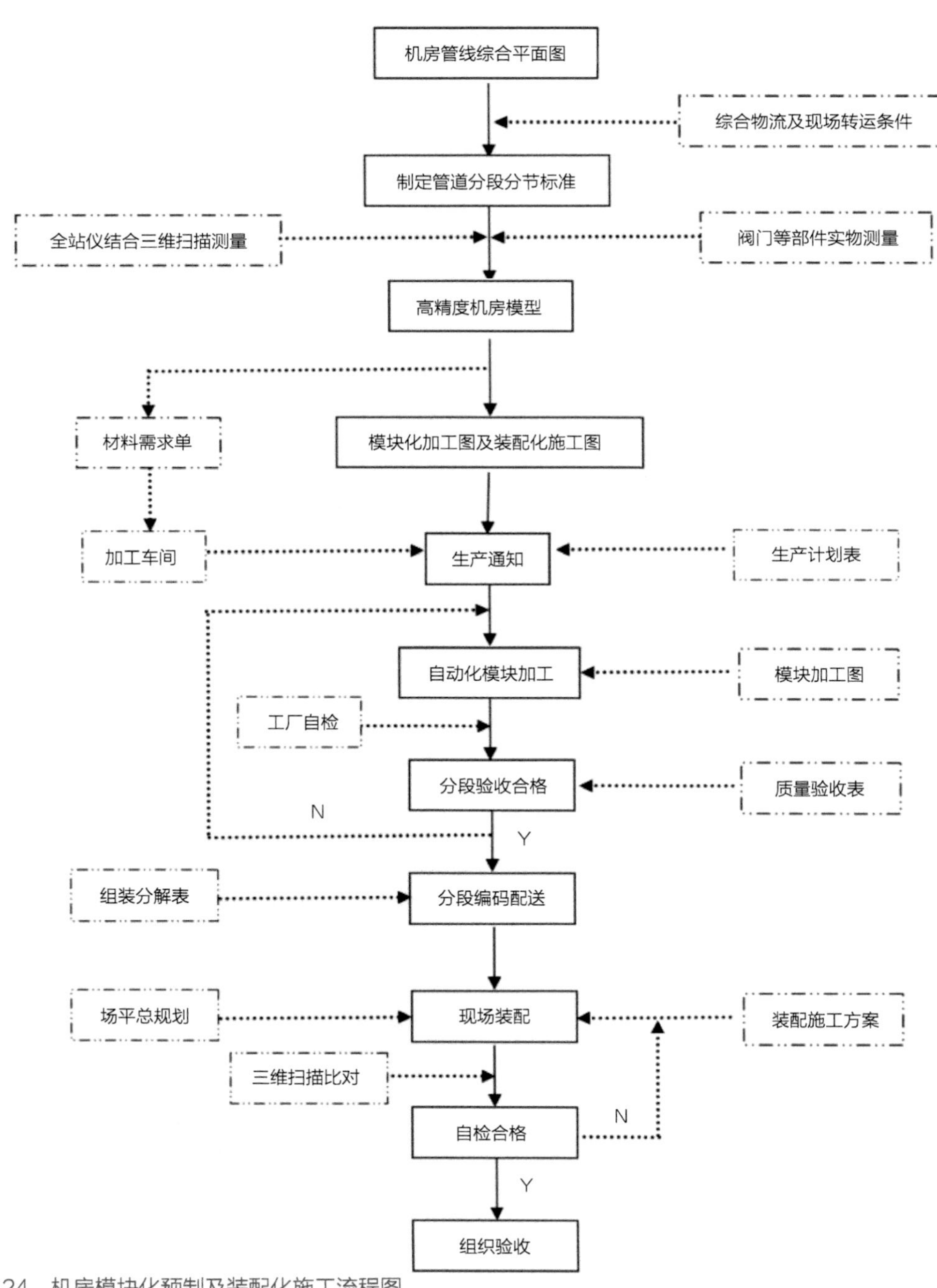

图5-124 机房模块化预制及装配化施工流程图

1. 工艺施工流程

中央制冷机房模块化预制及装配化施工工艺主要包括基于实物尺寸的中央制冷机房管线 BIM 模型，中央制冷机房建筑结构复核测量、编制加工图、装配图及总装配图、管道管段实测实量控制体系、中央制冷机房管道装配施工部署、中央制冷机房模块化预制及装配化施工验收。

2. 基于实物尺寸的中央制冷机房管线 BIM 模型

利用全站仪机器人对中央制冷机房建筑结构复核测量，主要测量点位为中央制冷机房建筑标高、结构倾斜度及设备就位后接管法兰位置及标高，将测量的实际尺寸以三维数据的形式反馈到中央制冷机房管线 BIM 模型中，并根据实测值对中央制冷机房管线 BIM 模型进行调整或对已有结构构件进行修正（图 5-125）。

图5-125 使用测量机器人对现场结构数据采集

利用 REVIT 软件，创建阀门、管件等标准 BIM 族库，建立基于实物尺寸的中央制冷机房管线 BIM 模型，综合考虑如法兰垫片、螺栓、法兰盲板、扳手操作空间等细节，确保模型精度达毫米级，并能够正确指导施工（图 5-126）。

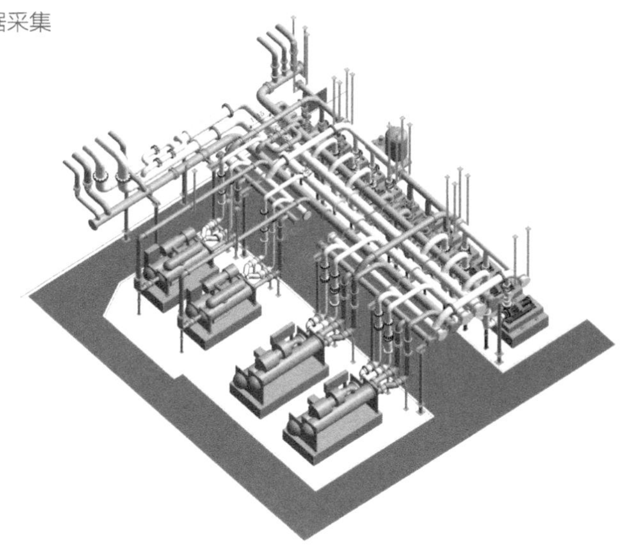

图5-126 中央制冷机房BIM模型创建

3. 编制加工图、装配图及总装配图

收集运输车辆、吊装孔及运输通道尺寸，确定管线划分标准；对管线模型进行科学的数字化模块分段、编码，并对应形成加工图、装配图及总装配图（图 5-127~图 5-129）。

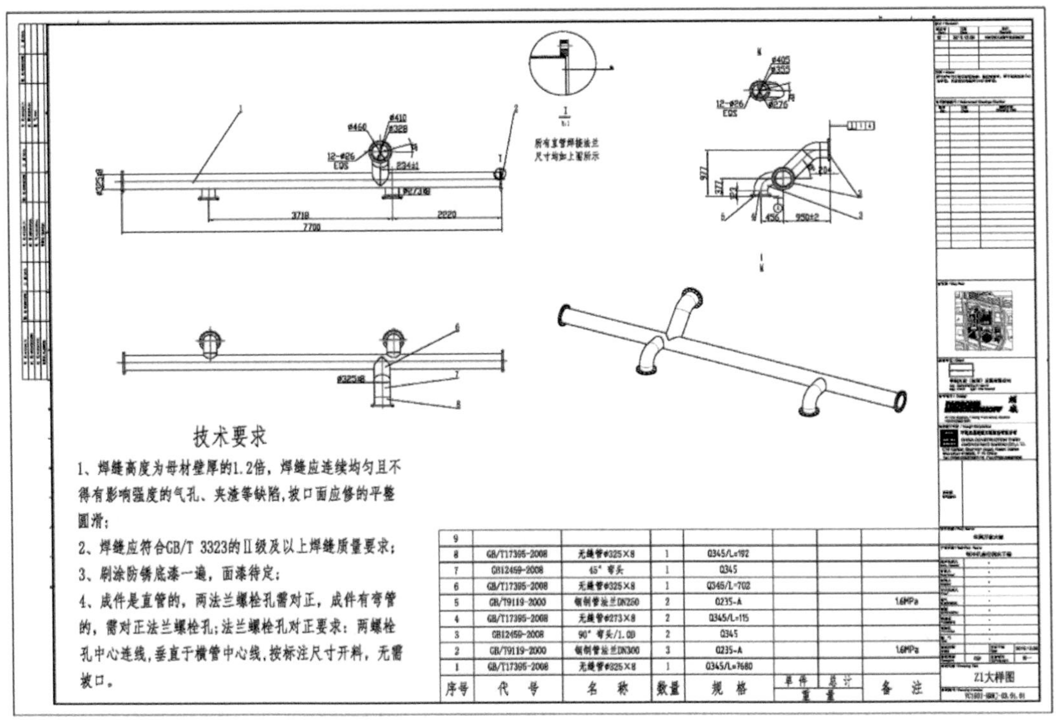

图5-127　中央制冷机房管道分段加工图

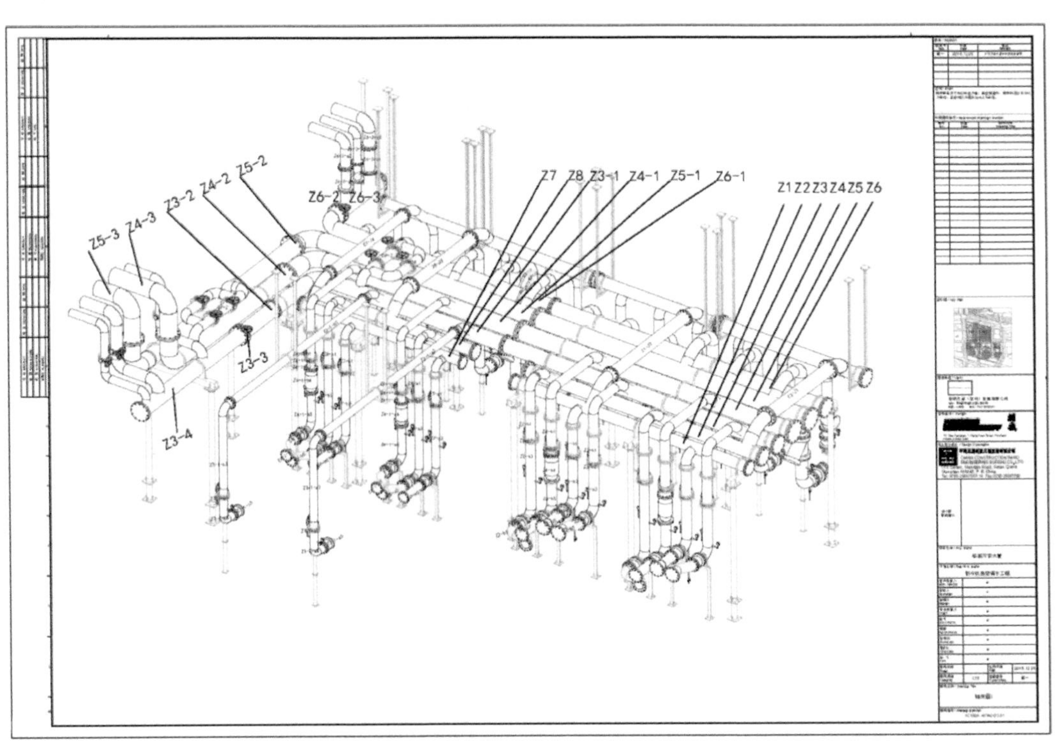

图5-128　中央制冷机房管道装配编码图

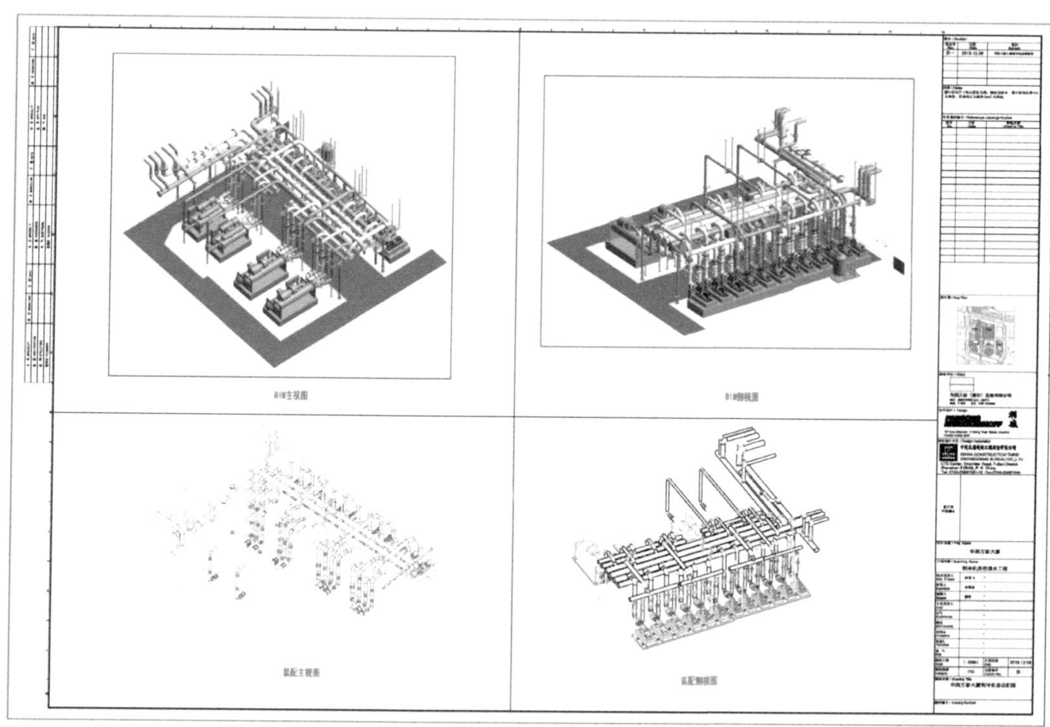

图5-129　中央制冷机房管道总装配图

4. 自动化模块加工

使用管道模块化预制加工图，将图纸参数导入工厂管道自动切割设备及焊接设备内，利用八轴相贯线激光数控切割及全自动焊接对管道管段预制加工（图 5-130，图 5-131）。

图5-130　模块化管道预制加工图

图5-131　管道全自动焊接预制加工图

5. 管道管段实测实量控制体系

编制误差修正、测量控制以及误差偏离标准，对中央制冷机房关键预制件复核测量，将测量的点云数据生成模型，与中央制冷机房管线 BIM 模型进行匹配，确保误差可控（误差范围需控制在 5mm 以内）；若实测值与设计值的差值不满足施工验收规范要求时为不合格，现场进行施工整改，若差值满足施工验收规范要求为合格。

参考《现场设备、工业管道焊接工程施工质量验收规范》（GB 50683—2011）第八章对预制化管道进行焊缝抽样检测，检测部位由检测人员确定，进行超声检测以控制焊缝质量，至少不少于一个环缝则为检测合格。

6. 中央制冷机房管道装配施工部署

编制装配方案，形成物流运输方案，确认运输车次及管道装车方案、装配总控计划、装配分解计划，采用竖向管道提升装置以及气动扳手、小型汽车吊装机械设备，运用管道整体提升技术，完成中央制冷机房装配化施工。具体步骤如下：

（1）管道物流运输：结合吊装孔尺寸（长 6000mm× 宽 4500mm）以及大型运输车（长 8000mm× 宽 2400mm× 高 1500mm），将管道主管长度限制为 7200mm 一段，利用大型运输车配送，通过吊装孔吊至 B4 层制冷机房；对于竖向小管道，利用小型运输车通过坡道，直接配送至 B4 层制冷机房。

（2）管道支架定位安装：中央制冷机房施工过程中管线布设、支吊架预埋点位坐标、制冷机组及水泵设备安装轴线和净高的数据均来自于调整或修正后的中央制冷机房管线 BIM 模型的三维数据。首先，以中央制冷机房管线 BIM 模型为基础，利用 REVIT 软件绘制中央制冷机房管线支架分布图，为放样三维数据提供依据；然后，根据支架分布图结合现场施工操作要求进行放样点位选取，放样点主要包括管线支架安装点位以及辅助管线吊装点位；接着，将选取的放样点位以三维坐标形式导出储存，在选取放样点前应确保施工坐标系与图纸坐标一致，能通过轴线网实现二者间的相互转化，根据点位特征分类整理放样三维数据；最后，将点位坐标三维数据及施工设计图以放样文件的形式载入全站仪的放样管理器，进行现场施工放样（图 5-132）。

（3）水平管道整体拼装：根据场平布置，按照主管管道安装顺序，将管道依次排整齐；利用小型汽车式起重机、叉车等机械设备，按照由南到北、由里到外的顺序，依次放在 1m 胎架上，利用全站仪精确定位，调整管道位置，直至与模型位置重合；通过 8 个吊点，利用手动葫芦，结合自主研发的《成排管道整体支撑与自动耦合体系》将 14t 的水平主管以及支撑体系整体提升，直至与支架底座重合（图 5-133，图 5-134）。

（4）竖向管道整体拼装：设备连接的竖向管道，包括短管、阀门、不锈钢软接等部件，利用气动扳手实现预拼装，将部件依次连接成管段，采用自主研发的竖向管道提升装置将管段整体提升，利用气动扳手快速将管段与设备及管道接驳，完成竖向管道的整体拼装（图 5-135）。

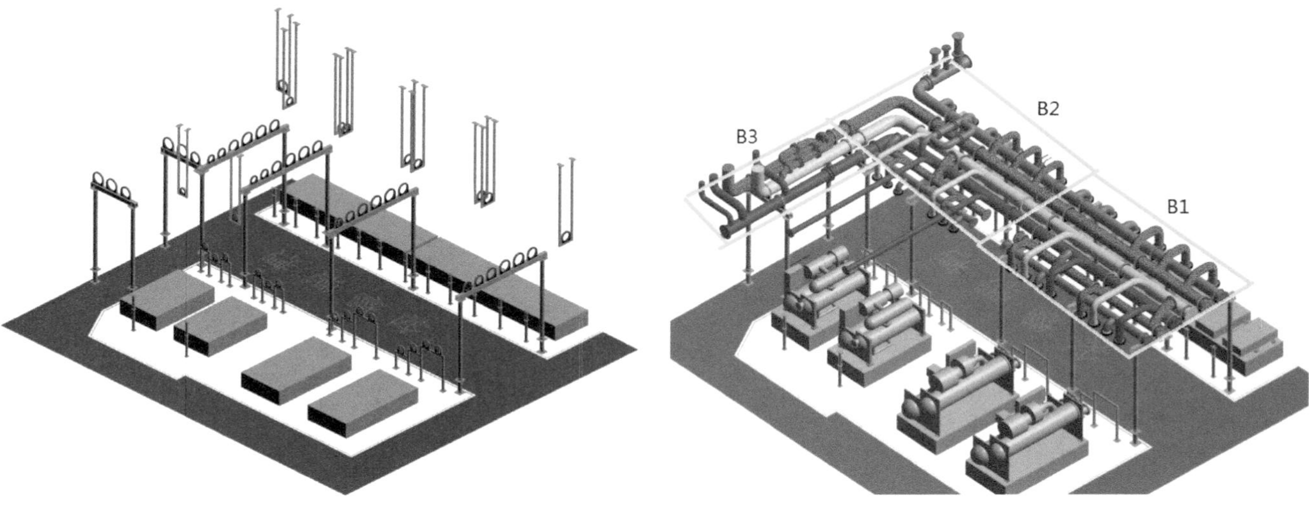

图5-132　中央制冷机房支架放样模型

图5-133　水平主管整体提升区段划分示意图

图5-134　成排管道整体提升与自动耦合支撑体系施工图

图5-135　《一种配合叉车可360度旋转的管道提升装置》使用照片

（5）压力表、温度计测量装置的安装：中央制冷机房管道整体拼装完成后，按照预留测量孔的位置，安装压力表、温度计测量装置，成排管道上拱形管道部分排气装置安装，完成中央制冷机房整体拼装（图 5-136）。

图5-136　中央制冷机房管道拼装图

（6）中央制冷机房模块化预制及装配化施工验收

利用三维激光扫描仪，对中央制冷机房综合管线进行全息扫描，将测量的点云数据生成模型，与中央制冷机房管线 BIM 模型进行匹配，经数据分析，误差最大值为 2mm，符合验收规范（图 5-137，图 5-138）。

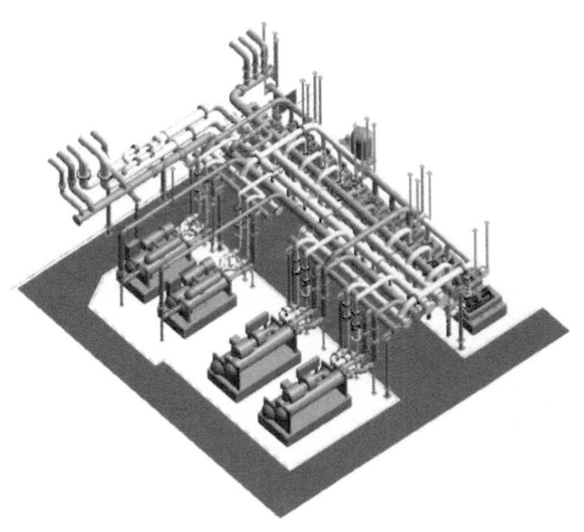

图5-137　BIM模型

图5-138　三维激光扫描图

5.9.2 冷热站机电工程逆作法施工技术

中国华润大厦机电工程的冷热站机房位于24层（设备层）西侧，建筑面积约402m²。机房设计管线复杂、叠层密集、空间紧凑，很难保证施工工艺需求的安装空间；先施工设备房基础及墙体，然后施工机电管线的传统做法显得尤为不合理，有限空间内堆积大量管线难以周转，机房内工种多、工序穿插复杂，施工降效，工期难以保障。

经过探索变革，创新性使用冷热站机电工程逆作施工技术，毫米级精度控制，现场零焊接，一次装配成型，实现由结构板到主管道安装到浮动楼板及设备基础安装再到设备接驳的施工顺序，楼板浇筑完成即可进行机电工程的施工，施工插入时间大幅提前，各专业之间工序穿插合理有序，工艺先进，工期得到保障，提前12个月具备通水通电条件。

1. 工艺原理

机房逆作法：即管道安装→设备基础→设备安装的施工顺序，这是对传统施工工序进行颠覆性改变。在转换层主体完成后即插入进行天面管道安装，此时介入时间早，精装、幕墙、砌体等工作尚未开展，施工空间开阔，垂直运输运力充足，不仅降低了物资转运和施工难度，而且机房进度的可控性大大提高，为后期总承包垂直运输管理、设备层接口管理等现场组织减轻压力。

（1）工序前移

结构完成后即可实施，先用临时落地支架完成机房天面主管线的安装固定，后由总包单位完成防水、浮动地板及设备基础施工，再将正式支架安装以替换临时支架，安装精度通过三维扫描验收合格。

（2）测量精度与模型精度

运用基于BIM平台测量机器人在机电安装工程中的应用技术，通过记录目标物体若干数量点所对应的三维安装工程中的应用技术和三维坐标，将数据反馈到机房管线BIM模型中，完成对目标的修正复建，确保测量精度和模型精度的高度匹配，确保现场准确定位。

（3）BIM指导管道分段

建立基于实物尺寸的机房管线BIM模型，综合现场转运条件，在满足规范要求及检修需要的条件下对管道进行科学分段，生成加工图、装配图及总装图指导预制化加工。

（4）模块化预制

将管道分段加工图参数导入设备中，使用八轴相贯线激光数控切割及全自动焊接设备对管道进行预制加工，制定实测实量控制体系管理预制件加工质量。

（5）现场装配

利用小型汽车式起重机、升降车、气动扳手等机械设备，完成机房支架设置及装配。在安装全过程中使用全站仪、三维激光扫描仪等先进设备，完成结构、管道、支架的精准放线与复核工作，实时检测安装偏差，控制安装质量。

2. 施工工艺流程

（1）管线安装

机房通过精确的 BIM 模型进行精准定位，管道进行分区编码，分区预制，整个机房管线分为 ABCDE 五段，分区域分段施工（图 5-139，图 5-140）。

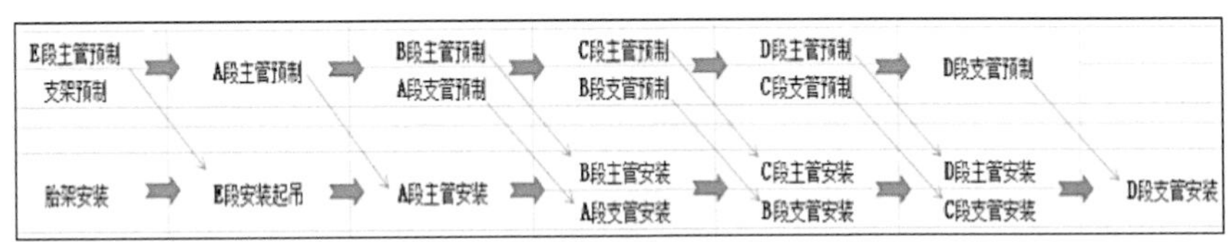

图5-139　冷热站机电工程机房逆作施工安装流程图

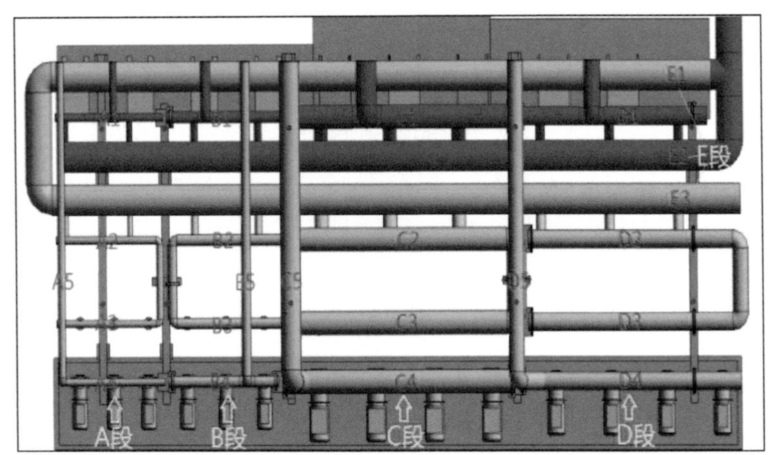

图5-140　冷热站机电工程机房逆作施工管道分区编码图

（2）工艺流程

管道安装→楼层防水→浮筑地台→设备基础→设备安装→墙体砌筑→抹灰及吸音墙面施工（图 5-141~ 图 5-145）。

图5-141　现场管道安装

图5-142　现场支管开孔定位

图5-143　现场浮动楼板隔震施工

图5-144　现场设备就位

图5-145　现场安装效果图

5.9.3 擦窗机安装技术

根据中国华润大厦屋顶及外立面特点，擦窗机安装分为两部分。63 层（设备层）安装擦窗机服务 62 层以下楼层，372 米标高（设备层）安装具有伸缩加仰臂功能的擦窗机，该设备向下覆盖至 62 层，向上覆盖至塔尖。

63 层擦窗机轨道布置在 63 层结构板面上，布置四台西班牙原装进口 GIND-SJ-0917 型擦窗机设备，在空中大堂布置悬挂式吊篮一台。擦窗机轨道采用热镀锌 H200×204 型钢制作，整机采用热镀锌工艺，设备表面氟碳漆喷涂，可防止因酸雨侵蚀对设备带来的影响。

擦窗机采用吊篮升降、主机回转、臂端回转，工作半径 10.4 米。设备整机、小臂旋转机构分别以不同角度电动旋转，保证吊船最大限度地贴近外墙表面。旋转及回转功能配合使用，可以保证擦窗机吊船到达外墙的任意立面，从而完成大厦立面的清洗和维护工作。停放时吊船升至最高处，整机回转可使吊臂及吊船回收到楼层内，不影响大厦外观（图 5-146）。

图5-146　63层擦窗机轨道及吊船安装

372米标高擦窗机通过电动开启外幕墙将伸臂伸出并旋转上升至擦拭位置。在擦窗机层四个面各有一扇梯形的开启门（开启门尺寸为上宽4200mm、下宽5700mm、高度为4500mm），擦窗机工作时从四个开启门位置进出。该擦窗机产自德国，为全进口设备；具有伸缩加仰臂功能，向下覆盖至62层，向上覆盖至塔尖，设备总重量约75吨，最大单件重量约5吨。

372米标高擦窗机主要技术参数表

有效荷载	250+150 物料提升（含吊具）
工作高度	100m
平台尺寸	2500mm×700mm×1100mm
电源特性	380V、50Hz、25kW
臂长	16m
钢丝绳直径	8.0mm
升降驱动形式	卷筒卷扬式、附抱闸式辅助制动

在塔冠擦窗机层安装一圈圆形轨道，开启窗位置安装延伸轨道，擦窗机设备安装在转盘轨道上；由于室内空间有限，擦窗机设备通过转盘轨道的动力系统沿圆形轨道在室内调转方向；调转方向后和延伸轨道对接。擦窗机轨道为特制工字钢，擦窗机轨道表面全部采用热镀锌处理（图5-147）。

擦窗机系统共有三部分组成：轨道连接件、轨道、擦窗机设备。轨道连接件和支撑钢结构采用焊接方式连接，在结构楼板混凝土施工前完成；轨道和轨道支撑采用焊接方式连接。塔冠擦窗机层的层高为9m，采用ZSL200塔吊将擦窗机设备部件垂直吊装至轨道面上。塔冠擦窗机最大单件重量为5t，根据ZSL200塔吊技术参数在25-30m范围内能满足擦窗机最大单件起吊（图5-148）。

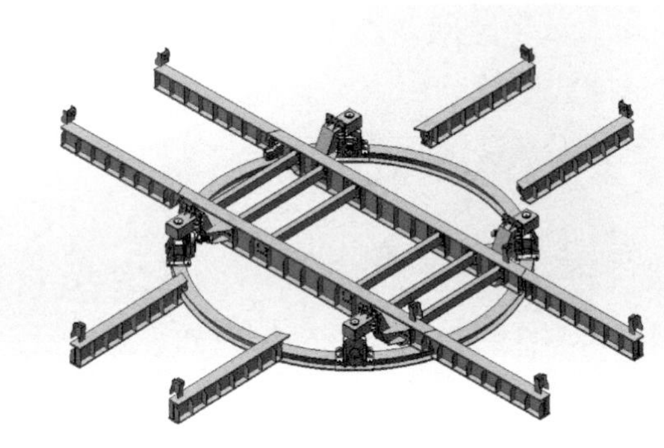
图5-147　擦窗机轨道三维模型

擦窗机安装时分别先安装两个行走机构，行走机构的单个重量为2.5t，采用反勾轮环抱轨道。行走机构安装完成后，安装底架。底架的重量为5t（底架为擦窗机最大重量单件），底架和行走

图5-148 擦窗机设备部件吊装

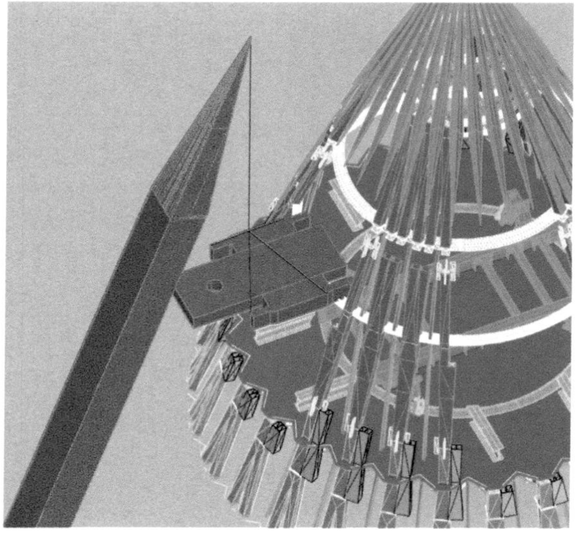
图5-149 回转机构安装

采用螺栓连接。底架安装完成后，开始安装回转机构。回转机构和底架采用螺栓连接，回转机构重量约为 4.5t（图 5-149）。

回转机构安装完成后，开始安装起升机构，起升机构和回转采用螺栓连接，起升机构的重量约为 2t。起升机构安装完成后，通过回转机构的动力系统，将回转机构旋转 180°，开始安装基臂，基臂和回转机构采用销轴连接，基臂重约 4.5t（图 5-150）。

基臂安装完成后，通过行走机构的动力系统将设备部件向室内移动，使其基本端头处于上部钢梁投影以外，开始安装伸缩臂，伸缩臂安装在基臂内腔里，伸缩臂重约 4.3t。伸缩臂安装完成后，通过转盘轨道，将设备整体旋转 180°，使其配重安装位置处于上部钢梁投影外侧，开始安装配重，配重整体重量约 30t，每块重约 4.5t。最后将吊篮吊运至擦窗机层，使其和设备通过牵引钢丝绳连接，至此擦窗机设备整体安装完成（图 5-151）。

图5-150 基臂安装

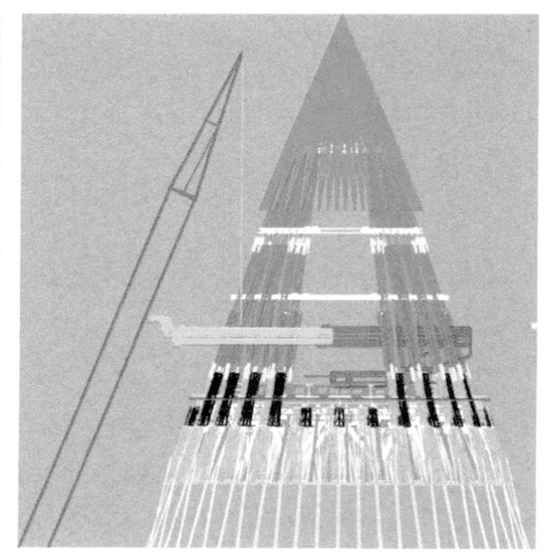
图5-151 伸缩臂安装

372m 标高擦窗机于 2016 年 7 月 21 日开始图纸深化设计，2017 年 7 月 1 日开始现场安装，2017 年 7 月 14 日设备调试完成（图 5-152）。

372m标高擦窗机安装时间表

序号	内容	开始时间	结束时间	所需天数
1	图纸深化	2016 年 7 月 21 日	2016 年 8 月 24 日	35 天
2	图纸审批	2016 年 8 月 25 日	2016 年 9 月 13 日	20 天
3	设备加工图设计	2016 年 9 月 14 日	2016 年 12 月 7 日	85 天
4	设备制造、出厂调试、装船	2016 年 12 月 6 日	2017 年 5 月 16 日	160 天
5	海运	2017 年 5 月 17 日	2017 年 6 月 20 日	35 天
6	清关	2017 年 6 月 21 日	2017 年 6 月 30 日	10 天
7	设备安装	2017 年 7 月 1 日	2017 年 7 月 3 日	3 天
8	设备调试	2017 年 7 月 5 日	2017 年 7 月 14 日	10 天

图5-152　擦窗机现场调试

5.10　绿色建造关键技术

5.10.1　绿色设计的实施

为实现项目绿建目标，在设计过程中利用建筑设计的被动模拟手段对室内外风、声、光环境进行模拟分析，优化设计，营造健康舒适的办公环境；建筑高度超过 100m 的楼层由于风压过大，不适宜开窗，通过加大新风送风管道，实现过渡季节可调新风比运行，节约空调能耗；合理配置冰蓄冷系统容量，减少电网高峰时段空调用电负荷及空调系统装机容量；采用先进的室内空气质量监控系统及建筑通风、空调、照明等设备自动监控系统，在保证室内舒适性的前提下实现建筑耗能系统的高效运行，创造一个绿色特征明确、全生命周期环保节能和舒适高效的办公楼。

中国华润大厦关键评价指标：

指标	单位	填报数据（小数点后保留两位）
用地面积	万 m^2	1.57
建筑总面积	万 m^2	26.78
地下建筑面积	m^2	74905
地下面积比	%	28.04
单位面积能耗	kWh/m^2a	101.36
节能率	%	52.6
非传统水量	m^3/a	102277.4
用水总量	m^3/a	196835.6
非传统水源利用率	%	52
建筑材料总重量	t	428194.6
可再循环材料重量	t	69856.3
可再循环材料利用率	%	16.3

中国华润大厦增量成本情况：

项目建筑面积（平方米）：267697
为实现绿色建筑而增加的初投资成本（元）：1469 万
绿色建筑可节约的运行费用（元 / 年）：518 万

为实现绿色建筑而采取的关键技术/产品名称	单价	应用量	应用面积（m^2）	增量成本	备注
冰蓄冷系统	3381 万	1	267697	1151 万	与常规冷水机组比较
室内空气质量监控系统	120 万	1	267697	120 万	—
排风热回收	77.8 万	10	267697	77.8 万	—
节能灯具（目标值）	80 元	80000	267697	120 万	节能灯具（现行值）65 元 / 个
合计				1469 万	—

注：1. 成本增量的基准点是满足现行相关标准（含地方标准）要求的“标准建筑”；
2. 对于部分减少了初投资的技术应用，其增量成本按负数计；
3. 备注部分填写是否有政府补贴 / 优惠政策及依据。

关键点 1：用地布局合理

项目总用地面积为 15658m^2，总建筑面积 267697m^2，地上建筑面积 192792m^2，地下建筑面积 74905m^2，容积率为 12.45，建筑覆盖率 24.55%。本项目用地选址深圳市南山区后海中心区，符合深圳市城市规划，不在水源保护区范围内，不在基本生态控制线范围内，总体布局基本合理，并具有社会环境效益，有利于所在区域整体发展与建设。

关键点 2：节能材料及节能设备应用

项目处于夏热冬暖地区，塔楼屋面采用 40 厚挤塑聚苯板，塔楼外墙采用 100 厚矿棉、岩棉、玻璃棉板，外窗采用 Low-E 中空玻璃，满足《深圳市公共建筑节能设计标准实施细则》的要求。

采用冷水机组上游串联的冰蓄冷系统，冷热源、输配系统和照明系统等各部分能耗进行独立分项计量。地下车库及公共走道区域设置智能照明系统，按照回路分区集中智能控制，平时由智能照明控制系统控制的应急照明由消防提供优先信号控制。疏散楼梯间及前室采用移动感应控制。独立新风系统采用转轮热回收设备对排风进行热回收，全热效率不低于 70%，通过经济效益分析，投资回报期约 3.2 年。

关键点 3：节水器具及非传统水源利用

建筑物内卫生器具及给水配件均采用满足《节水型生活用水器具》与《节水型产品技术条件与管理通则》要求的用水器具；对于超压楼层设置减压阀，入户管水压不大于 0.2MPa；按用途设置计量水表，分别对卫生冲厕用水、淋浴用水、厨房用水、商铺用水、绿化用水等设置计量水表。

项目使用的非传统水源为市政中水，主要用于地库冲洗、室外绿化灌溉和卫生冲厕；项目回收空调冷凝水用于冷却塔补水；采用节水灌溉系统，室外绿化灌溉采用微灌的节水方式；经计算，本项目非传统水源利用率达到 52%。

关键点 4：结构优化设计

项目设计要素简约，无装饰性构件。在保证安全的前提下，对项目的结构体系分别从建筑自重、材料用料、施工造价等方面进行比较，确定出最优结构方案。可再循环材料重量占建筑材料总重量比例达到 16.3%，满足大于 10%的规范要求。

关键点 5：室内空气净化处理

中国华润大厦外立面为全玻璃幕墙。建筑 100m 以下部分开启充分，室内空气流动顺畅，大部分空间能够通过迎风侧进风气流形成有效气流；100m 以上部分经专家论证不适宜开窗，采用加大新风管道的措施，保证室内换气不低于 5 次 / 时。

办公室、会议室采用变风量系统，办公配套房间采用风机盘管系统，末端可调。排风热回收设备配置光氢离子空气净化装置，保证室内新风品质。

地下停车库的进排风机将根据停车库内的一氧化碳浓度调节进排风量，以达到节能效果。空调回风管设置 CO_2 浓度感应器，当 CO_2 浓度超过设定值时，根据需要提高新风供应量，以保证室内空气品质。

5.10.2 绿色施工的实施

项目部坚持将绿色施工贯穿于生产建设的每一个环节，通过施工策划、材料采购、现场施工、工程验收等各阶段落实相关指标。绿色施工总体框架由节材与材料资源利用、节水与水资源利用、节能与能源利用、节地与施工用地保护、环境保护五个方面组成。

1. 节材与材料资源利用

项目部根据就地取材的原则进行材料选择并有实施记录，建立了周转材料、主材余料、建筑垃圾的周转利用制度。

（1）材料供应商选择

根据就近取材的原则对现场材料进行选择并实施记录，钢筋、混凝土等主要物资通过公司集中采购网络交易平台进行，以降低成本。

（2）西北角通过设计洽商将原设计大面积内支撑体系变更为桩锚体系，消除了支撑拆除带来的材料能源浪费（图 5-153）。

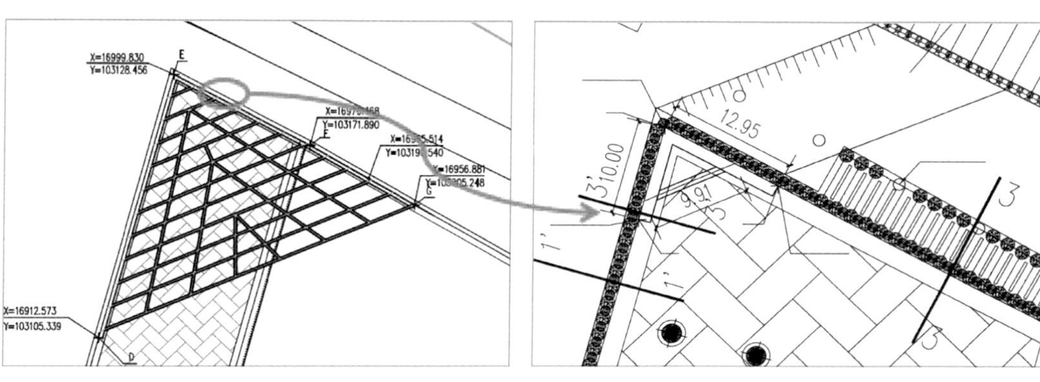

图5-153 内支撑设计优化

（3）西侧厚填石区采用 JCE 可回收锚索进行施工，达到重复回收再利用的效果（图 5-154）。

图5-154 可回收锚索应用

（4）本项目探索研制出采用“减压式慢速沉淀法”，分次拆管，多次减压注浆，使浆体在输送压力减小及部分套管双重保证的情况下减少水泥浆体沿填石层裂隙流失（图 5-155）。

（5）建筑垃圾回收利用

利用人工挖孔桩桩芯中风化夹层渣土和建筑废料作为低洼处作业面平整、土坡面层铺设、施工电梯坡道铺设以及施工临时道路回填（图 5-156）。

图5-155　减压慢速注浆技术

图5-156　临时道路硬化措施

（6）钢筋损耗控制措施

项目部采用全自动数控钢筋调直切断机，钢筋加工安全、精确，提高钢筋加工效率。钢筋加工后剩余短料用于制作板的马凳筋、剪力墙的梯子筋、底板的钢筋支架等（图 5-157）。

图5-157　钢筋损耗控制

（7）混凝土损耗控制措施

项目部使用预拌混凝土和商品砂浆，混凝土浇筑完后，利用混凝土余料硬化场地、制作混凝土预制块，做到节材环保（图 5-158）。

图5-158 混凝土损耗控制

（8）安全防护设施定型化、工具化、标准化

现场安全通道均采用可重复周转使用的轻钢结构，现场围挡采用可回收夹芯墙板，现场临建、安全防护等设施均采用定型化、工具化、标准化产品（图 5-159）。

图5-159 安全防护标准化

（9）积极应用 BIM 技术进行深化设计与碰撞检查，提早介入，避免因设计错误造成的资源浪费（图 5-160）。

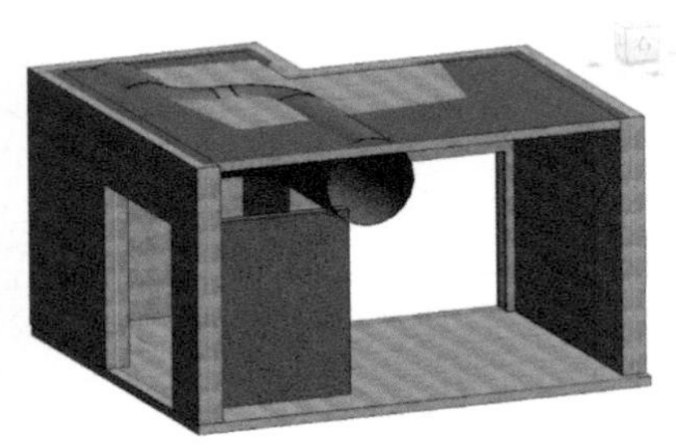

图5-160　BIM应用技术

2. 节水与水资源利用

施工中采用先进的节水施工工艺，现场机具、设备、车辆冲洗设立循环用水装置，办公区、生活区采用节水系统和节水器具，建立雨水和基坑渗水收集利用系统。

（1）底板混凝土后期养护采用砌砖胎模蓄水养护，对竖向混凝土构件的养护采用洒水后包裹塑料薄膜保水的方式，减少了用水量和养护难度、次数（图 5-161）。

图5-161　喷淋养护措施

（2）本项目改良传统洗车槽，投入“组合式建筑工地车辆冲洗设施”，将洗车泥浆水经过沉淀后再进行回收，实现施工用水资源的循环利用（图 5-162）。

图5-162　组合式车辆冲洗设施

（3）基坑侧壁渗水、雨水搜集，实现水资源高效利用。沿基坑底部四周砌筑排水沟、集水井，支护桩间渗水及雨水通过排水沟汇集至集水井中，通过水泵抽至基坑顶部，用于路面散水降尘、浇灌花草、冲洗厕所、墙体养护等（图5-163）。

图5-163 侧壁渗水回收利用

3. 节能与能源利用

对施工现场生产、生活、办公区设有节能控制措施，对主要耗能施工设备使用进行优化，积极使用节能产品。

（1）使用节能灯具

办公区和生活区使用节能灯具，减少能耗损失；为防止夜间塔吊碰撞，使用LED防碰撞警示灯，实现低能耗（图5-164）。

图5-164 节能型灯具利用

（2）太阳能热泵热水系统

项目生活区宿舍楼设计安装约 200m^2 太阳能板，5 台 15 匹空气能热泵；深圳市全年阴雨天数在 80-100 天，全年约 9 个月使用太阳能系统，3 个月使用空气能热泵系统（图 5-165）。

直热式热泵热水机

	机组型号	PASHW	060SB-2-C	130SB-2-C	250S-V
直热式运行	额定制热量	kW	20.0	45.0	90.0
	产热水量	L/h	430	970	1940
	输入功率	kW	4.7	10.4	21.5
	运行电流	A	8.4	18.6	38.2
循环式运行	额定制热量	kW	19.5	43.5	81.5
	循环水流量	L/h	1700	3770	7000
	输入功率	kW	5.6	12.5	23.8
	运行电流	A	10.0	22.3	42.5
电源形式		/		380V/3N~/50Hz	
压缩机数量		台	1	1	2
压缩机形式		/		全封闭涡旋式	
风机数量		/	2	4	2
风机输入功率		W	250x2	250x4	750x2
风机转速		RPM	1360	1360	940
噪音		dB(A)	65	61	62
进、出水管接口/自来水进水口		/	DN25/DN25	DN32/DN25	DN50/DN25
水泵	功率	W	160	550	/
	扬程	m	10	20	/
外形尺寸		mm	960/720/1185	1550/720/1185	2180/1080/2060
包装尺寸		mm	1090/780/1335	1620/780/1335	2280/1180/2220
净重（L/W/H）		kg	200	310	650
毛重(L/W/H)		kg	220	350	720

图5-165　空气能热水器

4. 节地与土地资源保护措施

施工总平面布置科学合理，充分利用原有建筑物、构筑物；临时办公和生活用房采用经济、美观、占地面积小的多层轻钢活动板房。

（1）利用地下室和坡道作堆场

地下室 BIM 层作为机电安装单位材料堆场及仓库，利用基坑西侧现有斜坡搭设钢管架作为劳务单位材料堆场；有效缓解了场地不足对总平面布置的限制（图 5-166）。

图5-166　材料堆场优化利用

（2）塔吊支撑架拆除设备

动臂塔吊支撑架拆除采用索具拆除设备，整个工程共节约 700 个塔吊使用台班；与常规拆卸方法相比，悬挂拆卸不占用施工主线，可节约工期；支承架拆卸后继续由索具悬挂在半空，可节约堆料场地，为构件进场及堆放提供了有利条件（图 5-167）。

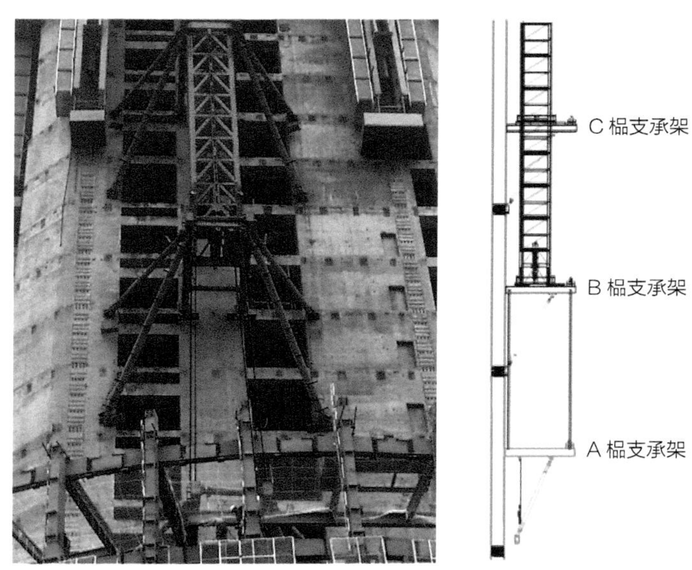

图5-167　塔吊支撑架悬挂拆除技术

5. 环境保护

施工现场做好环境保护措施，为施工人员提供良好的生活和作业环境，主要有扬尘控制、噪声控制、光污染控制、水污染控制及建筑垃圾控制。

（1）扬尘控制

土方作业阶段，对于正在施工的区域采取洒水措施，对于已开挖到位的区域，采取全面覆盖密目网的措施以减少扬尘。建筑物内垃圾清理搭设封闭性临时专用通道由上而下、由内至外进行输送。施工现场出入口设置洗车槽（图 5-168）。

图5-168　裸土覆盖措施

（2）噪声与振动控制

现场使用低噪声、低振动的机具，采取隔声与隔震措施。超高泵送混凝土施工过程中，设置混凝土输送泵隔声棚，钢构、机电加工房采用隔声材料搭设（图 5-169）。

图5-169 隔音与振动控制措施

（3）光污染控制

夜间室外施工时照明灯加设灯罩，透光方向尽量垂直集中在施工区域范围内。采用砂轮切割机专用防护罩，有效防止切割机工作时的火星飞溅。钢结构高空焊接施工时在作业面外围作封闭隔离，减少电焊产生的弧光对周围地区的影响（图 5-170）。

图5-170 光污染控制措施

（4）水污染控制

现场设置沉淀池，将污水收集、过滤、沉淀、达标后进行集中排放。办公区、生活区厕所设置化粪池，食堂设置隔油池等进行三级沉淀达到排放标准后排放（图 5-171）。

图5-171 水污染控制措施

5.11 BIM 技术

项目在设计之初就考虑了全生命周期 BIM 应用，在项目实施中也实现了 BIM 模型的设计、施工、运维、物业流转。全程通用一套模型，减少了数据的流失，实现了真正的信息传递。

通过搭建 BIM 应用平台、BIM 虚拟样板引路系统等逐步实现信息化管理；通过 BIM 技术在设计、施工阶段的应用，增强现场质量、安全、进度、成本的管控力度，提升项目管理人员工作质量与效率，实现现场经验数据归纳总结，逐渐形成企业数据宝库，极大提高了项目施工管理技术；以 BIM 云平台为核心，通过信息化带动标准化，标准化保证专业化，专业化实现精细化，提高设计、施工效率，实现了设计施工精细化管理，极大地提升了项目实施应用落地性。

项目 BIM 全过程实施列为深圳市“十三五”工程建设领域科技重点计划项目，并已经通过验收。

5.11.1 设计 BIM 应用

1. BIM 实施流程

在业主的统筹安排下，设计、施工经过多次的配合、沟通与分析，形成了一套针对本项目 BIM 实施的技术应用流程。本项目，在设计配合过程，施工单位提早介入了设计阶段，并且针对施工的工艺提出了意见与建议，使得 BIM 设计模型在完成了三维管综的过程后，按照施工单位的思路，完成了施工深化模型的修改，实现了设计、施工模型的流动，减少了施工变更，节省了工期与成本，提高了施工的效率（图 5-172）。

2. BIM 与设计沟通机制研究

跨地域协同，CCDI（深圳）与广东省建院（广州）设计校审同步；通过云盘及 Teambition 协同平台，实现跨地域的协同设计。采用定期会议的方式进行工作协同，使用 Teambition 能够有效地对工作任务进行管理并对 BIM 模型进行发布，解决了信息交换的问题。采用合署办公的方式展开工作，局域网的信息交换能够帮助提高效率。

3. 设计阶段 BIM 碰撞检查与沟通

完成碰撞检查及管线综合，发现问题及时反馈并且持续跟踪修改方案。管线的布置有技术、质量及安全的要求，经总结，一般可归纳为 6 点：大管道优先布置；强弱电分别设置；与压力管道交叉时，避免使用压力管道；电气避热避水；相互间垂直的管线排列有序；注意管道间的距离（图 5-173）。

4. 设计 BIM 可视化应用

主题基于 BIM 软件运用实现有效建模以及渲染，集中整合动画技术。将专业化、抽象化的二维建筑设计进行形象化描述，促使技术人员在设计过程中精确把控设计

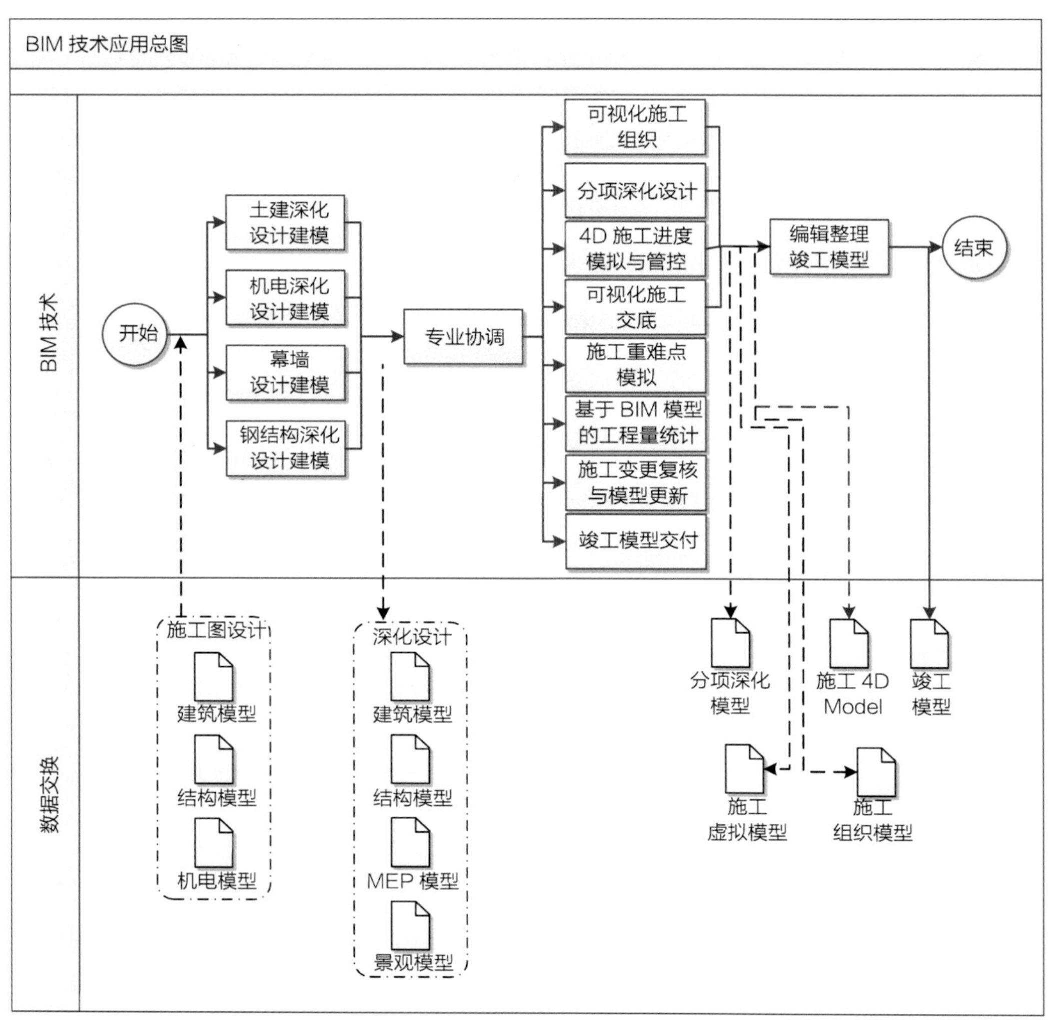

图5-172 BIM技术应用总图

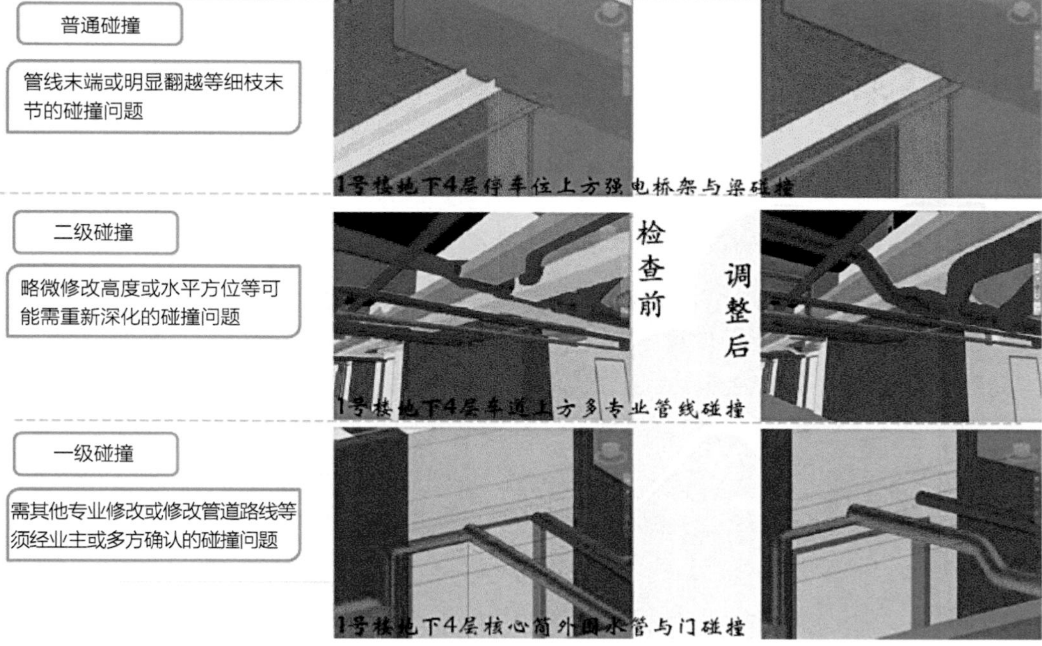

图5-173 BIM碰撞检查

意图。运用 BIM 技术进行设计，当设计意图变化时，要在较短时间内对传统 BIM 技术模型进行修改，有效更新效果图以及动画。其中效果图和动画的制作就是 BIM 技术运用的附加功能，消耗成本较低，使相关企业在投入较少的情况下能获取更高的效益（图 5-174）。

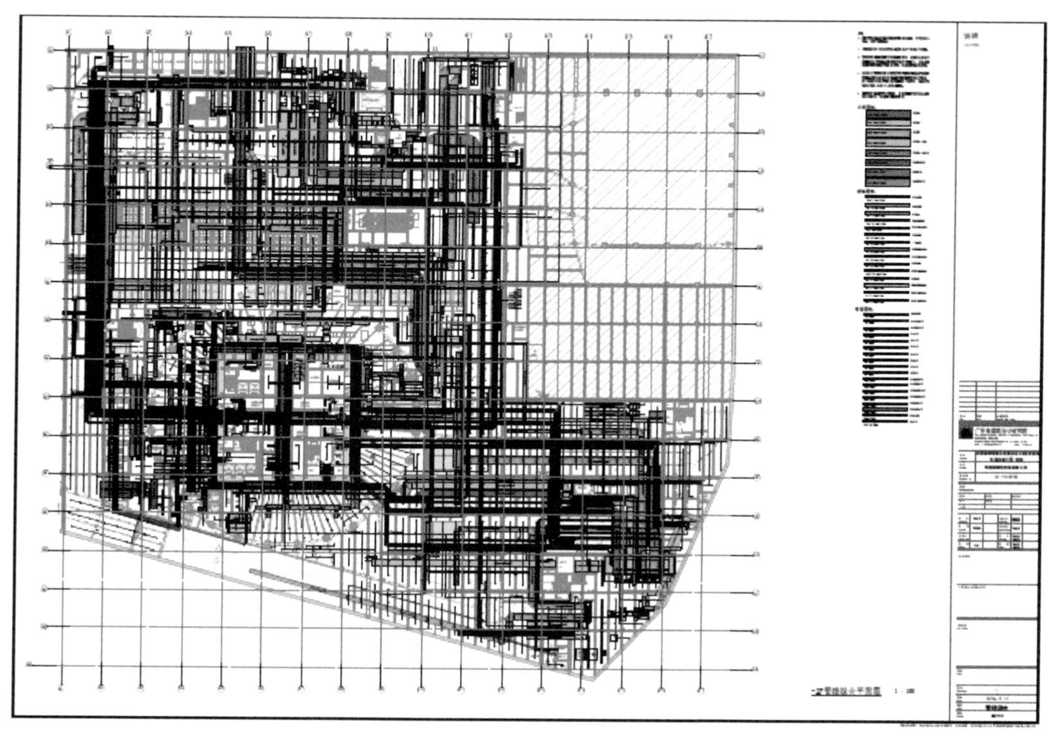

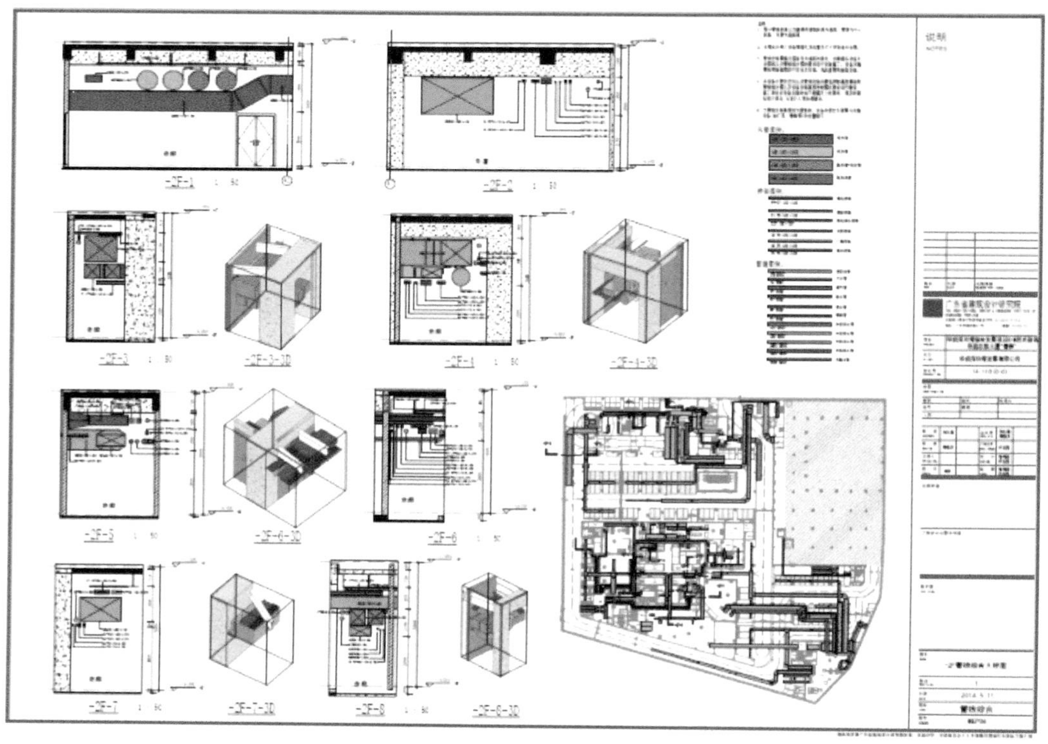

图5-174 BIM可视化应用

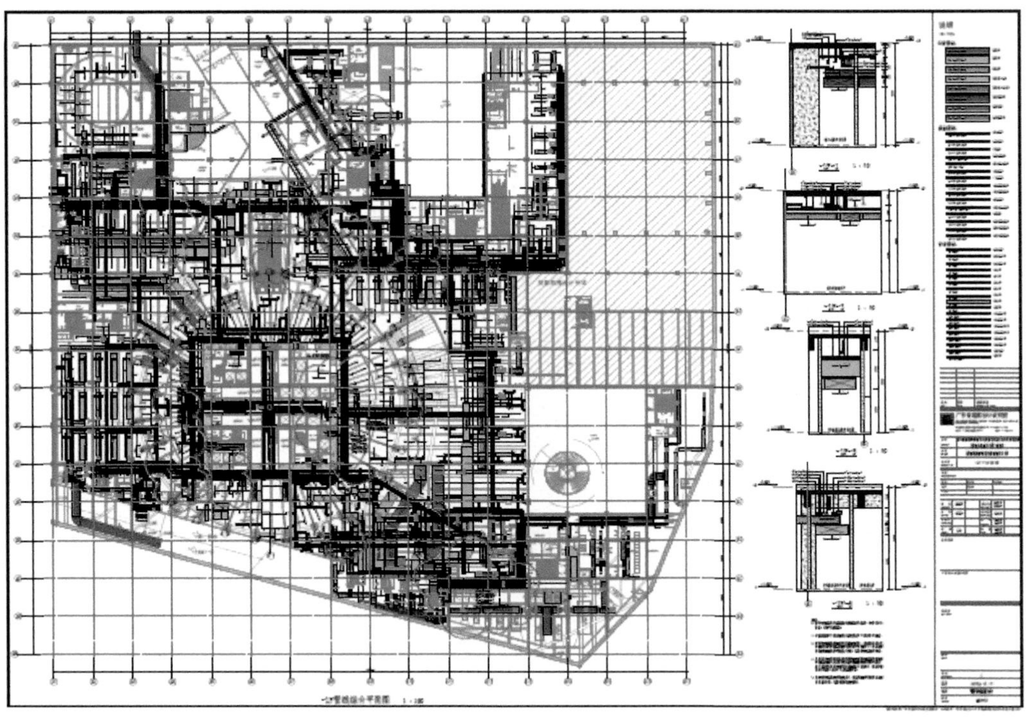

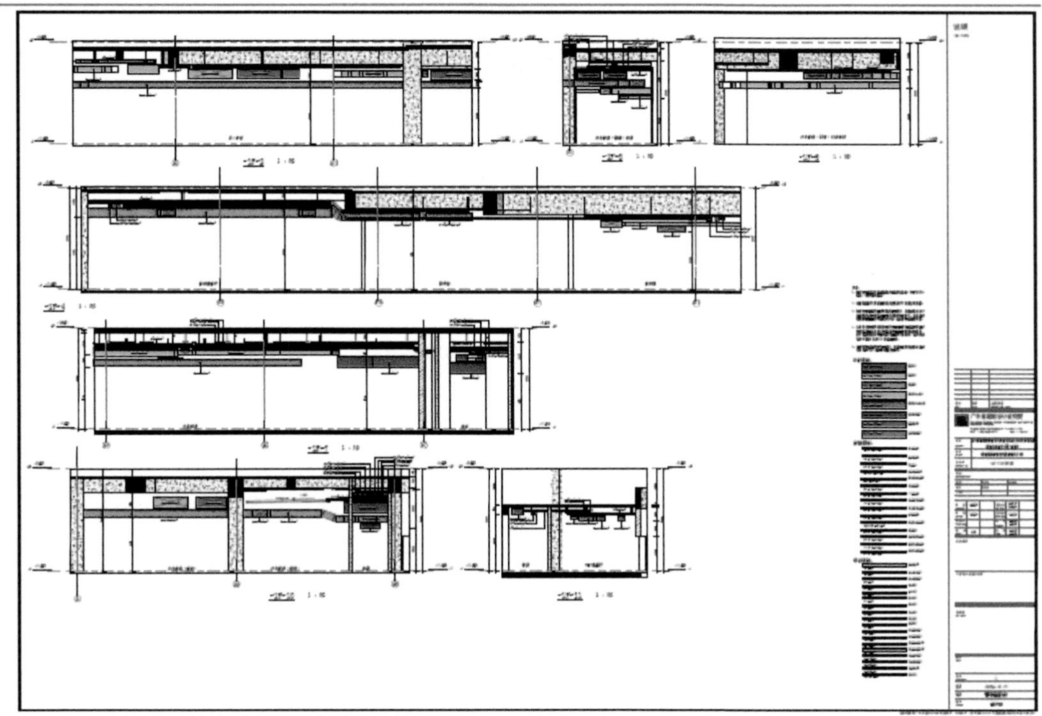

图5-174　BIM可视化应用（续）

5. 设计阶段 BIM 构件信息赋值研究

BIM 平台具有“构件”的概念，即设计平台中所有的图元都基于构件。特定的构件就相当于“预制模块”，这种思想与工业化制造的过程是不谋而合的，具有相同材料、相同结构、相同功能、相同加工工艺的单元可以进行构件生产。

BIM 模型由很多元素构成，每个元素都包括基本数据和附属数据两个部分，基本数据是对模型本身的特征及属性的描述，是模型元素本身所固有的，如地质条件、建筑的结构特征、建筑面积等。由于模型元素都是参数化和可计算的，因此可以基于模型信息进行各种分析和计算。

6. 幕墙 BIM 应用研究

根据国家相关标准规范要求，建筑幕墙是由面板与支撑结构体系组成的。其主要是悬挂在主体结构上的建筑物外围结构，不承担主体结构的荷载。建筑幕墙的种类很多，例如按照主要支撑结构形式可以分为构件式、单元式、点支承、全玻、双层。随着现代建筑工程性能的不断完善，建筑工程幕墙越来越复杂，传统的二维图纸为基础的设计模式难以适应现代建筑幕墙工程设计的要求，因此亟须利用 BIM 技术实现复杂幕墙工程设计。结合实践调查，BIM 技术在复杂幕墙工程设计中的应用优势主要体现在以下方面：①能够很好地将设计理念体现到模型中，及时检验设计理念的完善程度；②通过 BIM 模型可以将幕墙设计与后续的安装、施工等环节进行统一管理，实现幕墙工程的整体质量；③ BIM 技术能够提升幕墙的环保性，达到绿色施工的要求（图 5-175）。

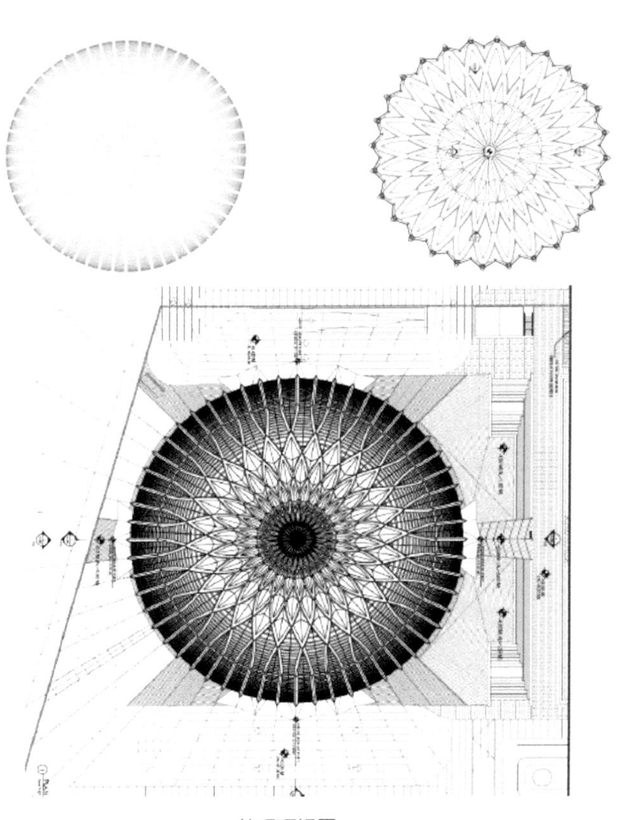

外观顶视图

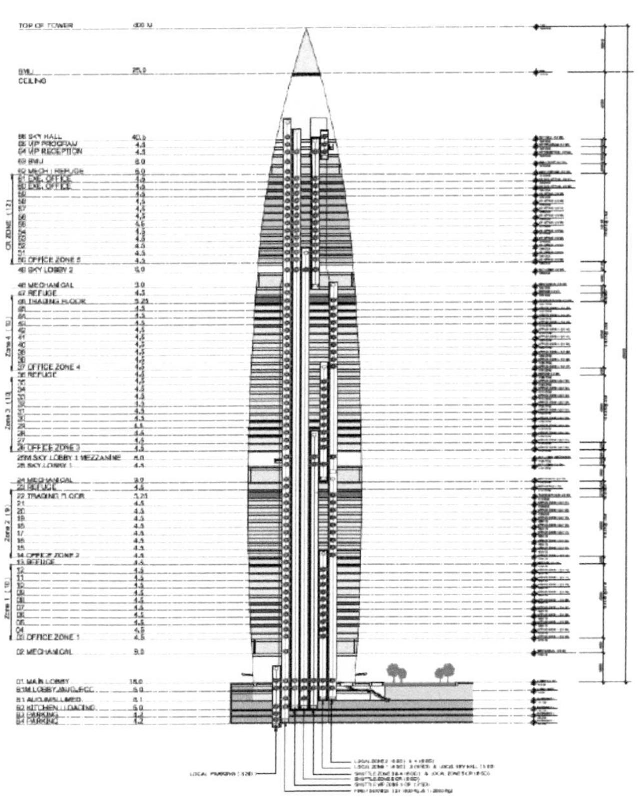

图5-175　幕墙BIM应用

7. 模型深化

室内空间复杂、大量错层、夹层、通高、中庭等部位，三维的管线综合设计成果帮助指导施工。在该阶段配合，可以为设计人员提供机房的净高复核、设备安装位置复核、管道占位空间复核、设备基础荷载复核等相关工作。并初步优化机房设备管道的大概排布情况、主要维修通道的路径及机房净高情况、设备更换运输通道的路径复核、排水沟的设置情况等（图 5-176）。

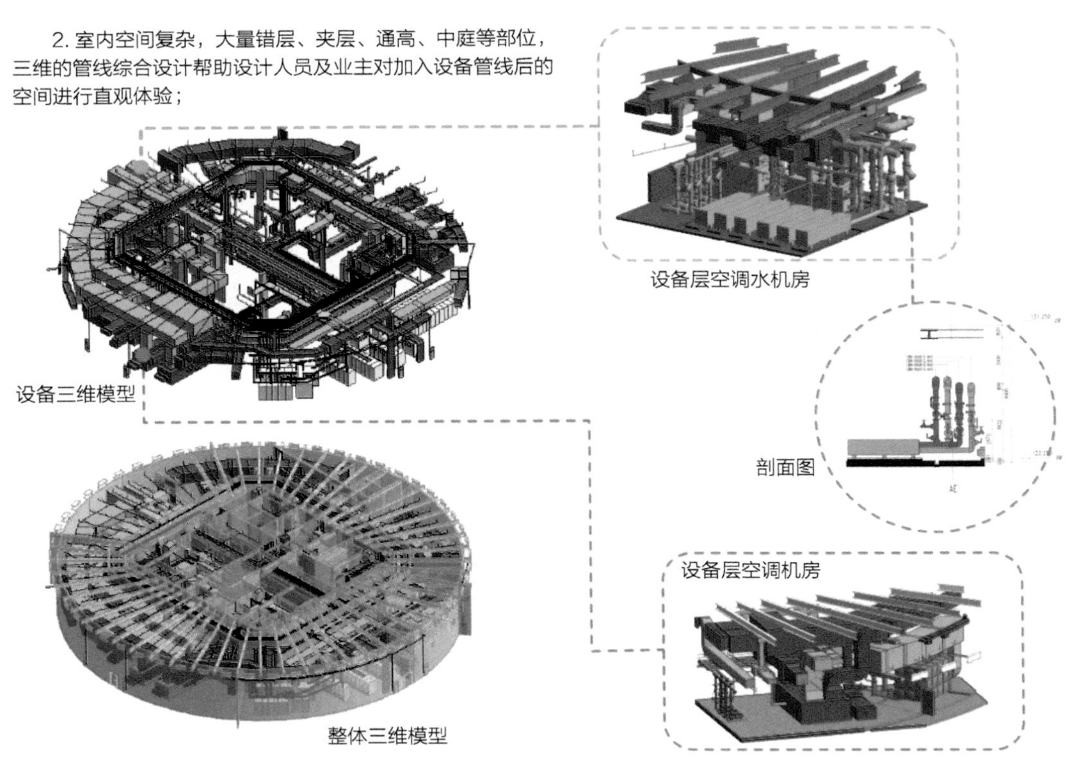

图5-176　BIM模型深化

5.11.2 施工 BIM 应用

1. 顶模平台设计与施工管理

（1）顶模三维深化设计

中国华润大厦采用顶模施工，利用 Tekla Structures 建立三维模型，进行设计和校核，检查碰撞，优化顶模设计。将 BIM 模型导入 Midas Gen，进行受力分析及验算，确保施工顺利进行（图 5-177，图 5-178）。

（2）设计碰撞检查

优化过程中发现顶模八个承力键中的两个，对拉螺杆与钢构柱碰撞，通过优化，将对拉螺杆移位，由原来与型钢柱焊接改为螺栓连接，减少了型钢柱开洞和焊接对于钢柱的损害，同时螺杆可以重复利用，提高了施工质量，加快了施工进度。

图5-177 顶模Tekla三维模型

图5-178 顶模Midas三维模型

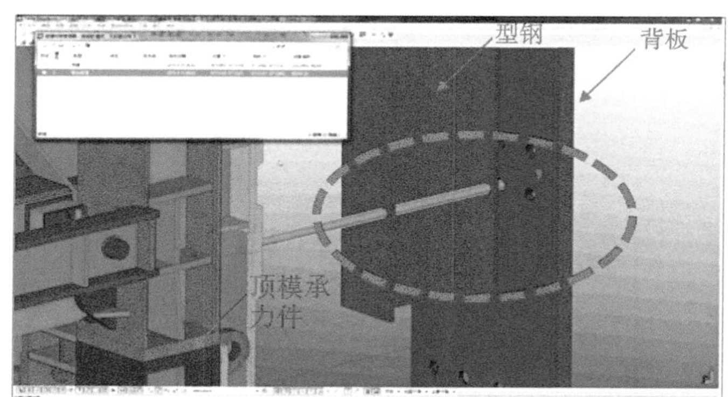

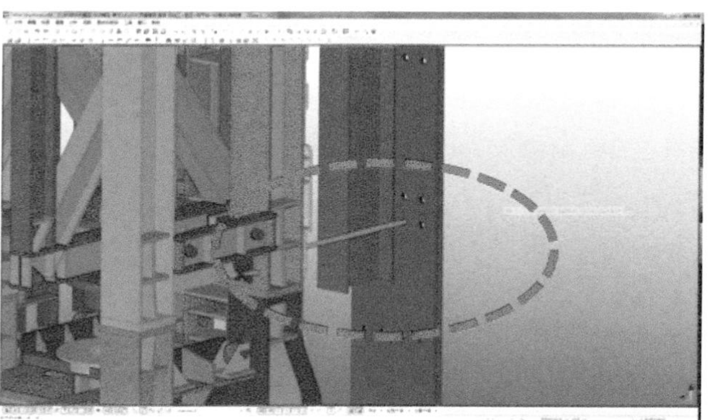

项目	节约费用
节省关键线路对拉螺杆焊接时间	2×2×51 层 =204 小时
节省对拉螺杆钢材量	10×2×1m×3.14×0.02²×51 层 ×7.8t/m²=10t

（3）顶模平台操作间位置优化

在顶模设计时，为了充分利用顶模平台的有效工作面积，通过 BIM 模型分析春笋顶模平台的平面布置，研究顶模下层可利用空间，将顶模平台的设备房间移动至平台下，加大了顶模平台的有效利用面积，提高了施工作业效率（图 5-179）。

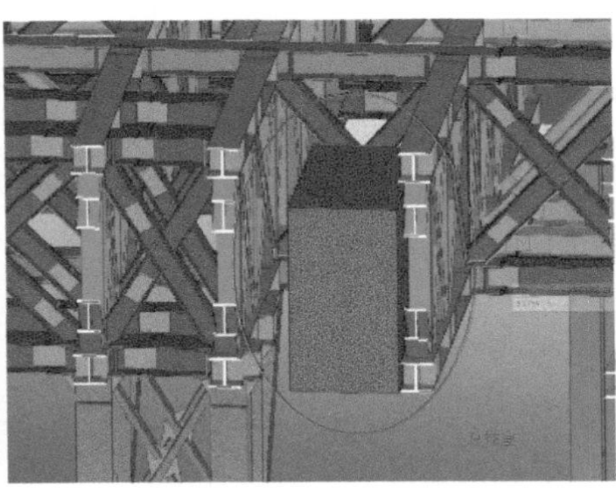
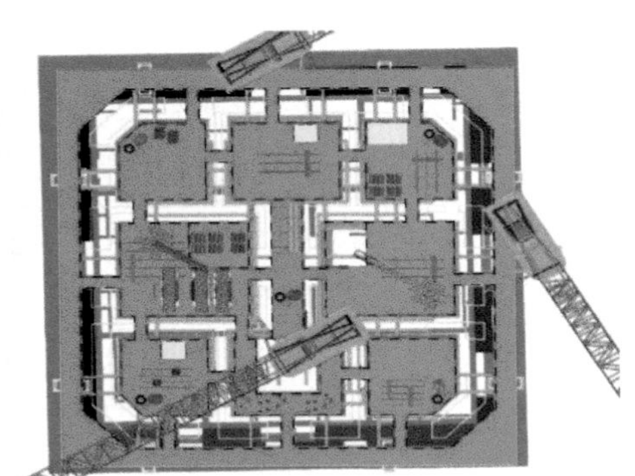

图5-179　顶模平台操作间位置BIM优化

（4）顶模爬升工序模拟

对顶模爬升工序进行模拟，分析顶模在华润大厦核心筒变截面时候的爬升及收缩关系，检验爬升时顶模桁架与结构发生碰撞的可能性，检验顶模承力件的附着位置是否合理，提前进行优化设计。

华润大厦核心筒的 48F 处结构收缩，此处顶模平台框架内收，顶模下支撑架承力件附着困难，我们经过模拟分析后将原来承力件滑移的方式优化为侧翻，减少了承力件的安装时间，加强了稳定性（图 5-180、图 5-181）。

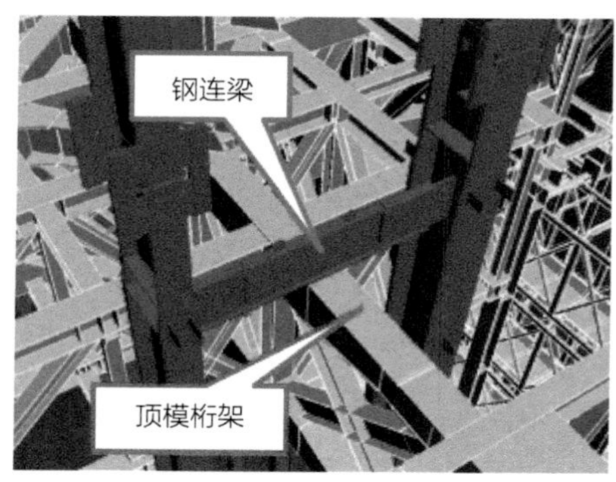

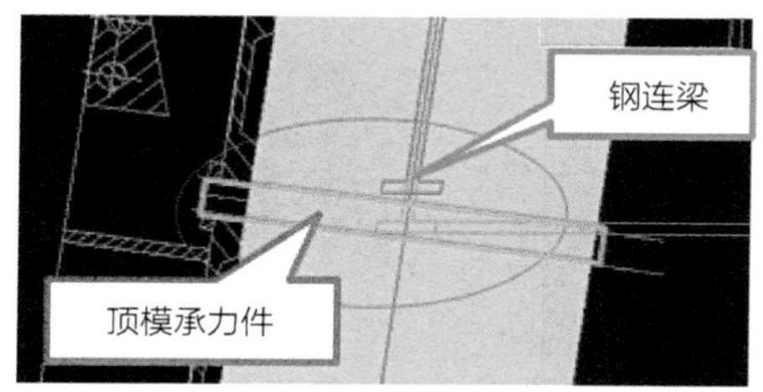

图5-180　BIM模拟顶模爬升工序

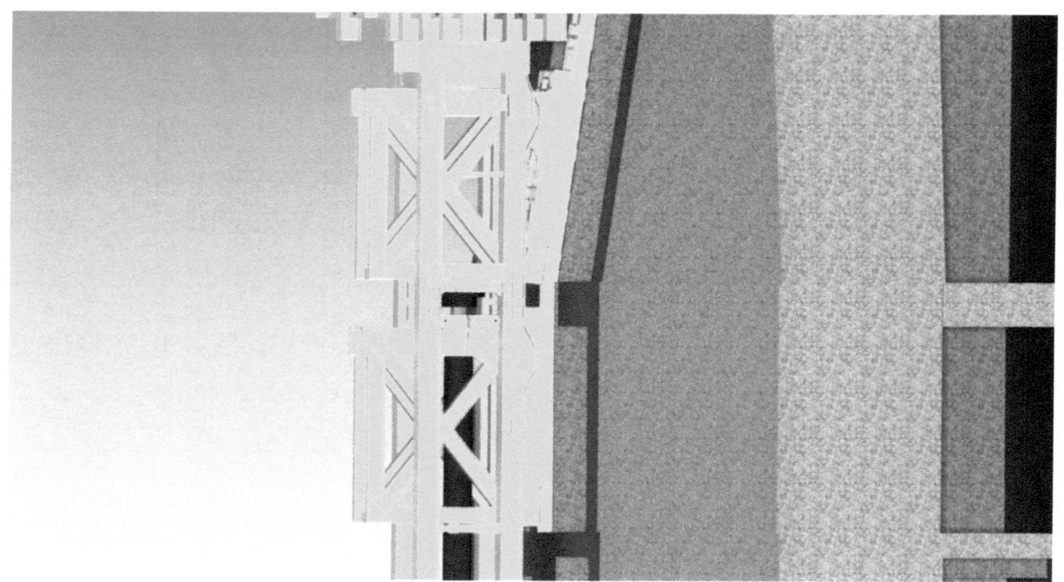

图5-181　斜墙爬升模拟分析

2. 基于 BIM 的进度考核管控

（1）基于 BIM 的进度汇报展示

每周的监理例会，项目部采用 BIM 模型与现场实际进行对比汇报，保证了现场进度管理的直观性和可控性（图 5-182~ 图 5-184）。

（2）4D 模拟全面分析现场进度

建立周、月、年三级控制，通过实时进度对比、定性纠偏，确保项目进度，截止竣工交付，项目完成了业主方合同中规定的全部节点（图 5-185）。

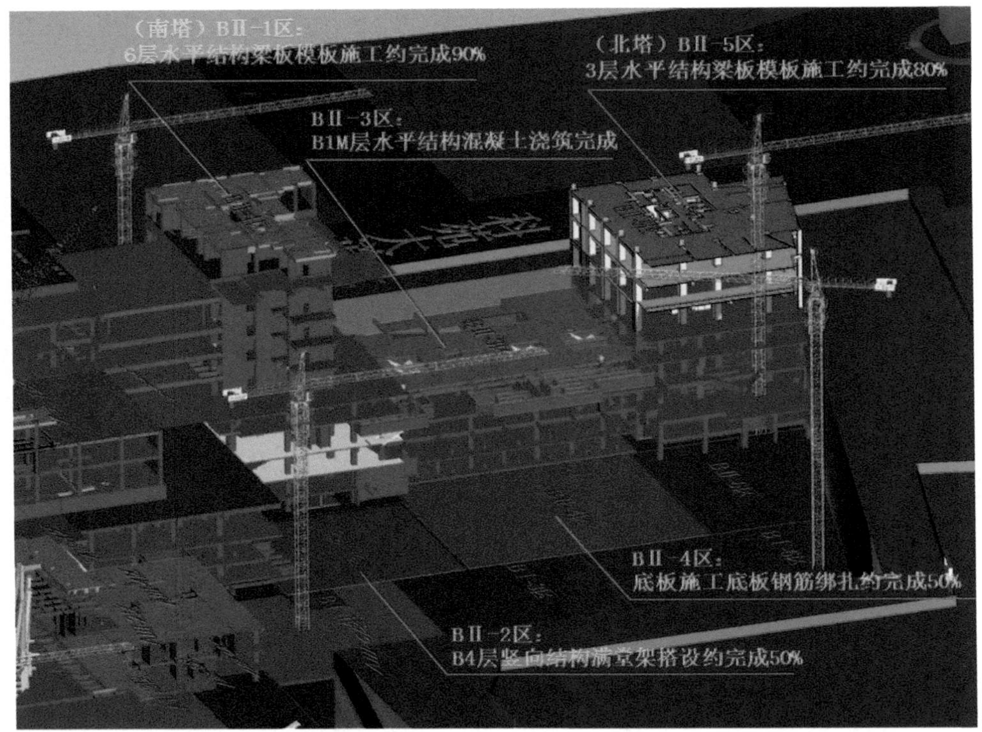

图5-182　利用BIM模型对进度计划形象汇报

图5-183　基于BIM的进度汇报会议展示

图5-184　月进度控制图片

图5-184　月进度控制图片（续）

图5-185　4D模拟现场进度控制

（3）施工进度问题预警追踪

运用施工模拟，提前预警可能出现的进度滞后情况，并通过质量、安全问题及进度相关数据的统计，进行滞后原因分析。若施工模拟中出现实际完成时间滞后于计划完成时间，会出现红色预警，提醒相关人员注意控制进度情况。通过模拟总进度计划，发现 2015 年 4 月份现场的进度情况与现场的月度计划衔接不上，发现春笋核心筒滞后月度计划 4 层，外框钢柱滞后两节。项目部及时制定出纠偏措施，并迅速做出调整。

图5-186　项目整体BIM模型

	名称	关联标志	任务状态	前置任务	计划开始	计划结束	实际开始	实际结束
778	模架提升		正常完成	773FS	2015-01-08	2015-01-08	2015-01-08	2015-01-08
779	核心筒67.4至71.9m施工		延迟完成		2015-01-10	2015-01-14	2015-01-10	2015-01-15
780	钢筋绑扎及承力件埋设		正常完成	776FS	2015-01-10	2015-01-11	2015-01-10	2015-01-11
781	南侧塔吊埋件埋设		正常完成	780FF	2015-01-11	2015-01-11	2015-01-11	2015-01-11
782	东侧塔吊埋件埋设		正常完成	780FF	2015-01-11	2015-01-11	2015-01-11	2015-01-11
783	封模		正常完成	788FF	2015-01-12	2015-01-12	2015-01-12	2015-01-12
784	混凝土浇筑		正常完成	783FS	2015-01-13	2015-01-13	2015-01-13	2015-01-13
785	混凝土养护		正常完成	784FF	2015-01-13	2015-01-13	2015-01-13	2015-01-13
786	拆模、模板清理		正常完成	785FS	2015-01-14	2015-01-14	2015-01-14	2015-01-14
787	南侧和东侧塔吊顶升		延迟完成	786FF	2015-01-14	2015-01-14	2015-01-14	2015-01-15
788	模架提升		正常完成	780FS	2015-01-12	2015-01-12	2015-01-12	2015-01-12

图5-187　总进度控制

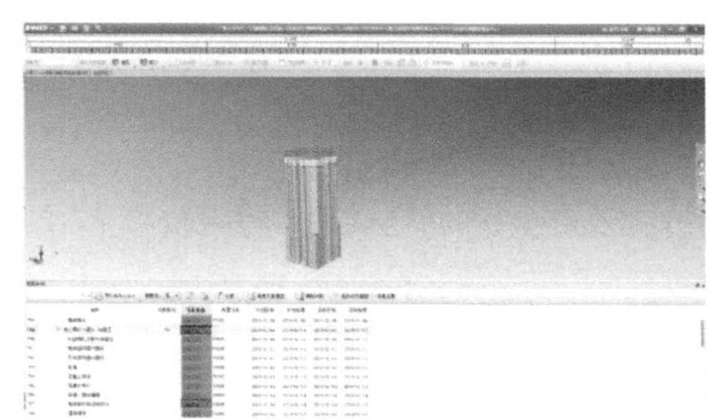

图5-188　模型中显示红色预警

（4）BIM 平台问题预警追踪

用数据展示资源投入情况，通过计划与实际情况对比协助分析进度滞后的原因，以及时作出资源调整导出人、材、机的实际资源量与计划投入资源量的对比，为进度分析提供资源方面的数据，给决策者作决策参考。我们对比分析 2015 年 1-4 月份各时间段的资源变化，分析出因动臂塔吊爬升周期和顶模爬升周期相冲突，没有错开，导致动臂塔吊每爬升 4 个周期（一个顶模夹持距离）多占用关键线路 3 天，最终我们将动臂塔吊爬升方式转化为错位顶升方式（图 5-189，图 5-190）。

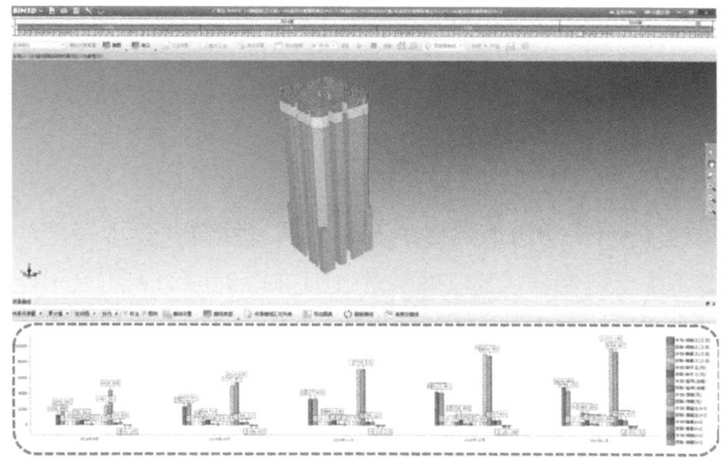

图5-189　数据展示现场各资源投入情况

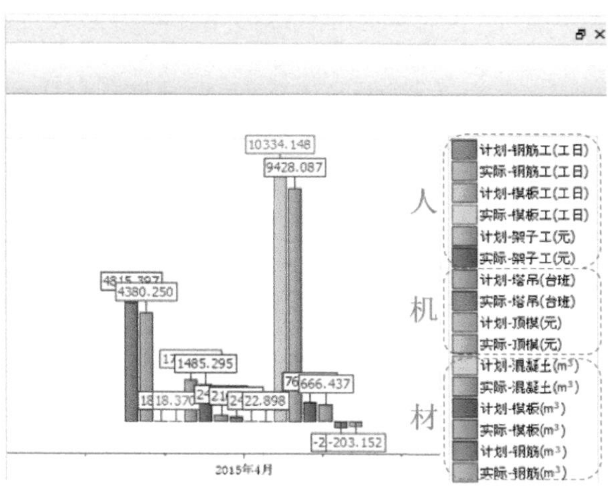

图5-190　现场各资源实际投入与计划数据对比

3. BIM 云平台协同管理

（1）BIM 云平台协同管理架构

项目通过搭建各参建方文档和任务协同平台以及总承包 BIM 5D 云应用平台，在管理平台中通过 BIM 模型将项目各参与方进行协同管理，确保整个实施过程（设计、施工、竣工）BIM 数据管理的责任主体始终如一，同时利用施工总承包的管理独立性和组织体系，将 BIM 应用落实到施工实施过程中，最大限度地发挥 BIM 技术的使用效益（图 5-191~ 图 5-194）。

图5-191　BIM云平台协同管理架构图

图5-192　现场工程

图5-193　BIM工程

图5-194　BIM 5D云端管理

（2）BIM 云平台协同管理应用

根据华润特大型项目管理组织架构，总承包管理采用矩阵式管理模式，我们在 BIM 云平台中建立大总包项目空间对项目进行集约化管理，同时在大总包项目下建立各区域团队项目空间实现精细化管理，充分展现了 BIM 的集成化与精细化管理特征（图 5-195，图 5-196）。

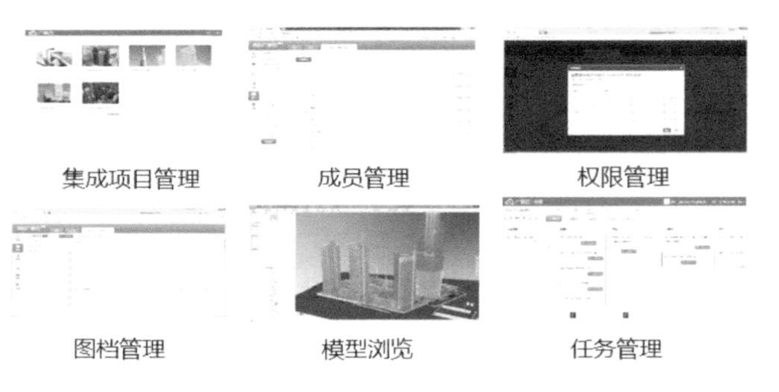

图5-195　项目各参与方云应用界面

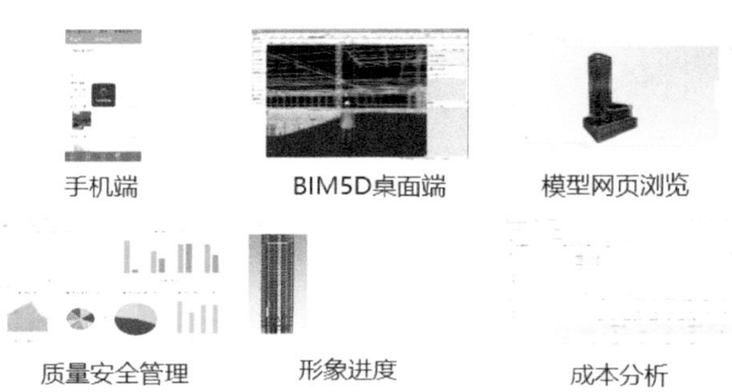

图5-196　总承包部BIM5D云应用

（3）现场进度质量安全协同

通过移动客户端→ 5D 管理平台→云端协同平台的一体化应用，完成了从现场→项目管理团队→企业管理团队的无障碍沟通，现场问题的管理从粗放式变成集成化、信息化（图 5-197~ 图 5-199）。

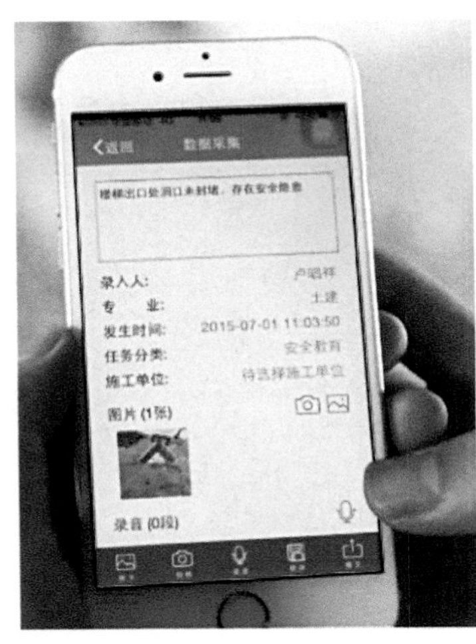

图5-197　手机客户端界面

图5-198　5D管理平台

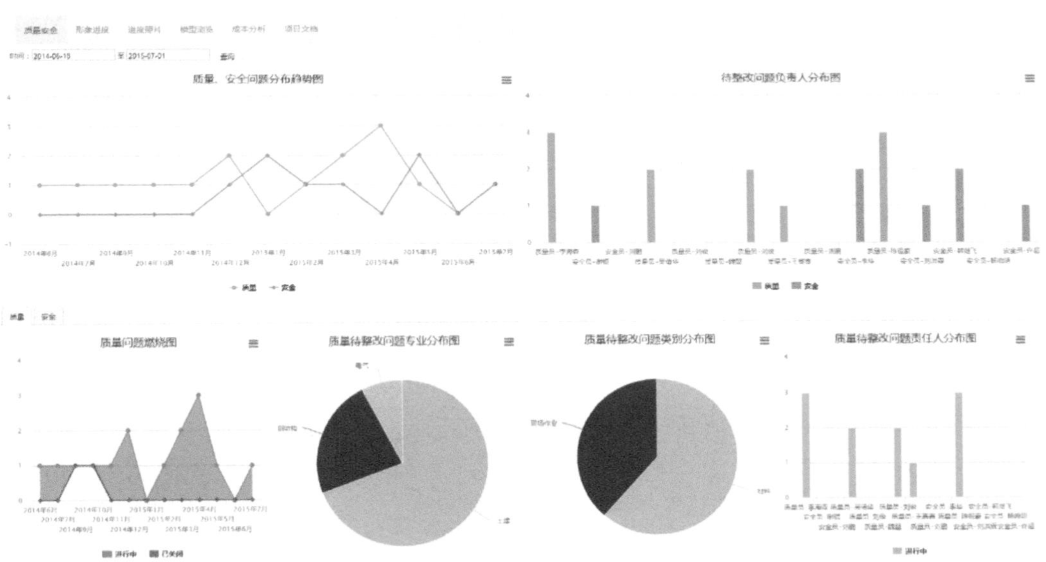

图5-199　云协同管理平台

（4）商务成本进度管控

BIM 5D 和商务算量软件的无缝对接，通过商务数据→ BIM 模型→集成平台的云协同管理，实现了商务技术一体化应用，通过平台大数据处理功能，分析现场资金趋势图、商务成本组成、商务指标，为商务管理提供更科学的决策（图 5-200~ 图 5-202）。

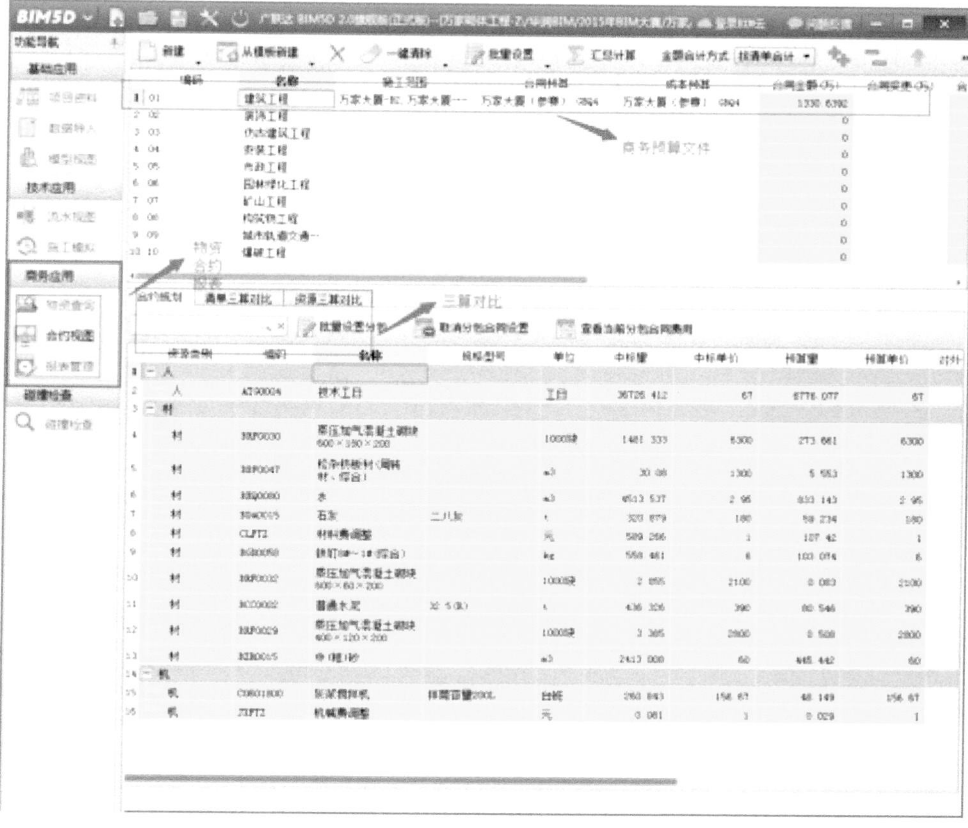

图5-200　商务数据

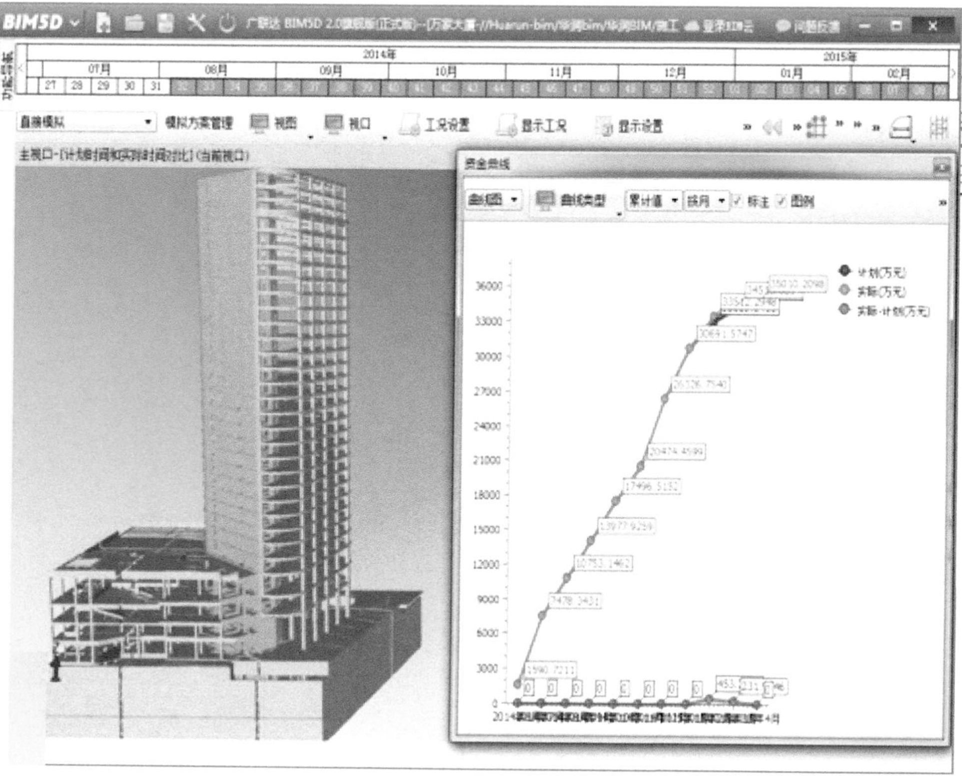

图5-201　BIM模型

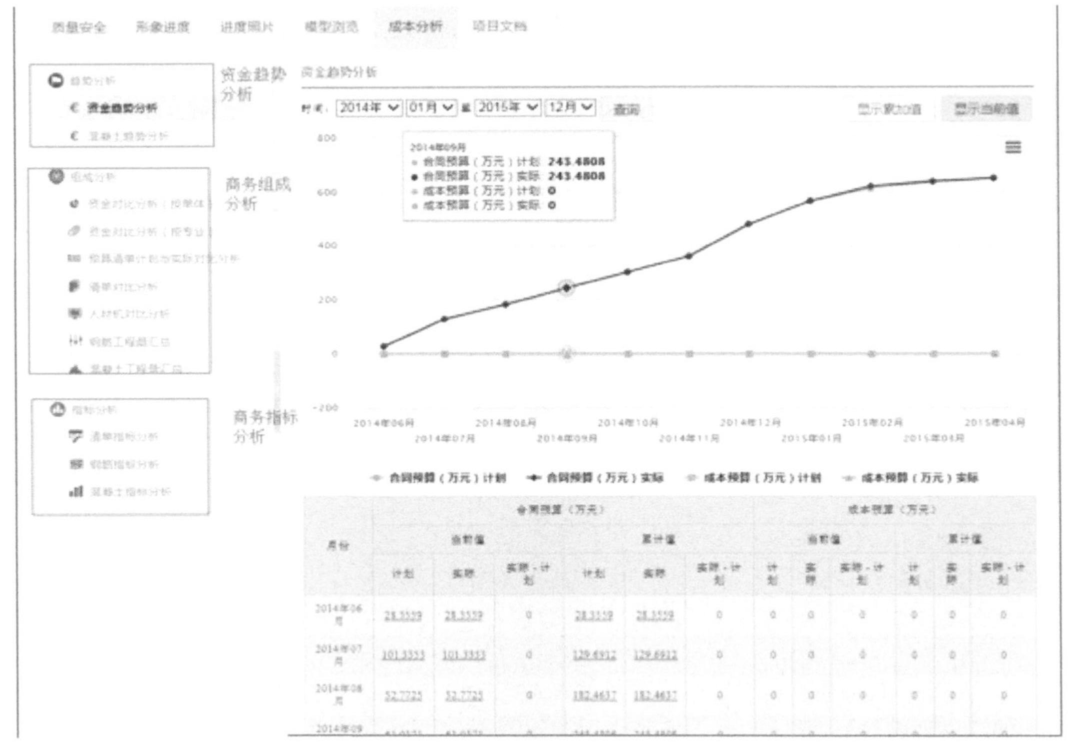

图5-202　集成平台

（5）项目云端文件管理

项目采用私有云与公共云相结合的方式，各专业模型在云端集成，进行模型版本管理等，同时将施工过程中来往的各类文件存储在云端，直接在云端进行流通，极大地提升了信息传输效率与管理水平（图 5-203，图 5-204）。

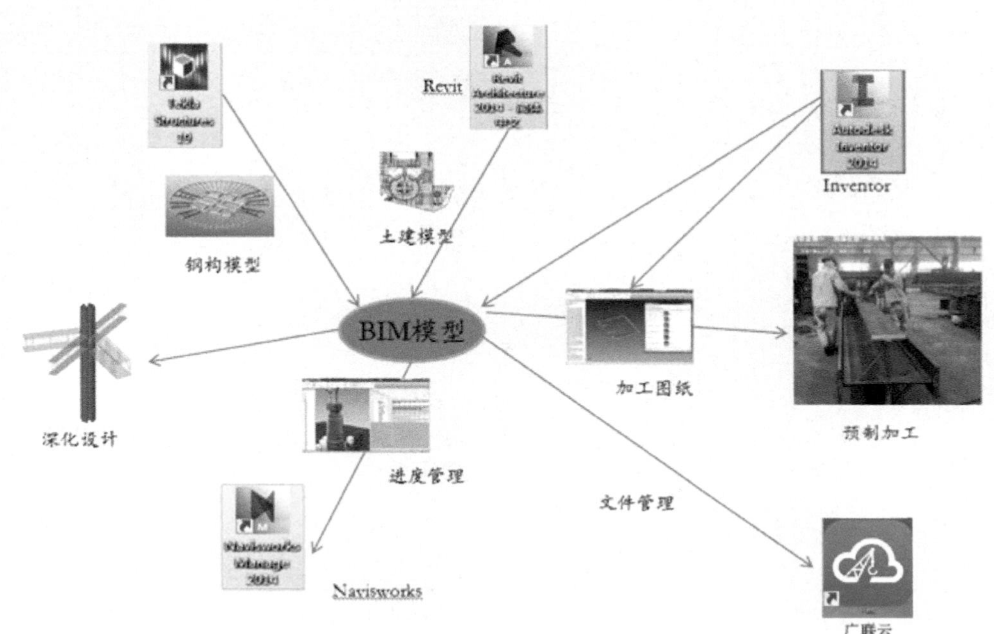

图5-203　BIM模型中的文件管理架构

图5-204　云端文件管理

（6）基于 BIM 云平台的流程协同管理

通过云端流程协同管理，处理项目各参与方的往来流程，下发项目的各项指令，做到有据可依，有责可追（图 5-205，图 5-206）。

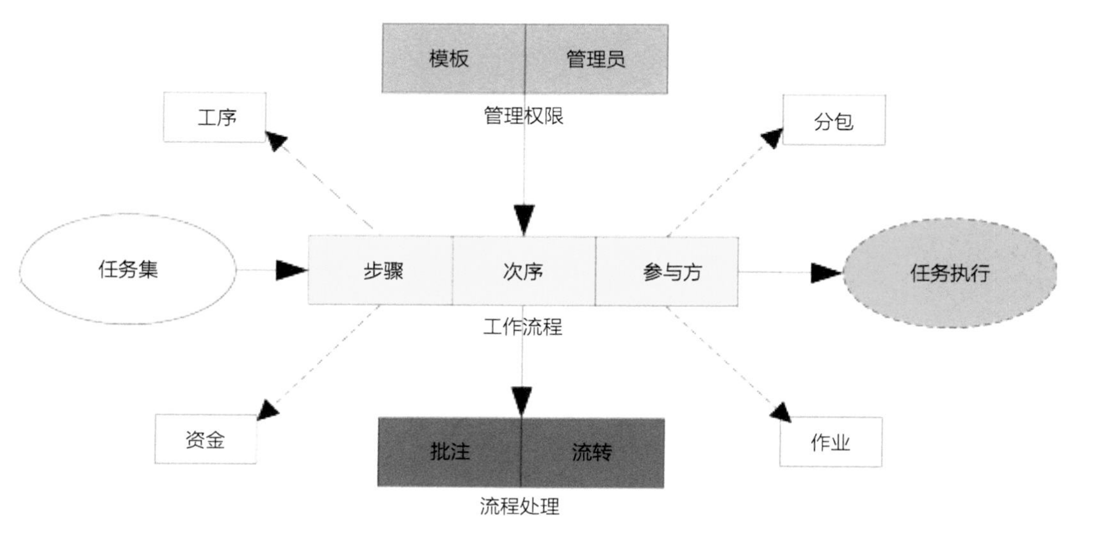

图5-205　协同流程示意图

图5-206　BIM云平台协同管理

4. 无人机与总平面管理应用

BIM 总平面管理与航拍无人机使用

将无人机航拍画面和 BIM 总平面图模型进行对比，全方面管理现场总平面布置（图 5-207）。

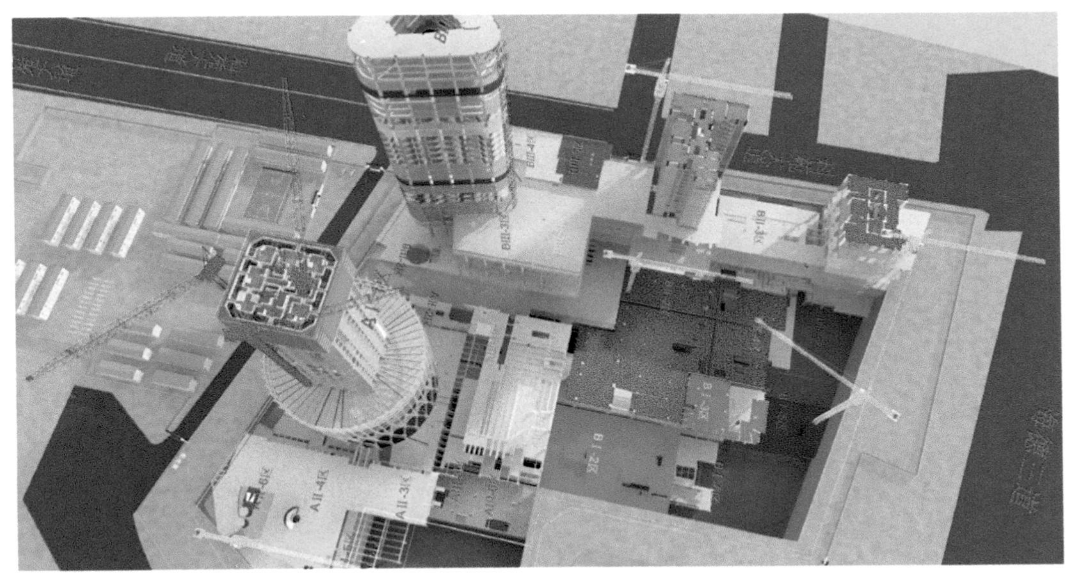

图5-207　BIM辅助总平面管理

项目用地面积大（5.6 万 m^2），施工单体多（五栋超高层），施工流水复杂（万家大厦结构已经封顶，酒店仍进行桩基开挖），总平面管理难度极大，项目通过无人机航拍现场和 BIM 模型的对比，即时了解现场的全貌，通过对比 BIM 模型对现场总平布置不合理的地方及时调整，实现了对总平面的全过程、全方位的动态管理（图 5-208）。

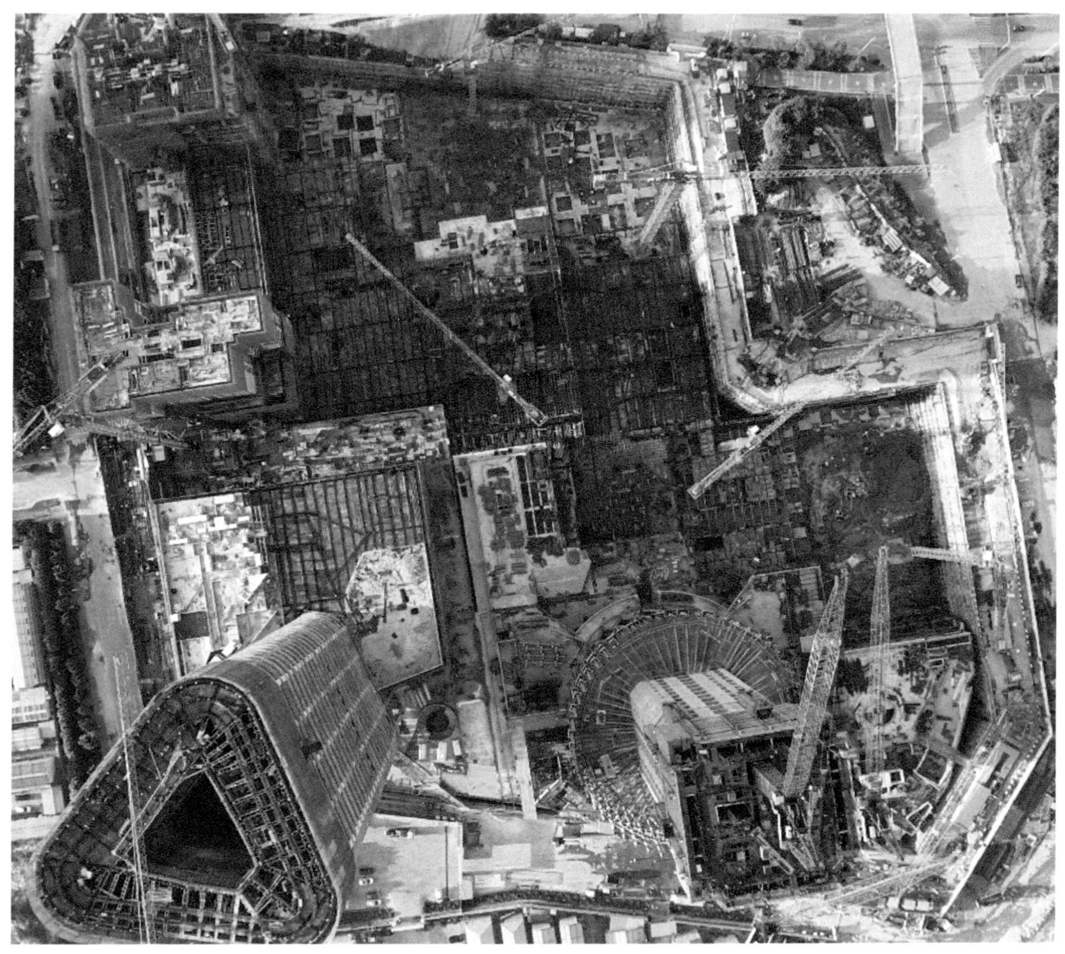

图5-208　无人机辅助总平面管理

5. 测量机器人与激光扫描应用

（1）测量机器人与 BIM 协作应用

项目采用测量机器人与 BIM 结合对施工现场实施智能放样，利用全站仪实现深化设计与现场施工的无缝连接（图 5-209）。

（2）应用工艺流程

利用深化设计成果，将深化设计 BIM 或 CAD 数据经软件处理后导入到测量机器人手簿中实现设计数据到测量定位数据的转化，再通过现场定位放样实现指导现场施工（图 5-210）。

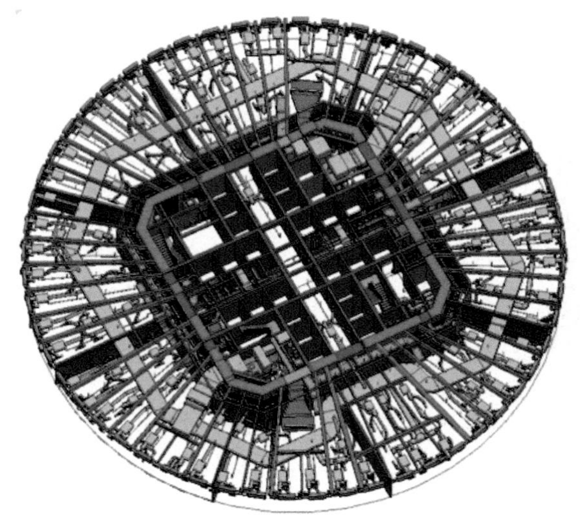

图5-209　测量机器人与BIM协作应用

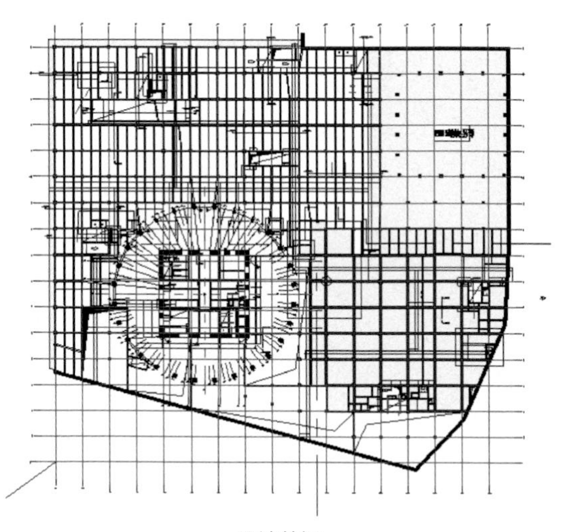

设计数据

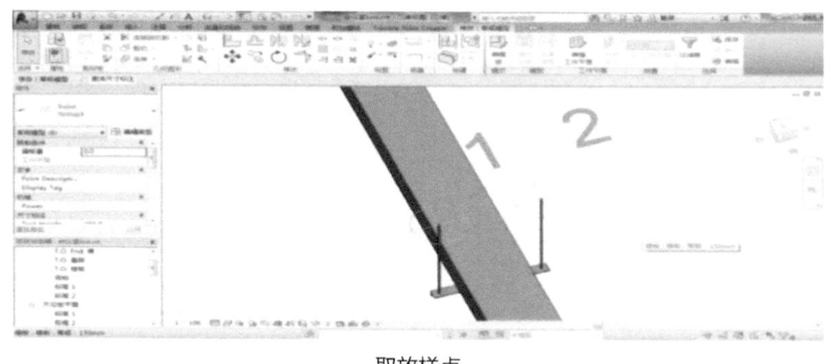

取放样点

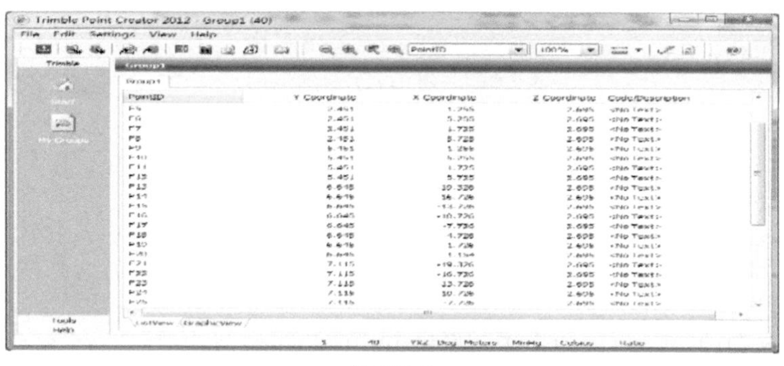

数据处理

图5-210　深化设计成果应用

（3）天宝机器人应用效果

测量机器人应用其智能化实现数字化加工、可视化放样，并对异形曲面精准定位，在辅助施工验收、提高测量效率方面作用显著（图 5-211）。

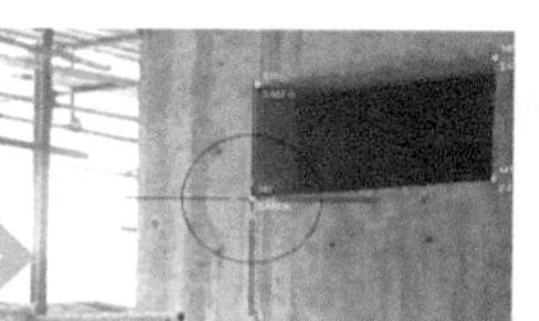

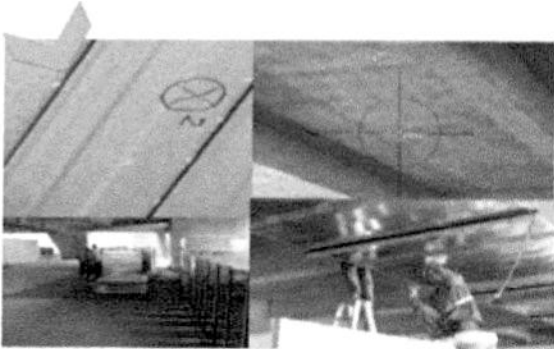

图5-211　天宝机器人应用效果

（4）激光扫描研究与应用

项目将点云扫描和机器人相结合的方式应用到 BIM 模型进行对比分析，校正 BIM 虚拟模型，确保竣工模型与施工现场的一致性，得到了一份新技术应用价值报告。项目保存建筑数字化点云数据库，为后期虚拟化修正或损坏修复提供数据平台，三维激光点云模型、BIM 创建模型及全站仪应用之间互补论证（图 5-212）。

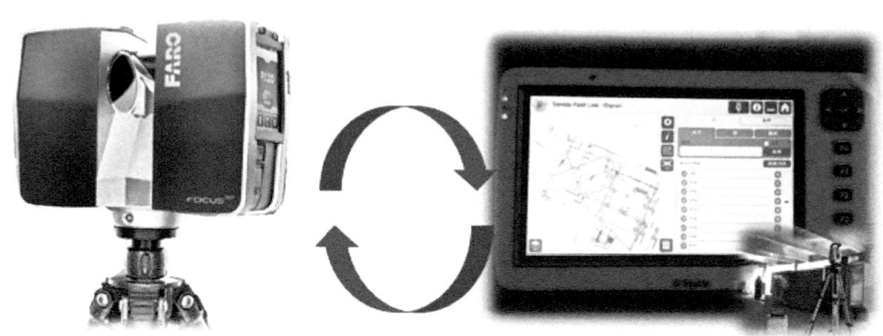

图5-212　BIM模型与全站仪应用互补论证

6

运维

6.1 BIM 运维技术

经过中国华润大厦项目 BIM 运维的探索与实践，中建三局于 2017 年成功落地建筑行业首款 BIM 运维产品，随后不断进行技术更迭，创建了自有 BIM 智慧运维品牌，真正推动了数字化变革，引领了 BIM 智慧运维。

6.1.1 智慧运维物管系统与建筑信息无损互联技术

采用物联网整体架构，利用云端服务集中管控，将建筑全生命周期信息进行整合，将建筑运维中的各个系统“串联”，实现了功能的多元化，完美呈现了实体安装与功能，为智慧建筑的运维提供了一个综合性的平台（图 6-1~ 图 6-3）。

图6-1　BIM运维平台界面

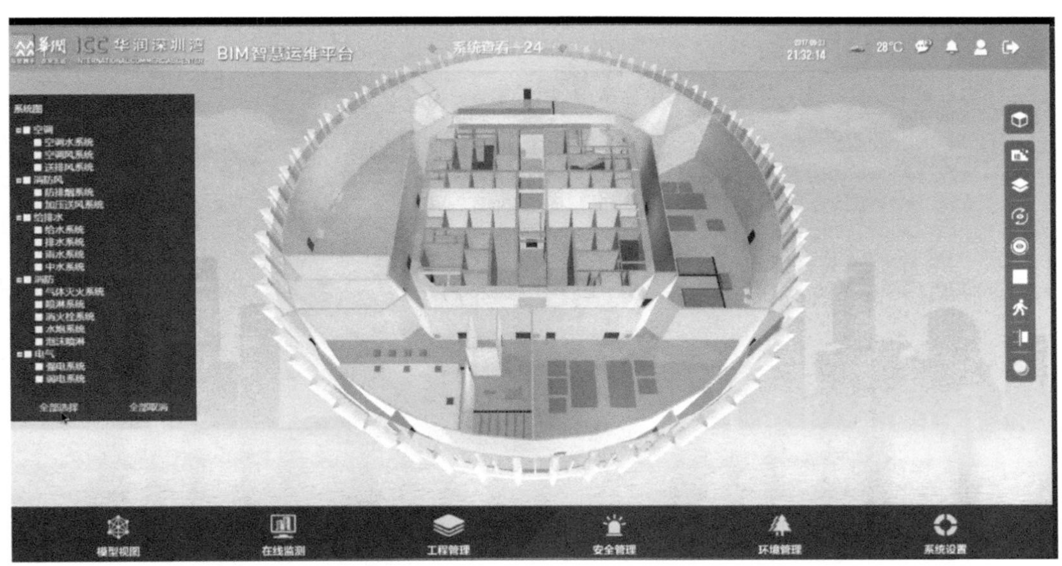

图6-2　BIM系统查看

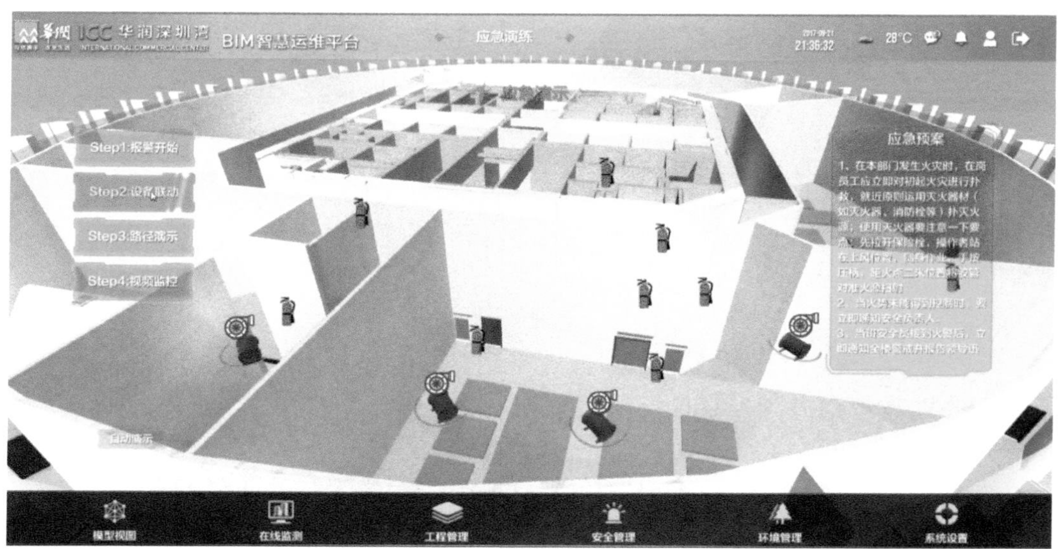

图6-3　BIM消防应急演练模拟

BIM 运维平台通过 BIM 模型的三维展示作为展现方式，结合建筑物内部搭建的物联网网络，通过 OPC Server 对设备进行操作。在该系统中，关键技术主要包括：基于 IFC 的信息共享接口、海量运维信息的动态关联技术、设备成组标识与基于移动平台的设备识别、基于网络的 BIM 数据库与其访问控制、BIM 模型的多维存储与优化（图 6-4）。

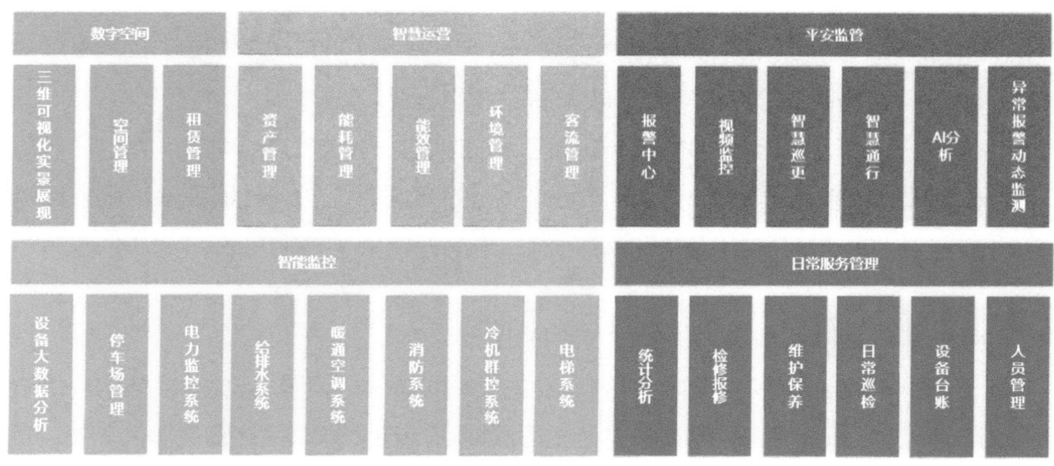

图6-4　建筑运维BIM应用关键技术

关键点 1：基于 IFC 的信息共享接口

通过开发 IFC 接口，以 Revit 插件的形式解析建筑模型信息的 IFC 文件，将 IFC 中的几何信息与属性信息进行分析，并导入到平台的 BIM 数据库中。

基于 IFC 的信息共享接口主要是为了 BIM 模型的导入预计存储。通过开发该 IFC 接口，使得 BIM 模型能够以 IFC 文件的形式导入到系统平台中，为以后设备信息在 BIM 模型中的三维展示打下了基础（图 6-5）。

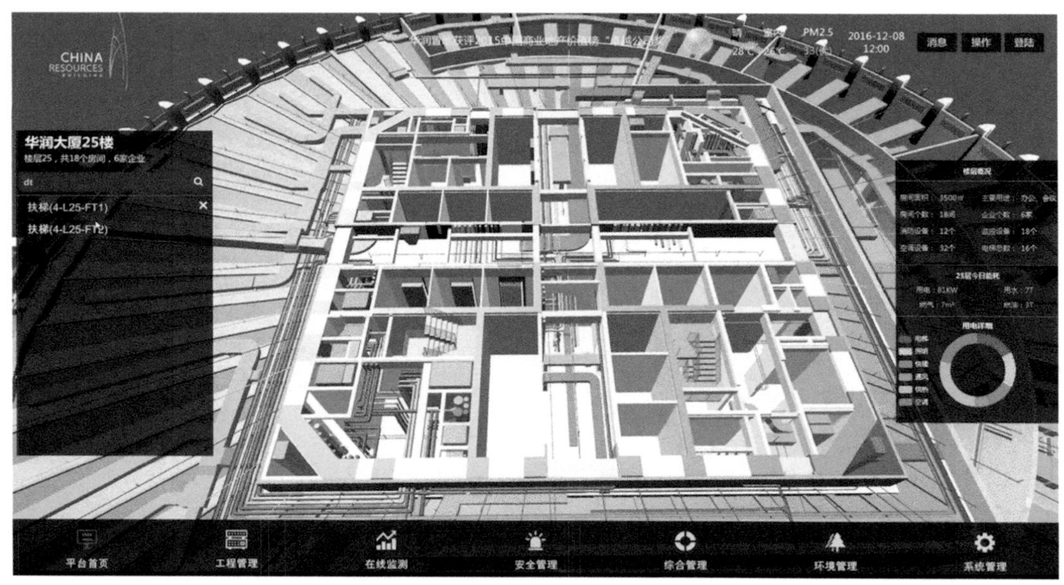

图6-5　BIM模型导入效果展示

关键点 2：BIM 模型多维存储与优化

平台采用多种途径保存 BIM 模型信息，通过有效的算法进行优化处理。在 BIM 信息有效存储的基础上，系统要求能根据用户不同的实际需求，实现对信息的动态获取。其中优化算法包括：模型转化机制、位置映射、边界简化等技术与算法实现。

由于 BIM 模型带有海量的数据信息，在 BIM 模型信息存储的过程中，需要花费比较长的时间，导致系统的反应速度比较迟钝。所以，在该系统中，我们采用多种途径存储信息，并在存储的工程中采用多种算法加以优化。

关键点 3：基于网络的 BIM 数据库及其访问控制

在 BIM 数据的访问控制的实现，我们采用的方法为：通过搭建完备、高效的信息数据库，保障 BIM 模型信息的存储，然后采用并发访问控制机制，从而保障数据安全。

关键点 4：海量运维信息的动态关联技术

平台采用构件的基于系统的编码与动态关联技术，从而实现设备设施信息的查询、定位、统计、分析等，为设备的全生命周期应用与业务流程的整合提供支持。在实现系统与设备信息的实时交互的过程中，系统通过 OPC（全称 OLE for Process Control）技术串联物联网管道，从而达到及时展现、整体操控、数据共享的目的。

关键点 5：BIM 模型的轻量化技术

在实际应用过程中，BIM 模型的核心应用为模型的析构与重组，此方法为 BIM 模型轻量化的基础。一般情况下的建筑 BIM 模型，由于附带了大量的数据信息，因此 BIM 模型都比较大，小一点的几百 M，大一点的可能会有几十 G，因此整个平台对模型加载从用户使用者的角度就提出了更高的要求，数据模型的轻量化主要从以下几个方面考虑：

（1）模型的拆分、解析与上传，此步骤是实现从模型到数据的转化过程，将数据与模型产生一一对应的关系，为后期的按需加载做准备工作。

（2）采用大数据处理机制，所有的数据统一存储，并能够保证并发工作，实现数据的快速获取。

（3）按需要、网速、目标、终端配置等条件加载 BIM 模型，实现真正意义上的按需加载。

（4）采用本地模型数据缓存的机制，在本地建立本地文件数据库，在模型没有变动的情况下，利用映射机制，直接从本地获取 BIM 模型信息。

6.1.2 基于 BIM+IoT 智慧运维、能耗管理、信息管理关键技术

关键点 1：监控系统与 BIM 结合技术

（1）智能化系统集成监控技术

该模块主要是实现对系统中重要的物联网设备在平台中进行监控与数据交换。在设备监控模块，系统通过 OPCUA 不仅能够实现对设备运行状态的获取，还可以实现对设备的控制。用户可以在平台上直接实现对设备的打开、关闭等控制，并可以查看对应设备的维护计划、3D 模型、实时状态等。集成的系统包括：楼宇自控系统、智能照明管理系统、入侵报警系统、停车管理系统、水景控制系统等。

（2）环境监控与 BIM 结合技术

基于 BIM 与 IoT 的运维监管平台，主要是通过获取建筑内部实际对应位置的传感器信息，通过数据实时采集装置，获取该位置的实际环境数据，对智慧建筑的监测内容包括：温度、气味、燃气、有毒气体、易燃气体、空气质量、通信质量、人为损坏、入侵、火灾烟感、突发爆炸等。

IoT 的互联互通及数据采集技术具有多种多样的模式，整个应用可分为四部分：标识、感知、传输与处理，核心技术包括：现场总线（Profibus、P-Net、Interbus、Modbus 等）、RFID、Zigbee、蓝牙、定位技术等，结合用户的需求、现场的实际情况及各类技术的应用，能够有效地实现互联互通和系统集成，降低资源成本。

平台可设置周围环境的阈值，将环境异常的情况筛选出来，通过查看相应监测点的历史变化曲线，分析室内环境情况。一旦数据发生异常，系统则进行危险提示和报警。

（3）消防监控与 BIM 结合技术

消防监控模块主要实现对各个区域的消防设备状态进行实时监控。系统通过现场的感应器感应现场环境的实时状态，当事故发生后，平台能够实现及时报警，并在 BIM 模型的界面上，弹出消防报警信息，同时定位着火位置。当发生火灾事故时，管理人员通过查询周边的设备运行情况、应急逃生路线及建筑内部结构情况，辅助火灾

事件的应急管理。

关键点 2：超高层建筑 BIM+IoT 的能耗管理关键技术

（1）基于 BIM+IoT 的能耗管理技术

通过接入各建筑内部的流量计、电表等能耗数据采集设备，将采集的能耗数据实时存储于系统内，并基于这些数据实时统计出在建筑运行过程中的能耗信息，其中包括项目整体的总能耗数据，按时间周期（年、月、日，自然天中的时间段等）划分的各个能耗统计数据，按系统划分的详细系统能耗数据，以及按实际建筑空间划分的楼层区域能耗统计数据等。

对于能耗统计在本系统中的显示效果，与普遍对能耗的表达形式相一致，在可预测的数量级上，以颜色区分能耗的数值高低，并尽量使用但不限于以图表类、纵横直方图、各类排序规则等方式进行数据的直观表述（图 6-6）。

图6-6　整体界面规划图

（2）节能降耗智能分析技术

本模块以降低建筑能耗、节约成本为目的，基于建筑的 BIM 数据模型和采集的大量能耗数据，从多个角度对建筑进行节能减排分析，进行在特定时间段内的环比或同比数据统计，依据接入本系统的各类设施设备的运维记录情况以及客观条件因素做出智能分析并给出导致数据差异受影响的因素（图 6-7）。

由于平台处于试运行阶段，当前能耗数据存储的数据量较小，因此节能降耗分析部分还未能体现出其优势。在平台日常的使用过程中，该功能模块会随着用户的使用要求及平时运维的管理模式不断地丰富与完善，在实际的运维管理过程中起到节能减排的作用。该功能模块还能分门别类地收集各类能耗信息，并与 BIM 相关联，同时运用以下模块进行节能降耗的基础数据统计。

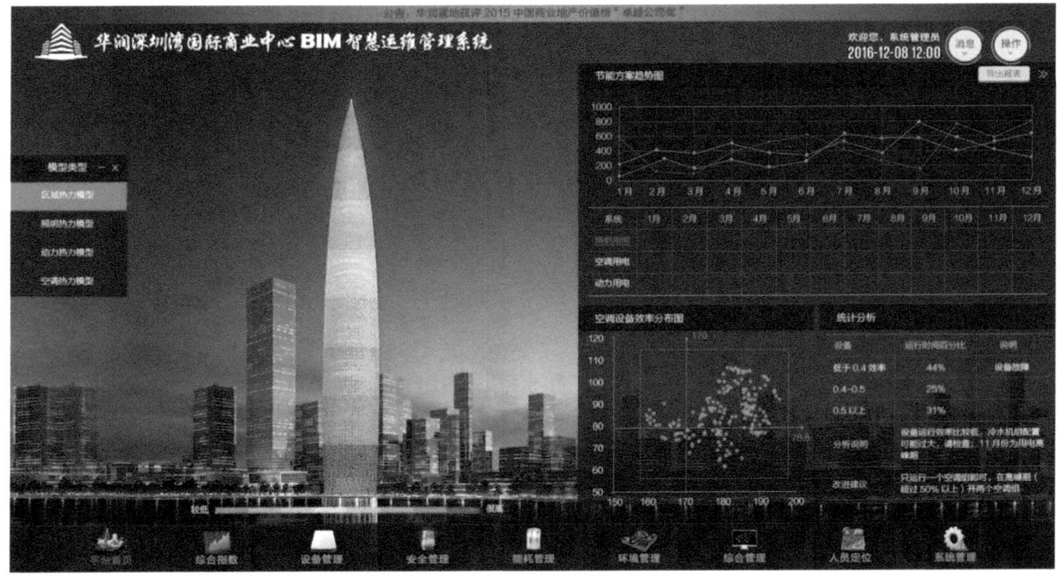

图6-7　能耗分析与节能建议

能耗统计模块：对进排风机房通风系统和建筑工程内各个区的空调系统的设备电能消耗进行统计，统计出的耗电量为节能运行控制提供数据决策支持；

风量自动调节模块：以能耗统计模块的统计数据为基础，根据建筑工程内各个区域的 CO_2 浓度值自动调节进排风机房通风系统的进风机频率，使建筑工程内各个区域空气中的 CO_2 含量达到设定标准；

温湿度自动调节模块：以能耗统计模块的统计数据为基础，并且以建筑工程内的空气质量标准为依据，根据外部自然空气的温湿度，以平时维护时的节能运行最佳模式联动调节建筑工程内各个区的空调系统中相应的新风调节阀、一次回风调节阀和冷水调节阀，使温湿度达到规定标准并达到节能的效果。

结合多个学科领域的知识沉淀积累，运用高等数学模型结合实际建筑工程在节能领域的经验，利用国际标准 OPC 协议接管建筑工程内部所有接入到系统中的水、电、暖等智能设备，通过实时分析与历史统计的方法和策略，智能计算出当前能耗节约的控制策略并进行建筑工程现场设备参数的自动化调控操作，达到整体建筑工程优化节能控制的目的。

关键点 3：现代化建筑运维工程信息管理与 BIM+IoT 结合的关键技术

工程档案管理主要是为了实现工程信息的保存以及培训资料的上传、下载等功能，实现对工程基本信息、设备信息等部分的处理工作，主要包括工程信息、设施管理、知识库、报警与提醒等模块。

（1）建筑信息

建筑信息模块主要用于管理人员对工程信息的了解，该模块在功能上主要是实现对工程信息的查看、修改功能。系统采用表格的方式对工程基本信息加以展示，是用户了解工程基本情况的基本途径。

（2）知识库

提供各种培训资料、模拟操作以及设备操作规程等供新员工快速查找和学习，包括设备资料、图纸资料、培训资料与操作规程。将各种说明书、图纸、图片、视频等上传到平台中，由平台统一维护与管理，方便工程维护人员的使用，最终通过知识的积累、共享和自我更新，提高运维服务效率。

（3）报警与提醒信息

BIM 运维平台中，设置专门的报警与提醒集中展示模块，将所有的报警信息、提醒信息等进行统计汇总，并按照优先级及紧急程度，通过平台以及移动终端，通知相应的运维及管理人员。报警信息的展示方式包括文字报警与语音报警，报警内容主要是指当设备出现故障的时候，值班人员所做出的预警操作（图 6-8）。

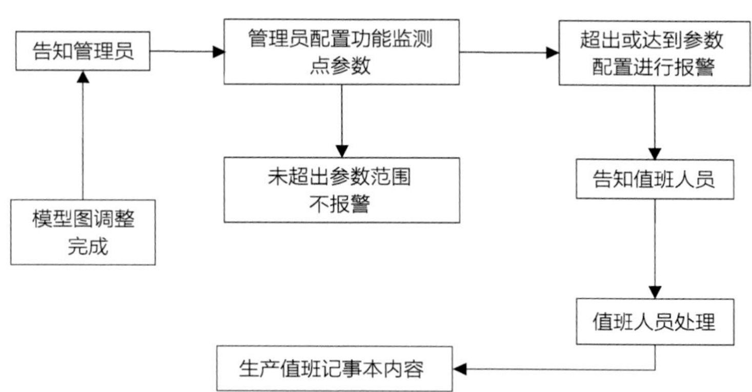

图6-8　报警流程图

对于机电模型，应具备上下游关系、逻辑关系、以达到简易的仿真效果，如实际情况中，某段水管爆裂，系统即可提示关闭何处的阀门；某处用电设备出故障，系统即可提示关闭何处的电源开关。

将复杂的建筑内部机电设备、管线用精准的模型方式呈现，再运用编码、RFID 等技术使模型能够与工程管理信息一一对应，在后期运维中所产生的一切信息，均可以从模型端快速调用。

6.1.3　现代化建筑安全管理与 BIM 技术结合应用

关键点 1：结合 BIM 模型的应急分析技术

（1）应急预案库

对于可预测的意外情况（包括管线破裂、重大人员伤亡、煤气泄漏、火灾、恐怖袭击等建筑维管险情），按照有关标准进行险情分级和建立相关应急预案库，在库中存储相关应急的方案资料，并可随时由运维管理人员进行全库搜索与查询。

（2）险情智能分析

针对出现的应急险情，基于 BIM 模型的直观性，由平台根据物联网中的危险警报位置信息，结合危险源与邻近设施设备和通路情况，调动危险源邻近的摄像头与传感器设备进行实时监控。在 BIM 模型中智能分析出合理的抢险路径以及人员疏散路径，提供给抢险单位作为处理参考。

关键点 2：结合 BIM 模型的消防设备维管技术

平台建立消防设备档案库，并按照消防设施设备厂商提供的资料录入到档案库中。在数据录入的同时，按照相关法律法规与规范进行维保计划的策略设定，当实际时间满足设定的条件时，系统自动将消防设备的维保计划推送到负责单位或负责人的移动终端。在维保工作结束后，由负责人结合该消防设备的二维码或 RFID 等识别信息，填写反馈工单到系统中，由管理人员进行审核（图 6-9）。

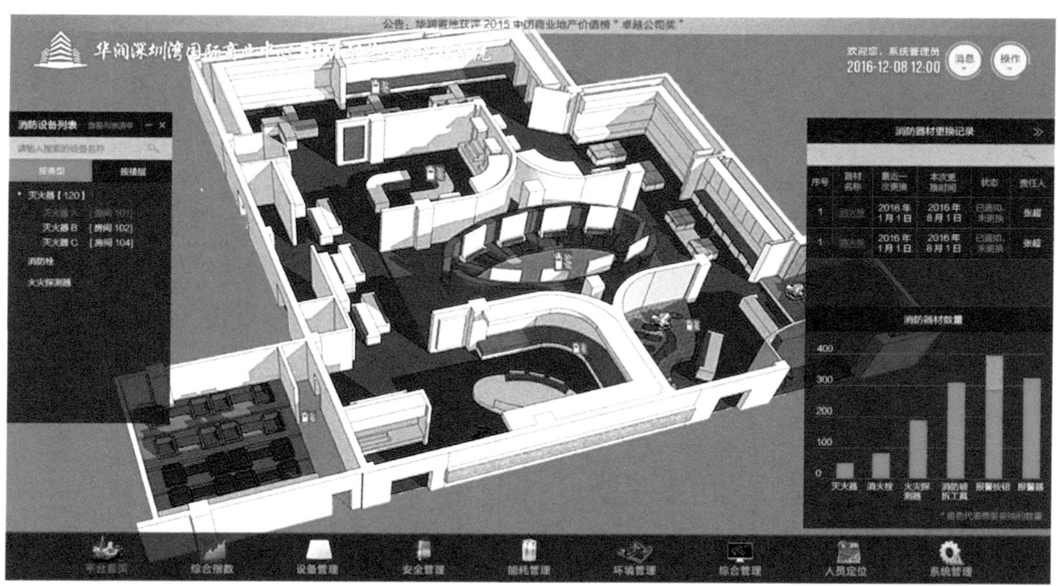

图6-9 消防设备维管界面

核心技术是基于 BIM 模型的解析还原和 OPC UA 技术，前者保证平台中 BIM 模型加载过程中的轻量化与灵活性，后者实现了基于物联网的数据采集与实时监控。平台的整体架构既能够满足 BIM 模型的应用要求，又能够满足日常业务管理以及物联网系统集成的需要，对于智慧建筑的运维管理具有实际的借鉴意义。

采用物联网整体架构，利用云端服务集中管控，将建筑全生命周期信息进行整合，实现功能的多元化，实现了实体安装与功能的完美呈现，为智慧建筑的运维提供了一个综合性的平台。项目以“集约建设、资源共享、规范管理”为目的，利用大数据、云计算、BIM 技术和物联网技术，在统一平台上将数据信息与服务资源进行集成，提高项目的运维管理水平和综合服务水平，为建筑的节能与健康运营提供依据。

通过模型漫游，提高隐蔽管线维修准确性，减少现场破坏；通过位置引导，用户可以通过移动端查看空余车位数量及位置，并自动规划路径，引导客户到达最近的停车位；通过设备信息系统，了解设备全生命周期信息，包括维修记录、保养记录、消耗费用等，重要设备支持快速定位与查看功能、维修建议等，实现设备运行统计与故障预判；通过视频监控系统，对异常现场进行监测与报警提醒，结合 BIM 模型，自动定位到异常位置，自动打开附近摄像头，查看实时画面；通过能耗管理系统，对设备能耗与运行时间对比分析，自动计算其运行损耗率，制定维护保养计划，并调整运行策略，设置不同的运行模式。

基于实际的建筑运维特点和要求，我们认为基于 BIM 的智慧建筑运维管理的内涵，主要包括：

实现对建筑内、外设备设施的全面监控，包括对设备、环境、消防安全、能耗等内容的全面监测控制与管理。用户可以在平台上获得设备的实时状态，查看视频实时监控画面等；通过分析采集到的数据，实现对信息的统计与分析；实现对建筑内部设备运行状态的监测与控制和对异常情况的报警与处理功能。

实现建筑的物业管理，为业主提供针对建筑物、设施、设备、场所、场地等内容的管理，实现维护计划的设定、对故障信息的处理工作；当发生紧急事件时，系统能够展示应急预案、应急组织（人员）、应急事件、抢修抢建等信息，辅助管理人员针对应急情况做出相应的处理。

实现对报警信息的分类、汇总，并对重要的报警信息能够主动以弹框的形式呈现给用户；基于 BIM 模型，实现对建筑、设备、管线等详细信息的管理工作，以及相应的图纸资料、培训资料与操作规程的统一维护与管理，方便运维管理人员使用。

实现对各种数据的可视化表示，对平台中的重要数据，包括建筑、设备、管线、BIM 信息、视频、消防等各个功能的相关基础数据信息及动态数据信息进行集中的统计，通过一定的算法把数据通过图表的方式进行汇总展示，并能够以报表的方式打印或者导出，为管理人员的辅助决策提供依据（图 6-10，图 6-11）。

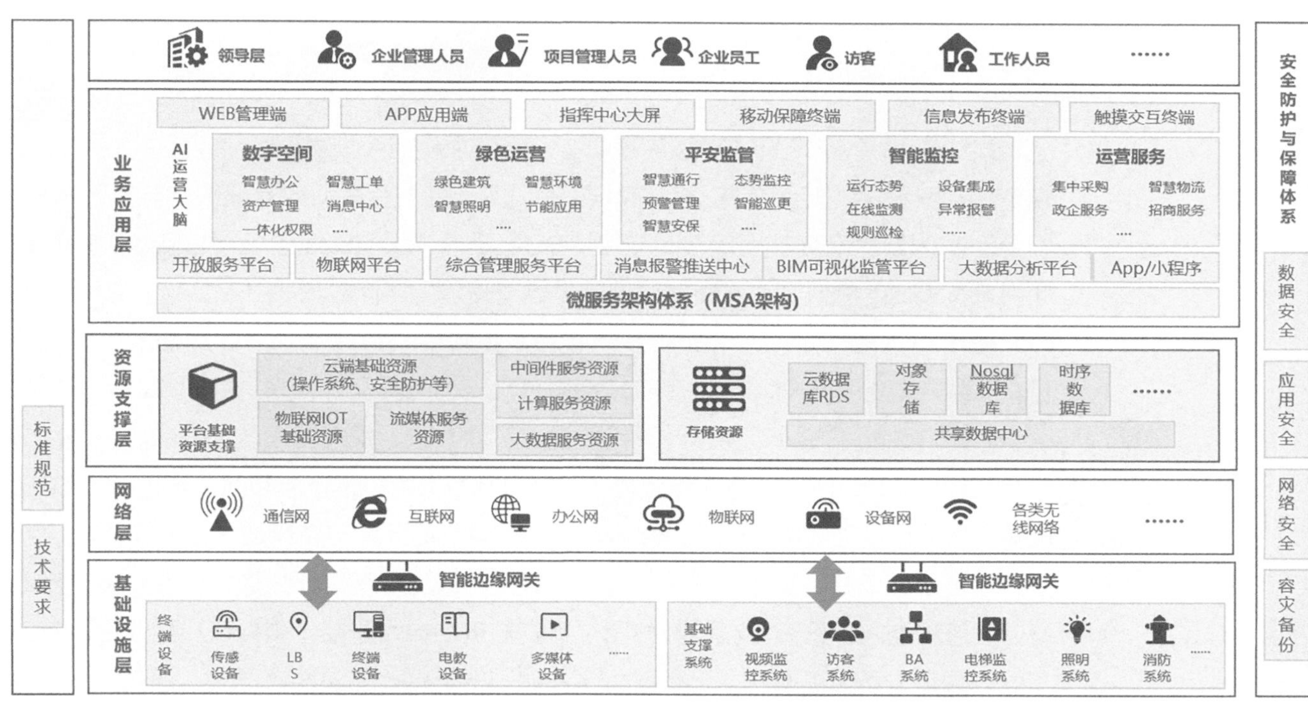

图6-10 运维系统构建图

图6-11 运维主界面

6.2 商务运营特色

6.2.1 锋范商务，商务领航

独特双大堂设计，首层挑高 18m。

B1M 层及首层双大堂设计，有效分流办公人群，首层大堂挑高 18m，阔绰尺度匹配名企气度（图 6-12）。

广场，是建筑空间的延伸。下沉广场直通中心绿地区域，为商务人士提供休憩空间，办公与休闲无缝切换，理想商务由此开始（图 6-13）。

图6-12 双大堂设计

图6-13　下沉广场

专设空中大堂，高效分流人群。大厦 25 层、25M 层专设空中大堂，由此可乘坐电梯转换至高层，实现人群的快速分流，提高垂直通行效率（图 6-14）。

高效电梯、绿色建筑，提速商务运营。大厦采用分区垂直交通系统，57 台电梯高速运行，分秒之中即可抵达办公区域。

大厦获得美国 LEED-CS 金级认证及国家绿色建筑二星认证，绿色低碳办公理念，节省企业成本，提高运营实效（图 6-15）。

图6-14　空中大堂

图6-15　首层大堂电梯厅

6.2.2　全态资源，顶配商务

集高端的运动配套、凯悦旗下高端奢华精品酒店、高端商业设施、艺术中心等全方位资源配套。以艺术之名，为城市建设注入蓬勃生命力（图 6-16~ 图 6-18）。

图6-16　深圳万象城、安达仕酒店

图6-17 深圳湾体育中心、美术馆

图6-18 发布厅、艺术厅

6.2.3 华润智慧，商务生态

华润置地，以企业客户和白领员工需求为导向，整合并依托旗下丰富的空间产品，以智慧平台为工具、多元化服务为特色，构建 Officeasy 润商务办公生态系统，为写字楼使用者打造全面的商务生态价值链，践行“Enjoy Work”的工作生活理念。

1. 智慧平台

作为智慧平台的核心产品，将商务办公与互联网 + 深度融合，为用户整合资源、提升效率。依托 Officeasy APP，用户可通过线上平台联动线下办公的多维度体验，大幅提升办公效率。强大的后台数据库为办公生态空间提供支持，随时响应用户需求，改进产品升级服务。依托物联网和大数据技术，智慧平台将融合更多的科技力量，让商务生活更智能、便捷、高效。

2. 多元服务

为响应客户多元化的需求，Officeasy 润商务将提供从企业资产管理、空间装修、政策咨询和企业社交等方面一系列定制化服务，并通过丰富的活动组织及服务整合的经验，沉淀出七大日常商务服务的子品牌。

3. 智慧物联，绿色建筑

智慧物联系统实现了物理空间复合化、硬件设施智能化、资源整合平台化，并持续不断地为写字楼提供强大的智力支柱，对环境、经济、用户体验和社会文化方面都有可持续性的优势影响力。

7

春笋纪实照片

7.1 春笋的成长记录

华润深圳湾综合发展项目奠基开工
（2012年10月24日）

场地平整及破土动工
（2012年12月10日）

基坑支护及土方开挖施工
（2013年3月22日）

土方开挖及锚索施工
（2013年9月18日）

人工挖孔桩施工
（2014年2月10日）

塔楼坑中坑施工
（2014年5月28日）

底板混凝土浇筑
（2014年6月15日）

钢结构首次吊装
（2014年7月 1日）

核心筒冲出正负零（2014年10月30日）

核心筒标准层结构施工
（2015年2月8日）

地上外框钢结构安装
（2015年4月30日）

核心筒结构突破100m
（2015年5月26日）

核心筒施工至23层（避难层）
（2015年7月2日）

外框钢柱施工至18层（2015年8月13日）

核心筒施工至36层（设备层）（2015年9月24日）

核心筒施工突破200m（2015年10月30日）

外框钢柱施工至36层（2016年1月6日）

外框钢柱施工至48层
（2016年3月29日）

核心筒施工至62层（避难层）
（2016年5月26日）

核心筒结构封顶
（2016年7月1日）

顶模拆除完成
（2016年8月18日）

幕墙安装至40层
（2016年10月28日）

塔冠钢结构安装
（2016年12月10日）

塔冠合拢（2017年1月16日）

1-4层幕墙安装（2017年7月13日）

动臂塔吊ZSL120安装（2017年10月12日）

动臂塔吊ZSL120高空拆除（2018年3月31日）

外立面施工完成（2018年8月12日）

项目竣工交付（2018年11月28日）

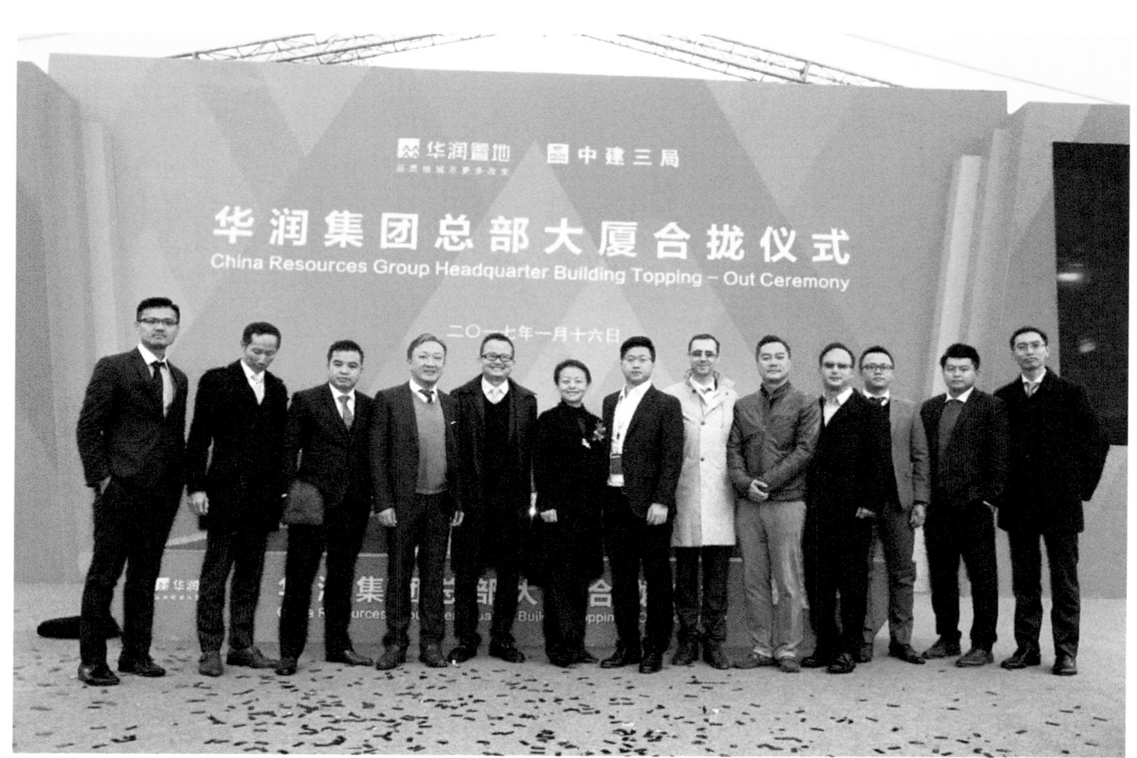

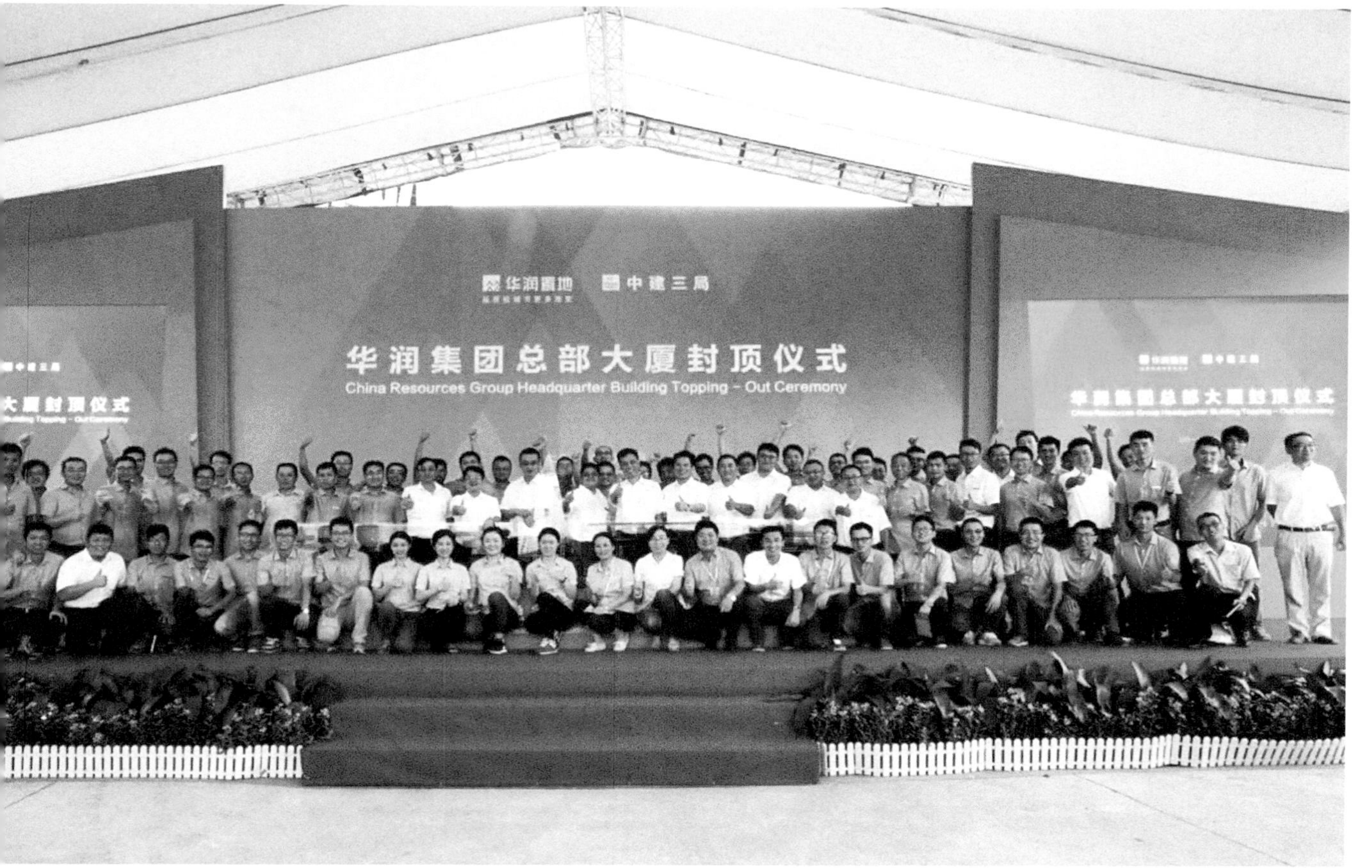
华润置地
中建三局
华润集团总部大厦封顶仪式
China Resources Group Headquarter Building Topping - Out Ceremony

华润置地
中建三局
华润集团总部大厦合拢仪式
China Resources Group Headquarter Building Topping - Out Ceremony
二〇一七年一月十六日

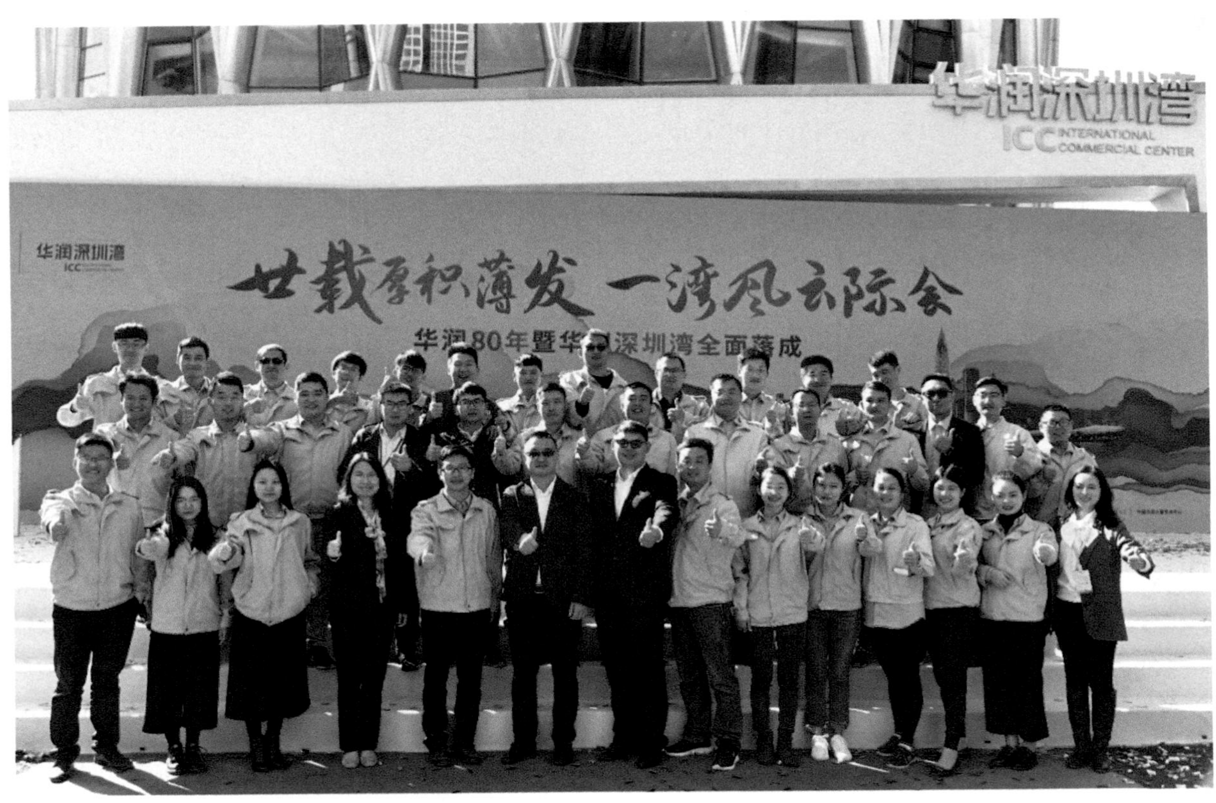

华润深圳湾
ICC INTERNATIONAL COMMERCIAL CENTER
华润深圳湾
廿载厚积薄发 一湾风云际会
华润80年暨华润深圳湾全面落成

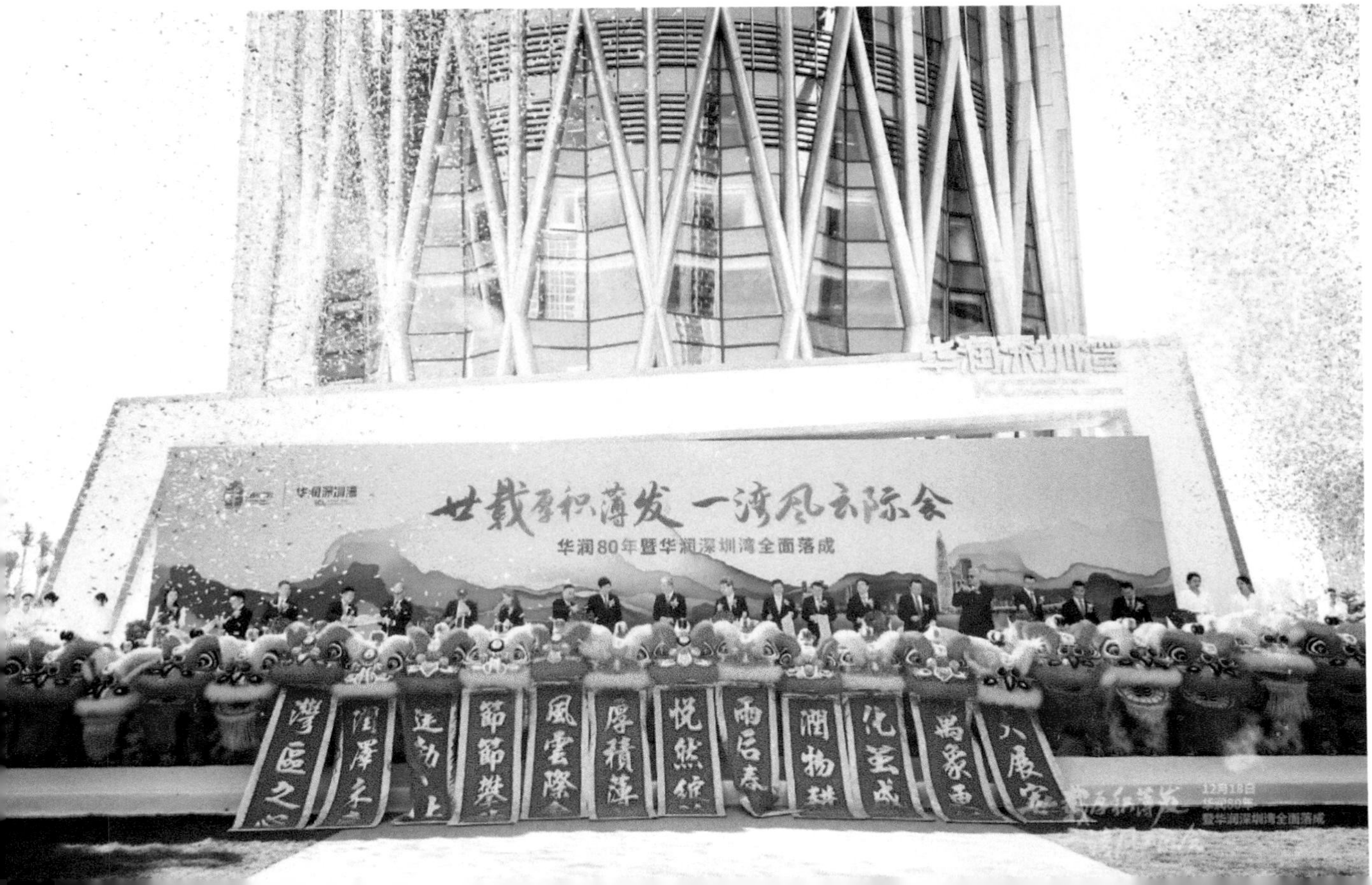
华润深圳湾
华润深圳湾
廿载厚积薄发 一湾风云际会
华润80年暨华润深圳湾全面落成

7.2 春笋建成的美照

深圳人才公园

海活力湾居时代
探索极粹生活读本

B4T
B4T

B4N
B4N

喷淋管
喷淋管
喷淋管
喷淋管
喷淋管

溢流管

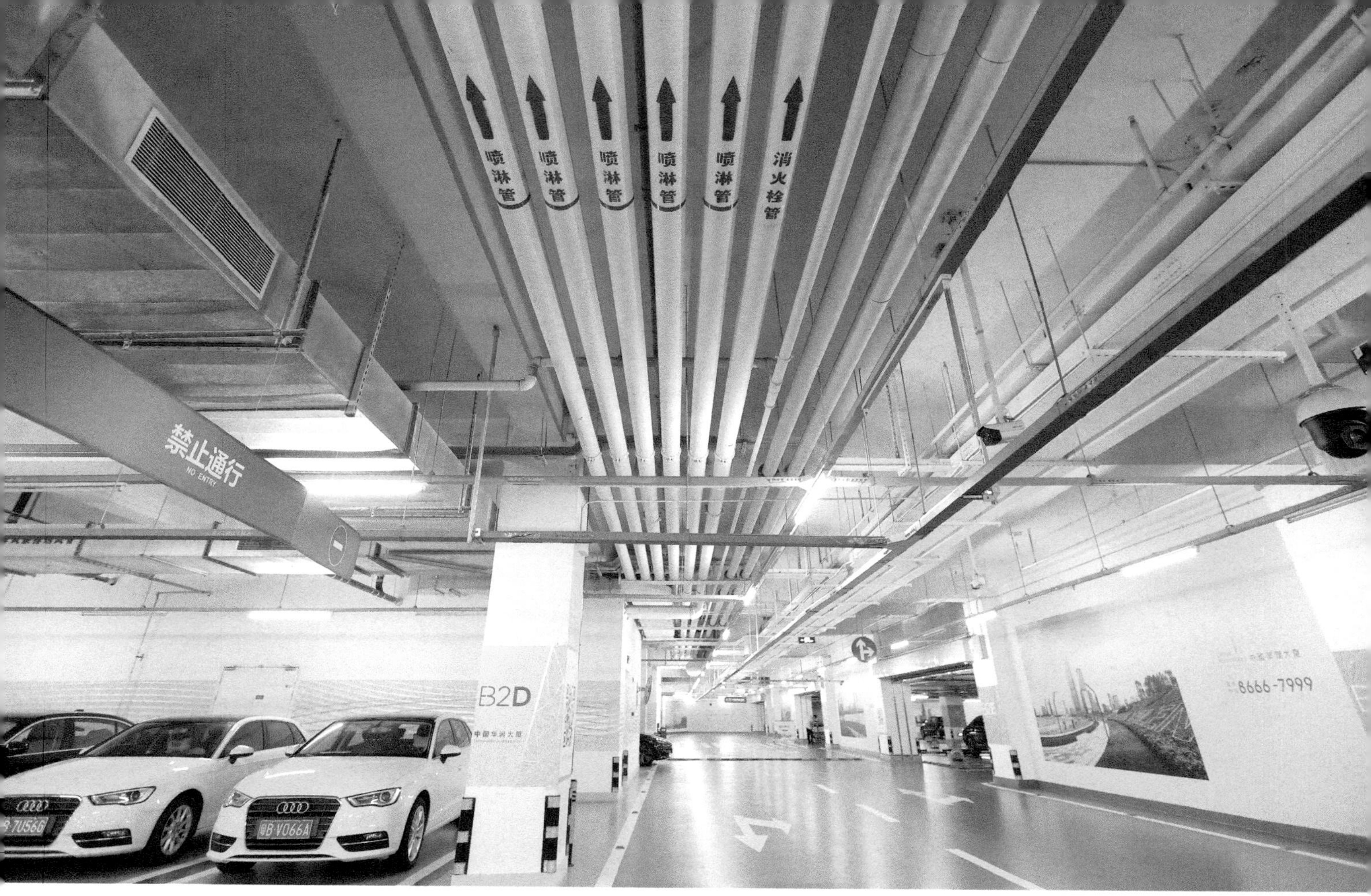
喷淋管
喷淋管
喷淋管
喷淋管
喷淋管
消火栓管
禁止通行
NO ENTRY
B2D
8666-7999

强电

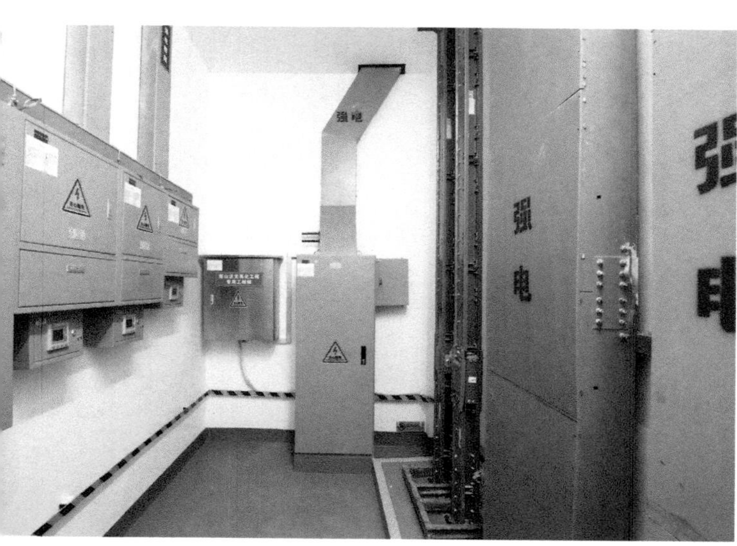

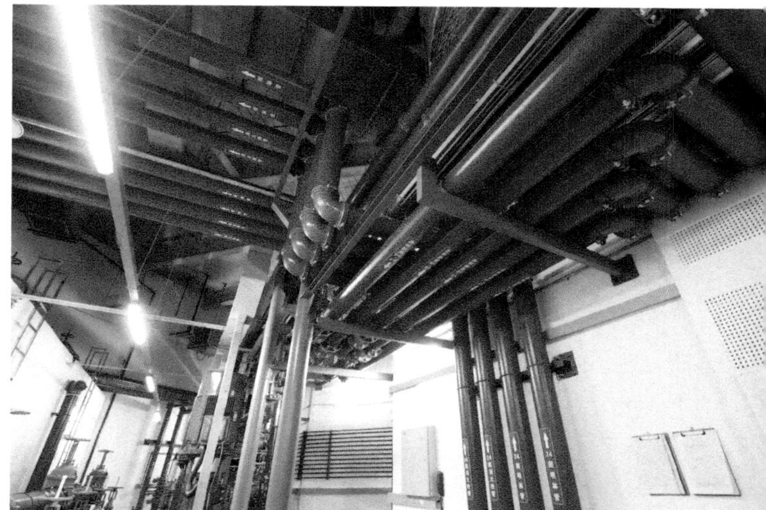

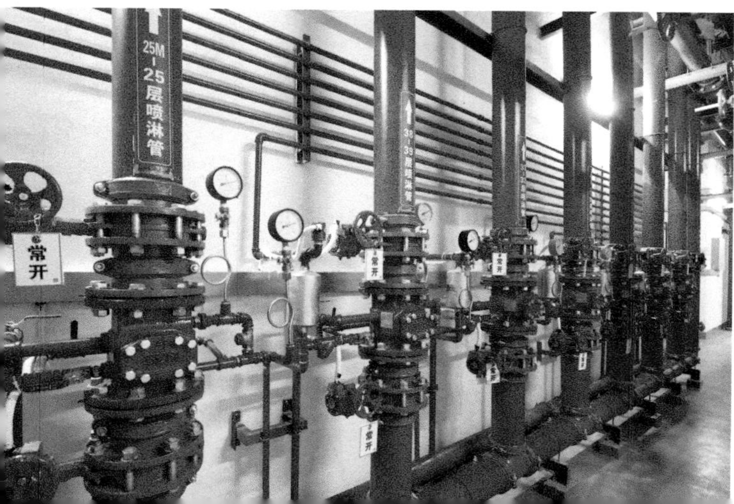

25M-25层喷淋管
常开

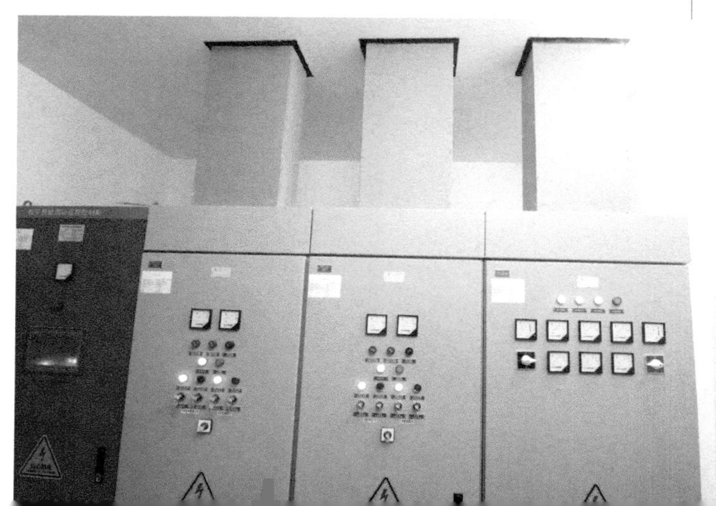

8

综述

8.1 重要数据

序号	类别	内容
1	面积	总建筑 267137m²，地下 70823m²，地上 192232m² 地上单层最大面积：3592m²（23 层）， 单层最小面积 410m²（66M 层）
2	高度	塔尖高度 392.5m，塔冠高度 61m，大堂高度 18m
3	层数	地上 66 层，地下 4 层（不含夹层）
4	层高	标准层 4.5m（净高 3.0m），避难层 13 层、36 层 4.4m，23 层、47 层 4.5m，62 层 6m
5	厚度	底板厚度：1m，2.5m，3.5m； 地下室楼板厚度 B4~B2、B1M 层 0.12m，B1 层 0.18m； 地上楼板厚度核心筒内 150mm、180mm、200mm，核心筒外 125mm、150mm、180mm； 核心筒剪力墙厚度：1500mm~300mm 钢柱最大板厚：60mm 钢梁最大板厚 50mm
6	深度	基坑深度：25.5m，坑中坑最深达 10.3 m
7	混凝土结构尺寸	柱主要尺寸：400mm×600mm、800mm×800mm、900mm×800mm、1000mm×1000mm、1100mm×1100mm、1400mm×1400mm 梁主要尺寸：200mm×500mm、250mm×500mm、300mm×600mm、300mm×700mm、300mm×800mm、400mm×600mm、400mm×700mm、400×800mm、500mm×700mm、500mm×800mm、500mm×900mm、600×700mm、600mm×800mm、600mm×1000mm、600mm×1200mm、600×2000mm、800mm×1200mm、800mm×1800mm 核心筒截面尺寸：30.1m×30.1m~23.7m×17.15m
8	土建工程数量	桩基：人工挖孔桩 644 根，最大桩径 4.5m 钢筋：2.5 万吨 混凝土用量：17.9 万 m³
9	钢结构构件尺寸	核心筒型钢柱：最大截面 H600mm×1000mm×50mm×50mm、最大板厚 50mm 地下室外框柱：最大截面 755mm×450mm×60mm×60mm&787mm×450mm×60mm×60mm、最大板厚 60mm 外框钢柱：最大截面 750~830mm×755mm×60mm、最大板厚 60mm 外框架钢梁（环梁）：最大截面 700mm×700mm×20mm×40mm、最大板厚 50mm
10	钢结构工程数量	外框柱：56 根，外框梁：最多 119 根 钢结构用量 3.8 万吨
11	幕墙工程数量	幕墙面积：约 3.8 万 m² 幕墙单元板块标准尺寸：4500mm×1500mm 幕墙单元板块数量：7560 块
12	装饰工程数量	不锈钢装饰条：4276 块 卫生间：132 个 停车位：731 个
13	机电工程数量	空调系统总冷负荷 13816 冷吨，蓄冰设备总蓄冰量 31088 冷吨小时 生活给水最高日用水量为 3870m³/ 日，中水最高日用水量为 675m³/ 日 总变压器安装容量 46470kVA，总设备容量 33865kW，其中制冷机房设备安装容量 6760kW，地下部分及 14 层以下区域部分设备安装容量 8556kW，14 层~36 层区域设备安装容量 9309kW，36 层以上区域设备安装容量 9240kW 配电柜：1463 个，设备：962 台 电缆：9 万 m
14	电梯工程数量	迅达 12 部自动扶梯，日立 57 部垂直电梯，东南 1 部观光垂直电梯（2 部消防电梯，速度 6m/s；2 部 VIP 电梯，速度 9m/s）

8.2 中国华润大厦建造大事记

序号	内容摘要	时间
1	华润深圳湾综合发展项目奠基开工	2012 年 10 月 24 日
2	场地平整及破土动工	2012 年 12 月 10 日
3	总包进场	2013 年 11 月 25 日
4	主体开工仪式	2013 年 12 月 01 日
5	桩基开始施工	2013 年 12 月 10 日
6	底板混凝土浇筑	2014 年 05 月 28 日
7	顶模开始安装	2014 年 08 月 11 日
8	冲出正负零	2014 年 10 月 30 日
9	春笋核心筒突破 100m	2015 年 05 月 29 日
10	地下室全面封顶	2015 年 10 月 02 日
11	春笋核心筒突破 200m	2015 年 10 月 30 日
12	春笋核心筒突破 300m	2016 年 05 月 28 日
13	核心筒封顶	2016 年 07 月 01 日
14	顶模拆除完成	2016 年 09 月 11 日
15	外框水平楼板施工完成	2016 年 10 月 08 日
16	春笋合拢仪式	2017 年 02 月 19 日
17	最后一台塔吊 ZSL120 顺利拆除	2018 年 04 月 25 日
18	机电系统开始调试	2018 年 06 月 10 日
19	塔楼消防验收	2018 年 07 月 12 日
20	塔冠验收	2018 年 07 月 26 日
21	外立面施工完成	2018 年 08 月 12 日
22	通水、通电	2018 年 08 月 30 日
23	地下室消防验收	2018 年 09 月 06 日
24	幕墙验收	2018 年 09 月 30 日
25	竣工初验	2018 年 10 月 12 日
26	节能专项验收	2018 年 11 月 28 日
27	竣工验收	2018 年 11 月 28 日
28	中国建筑工程装饰奖复查	2019 年 09 月 20 日
29	中华人民共和国住房和城乡建设部绿色施工科技示范工程验收	2019 年 11 月 19 日
30	鲁班奖现场复查	2020 年 09 月 23 日
31	中国安装之星复查	2020 年 10 月 12 日

8.3 主要材料设备选用

8.3.1 土建材料的选用

序号	材料设备名称	型号及规格	选用品牌
1	混凝土	C20~C60	利建混凝土有限公司、金众混凝土有限公司
2	钢筋	6mm~36mm	韶钢、广钢、桂鑫、华美
3	砂浆	自流平 EL-830	上海恩力化工有限公司
4	钢板	Q235、Q345B、Q345GJB、Q345GJC、Q390GJB、Q390GJC（8~100mm）	宝钢、武钢、韶钢
5	油漆	20kg/ 桶	阿克苏、SKK
6	涂料	NK20 白色 / 细	厦门固克涂料集团有限公司
		聚氨酯面漆 BA-146	百翼涂料（广州）股份有限公司
7	疏水层	HDPE 排水板	深圳市新生力实业有限公司
8	砌体	蒸压加气块 600mm×200mm×200mm、600mm×200mm×100mm	华得宝、劲牛
9	挤塑板	1800mm×600mm×40mm	东莞市兆盈建材有限公司
10	套筒	16mm~36mm	深圳市巨隆达机电设备有限公司
11	防火门	甲级、乙级、丙级	万昌达，艾斯沃

8.3.2 幕墙材料的选用

中国华润大厦项目幕墙材料样品信息清单

序号	材料名称	供应商/品牌	样品规格	产品信息
1	单组份结构胶	GE	591.5ml/ 支	SSG4800J 硅酮结构密封胶
2	不锈钢	奥托昆普	300mm×300mm×2mm	材质：316 厚度：2mm 表面处理：压花效果
3	不锈钢	奥托昆普	300mm×300mm×2mm	材质：316L 厚度：2mm 表面处理：拉丝 2
4	防火密封胶	STI	300ml/ 支	防火密封胶 SpecSea I LC150
5	防火密封胶	STI	19L/ 桶	防火密封胶 SpecSea I AS205
6	铝型材	坚美	300mm×75mm	氟碳 4 涂；亮闪银色（PPG）； 色号：UCT39348XLB-3

续表

序号	材料名称	供应商/品牌	样品规格	产品信息
7	密封胶	GE	591.5ml/ 支	SCS2903 硅酮耐候密封胶
8	PC 耐力板	上海久诚	4mm 厚	聚碳酸酯（PC）耐力板，颜色：透明
9	中空玻璃	南玻	PVB 夹胶：杜邦 硅酮胶：GE	12 超白华润总部 -4+12A（黑）+12 超白黑色边框彩釉 #4
10	中空夹胶玻璃	南玻	PVB 夹胶：杜邦 硅酮胶：GE	8 超白 +1.52PVB+8 超白华润总部 -2+12A（黑）+8 超白黑色边框彩釉 #6
11	中空夹胶玻璃	南玻	PVB 夹胶：杜邦 硅酮胶：GE	8 超白 +1.52PVB+8 超白华润总部 -2+12A（黑）+12 超白黑色边框彩釉 #6
12	中空夹胶玻璃	南玻	PVB 夹胶：杜邦 硅酮胶：GE	10 超白 +1.52PVB+8 超白（华润总部 -2）+12A（黑）+10 超白 +1.52PVB+10 超白黑色边框彩釉 #8
13	夹胶玻璃	福鑫	PVB 夹胶：杜邦	TP15 超白 +2.28PVB+TP15 超白
14	夹胶玻璃	南玻	SGP 夹胶：杜邦	12 超白 +1.52SGP+12 超白
15	夹胶玻璃	福鑫	PVB 夹胶：杜邦	TP15（超白，彩釉 5mm+5mm）+2.28PVB+TP15（超白）mm
16	钢化玻璃	福鑫	—	TP19（高透超白）mm 钢化玻璃
17	夹胶玻璃	福鑫	SGP 夹胶：杜邦	TP19 超白 ×2.28SGP×3+TP19 超白（第 1 面做横纹防滑酸蚀处理）
18	中空防火玻璃	永惠	12（铯钾玻璃）+12A+12 透明玻璃	12（铯钾玻璃）+12A+12 透明玻璃
19	中空玻璃	南玻	硅酮胶：GE	15 超白（LB03-45D#2）+12A+12 超白
20	铝板	高士达	300mm×300mm×3mm	氟碳三涂 色号 UCT89052SC（GSD）-3
21	铝板	高士达	300mm×300mm×3mm	氟碳四涂，色号：UCT39846XL-3
22	铝板	高士达	300mm×300mm×2mm	粉末三涂，米黄色号：EC-DG-H327842
23	铝板	高士达	300mm×300mm×3mm	粉末喷涂，白砂纹：GM0224
24	保温棉	上海新型建筑岩棉有限公司 / 樱花	140mm×200mm×50mm	90kg/m^3
25	防火棉	上海新型建筑岩棉有限公司 / 樱花	140mm×200mm×100mm	110kg/m^3，2 小时防火
26	胶条	联和强	—	材质：氯丁、硅胶
27	窗五金	格屋	—	—
28	石材	美国黑	50mm 厚	花岗石，美国黑 50mm 厚，哑光面

注明：双组份结构胶提交封样的型号为：SSG4600

8.3.3 机电材料和设备的选用

序号	材料设备名称	型号及规格	选用品牌
1	电线	WDZA- 低烟无卤 A 级阻燃电缆 WDZAN- 低烟无卤 A 级阻燃耐火规格：2.5mm~4mm	广州电缆厂
2	电缆、矿物电缆	WDZA-YJ（F）A- 低烟无卤 A 级阻燃辐照电缆、WDZAN-YJ（F）A- 低烟无卤辐照 A 级阻燃辐照电缆、BTTZ-	宝胜电缆 久盛电缆
3	桥架、线槽	槽式喷塑电缆桥架、梯级式喷塑电缆桥架、槽式防火电缆桥架、梯级式防火电缆桥架 宽度：50mm~1000mm x 高：50mm~150mm	正昌隆
4	镀锌电线管	套接紧定式镀锌钢导管 规格：20mm、25mm、32mm、40mm	中山一通
5	阀门及管道配件	闸阀、蝶阀、截止阀、减压阀、球阀、止回阀等 规格：DN15-DN600	上海冠龙
6	水表	规格：DN15-DN600	宁波埃美柯
7	机制柔性铸铁排水管	规格：DN50-DN200	新兴铸管、山西泫氏、新光
8	镀锌钢管	规格：DN25-DN300	天津友发
9	柔性泡沫橡塑保温棉	厚度：25mm、28mm、32mm、50mm	阿乐斯
10	不锈钢管	304 不锈钢 规格：ϕ15-ϕ150	浙江福兰特
11	板式热交换器	—	安培威
12	不锈钢水箱	—	广州聚源环
13	消防产品	消火栓箱、灭火器、水枪、水带等消防器材	福建天广
14	风机	柜式风机、轴流风机	上风高科
15	空调机组	组合式空调机组、风机盘管	开利
16	卧式离心泵	冷冻水泵、热水水泵	荏原
17	制冷机组	双工况主机、离心式主机	麦克维尔
18	配电箱柜	动力配电箱柜、动力应急双切电源箱柜、控制箱柜等	南华西
19	灯具	吸顶灯、T5 单管荧光灯、三防灯、防爆灯、壁式座灯等	三雄极光、雷士照明、劳氏照明

8.3.4 装修材料的选用

序号	材料名称	型号及规格	选用品牌
1	不锈钢	厚度 1.5mm，黑色	国产
2	加斯科林蓝	厚度 20mm，800mm~1800mm 多种规格	意大利进口
3	鱼肚白大理石	厚度 20mm，800mm~1500mm 多种规格	进口

续表

序号	材料名称	型号及规格	选用品牌
4	红铜色金属	厚度 2.0mm，800mm~1800mm 多种规格，做红工艺色	紫铜板
5	木皮	厚度 1.0mm，800mm~1800mm 多种规格	国产
6	方块地毯	250mm×1000mm，厚度 10.2mm	美丽肯
7	镶嵌手织地毯	100% 羊毛	进口
8	木纹耐火板	1220W×3000H×1mm	威盛亚
9	天花铝单板	厚度 2.5mm，800mm×2400mm、600mm×1500mm	乐思龙
10	哑面铝板	厚度 2.5mm，1200mm×2400mm	乐思龙
11	米白色人造石	厚度 20mm	LG
12	乳胶漆	型号：83YY 88/033/QC-429A	多乐士 / 立邦
13	扪布	1000mm×2400mm	进口
14	水晶超白清玻璃	夹胶玻璃 10mm+10mm 厚	南玻
15	布艺夹胶玻璃	厚度 6mm+6mm，W1500mm×3000mm（直纹）	南玻
16	白色底油水晶玻璃	厚度 5mm/8mm，W1500×3000mm	南玻
17	木丝吸音棉	600mm×1200mm×15mm	可耐福
18	瓷砖	600mm×600mm×9.8mm、600mm×60mm	冠星、新明珠
19	建筑用岩棉板	1200mm×600mm×50mm	洛科威
20	无石棉硅酸钙板	1220mm×2440mm×12mm	广东松本
21	玻镁板	2440mm×1220mm×12mm、2440mm×1220mm×9mm	正川
22	耐水石膏板	2440mm×1220mm×9.5mm	优时吉
23	中密度板	2440mm×1220mm×12mm	埃特尼特
24	轻钢龙骨	QC100mm×50mm×0.7mm、DC50mm×19mm×10.5mm、20mm×25mm×30mm×0.5mm 等	可耐福、优时吉

8.4 主要荣誉和科技成果

8.4.1 综合类

获奖年度	授奖单位	获奖单位	获奖名称
2015 年 01 月	共青团广东省委员会	中建三局集团有限公司	广东省青年文明号
2015 年 10 月	中国建筑业协会	中建三局集团有限公司	2014-2015 年度全国建筑业企业创建农民工业余学校示范项目部

续表

获奖年度	授奖单位	获奖单位	获奖名称
2016 年 05 月	共青团广东省委办公室	中建钢构有限公司	广东省五四优秀红旗团支部
2017 年 10 月	广东省建筑业协会	中建三局集团有限公司	广东省建设工程优质结构奖
2019 年 05 月	中国建筑金属结构协会	中建钢构有限公司 中建三局集团有限公司 华润深圳湾发展有限公司 悉地国际设计顾问（深圳）有限公司 上海市建设工程监理咨询有限公司	第十三届第二批中国钢结构金奖工程
2020 年 01 月	深圳建筑业协会	中建三局集团有限公司	深圳市优质工程金牛奖
2020 年 06 月	中华人民共和国建设部	悉地国际设计顾问（深圳）有限公司	绿色建筑二星级
2020 年 06 月	广东省建筑业协会	中建三局集团有限公司	广东省建设工程金匠奖
2020 年 09 月	美国绿色建筑协会	华润深圳湾发展有限公司	美国 LEED 金级认证
2020 年 12 月	中国建筑装饰协会	深圳唐彩装饰设计工程有限公司 深圳时代装饰股份有限公司	2019-2020 年度中国建筑工程装饰奖
2021 年 02 月	中国安装协会	中建三局第二建设工程有限责任公司	中国安装工程优质奖【中国安装之星】
2021 年 02 月	中国建筑业协会	中建三局集团有限公司 中建三局第二建设工程有限公司 中建科工集团有限公司 中建三局智能技术有限公司 广州江河幕墙系统工程有限公司 北京优高雅装饰工程有限公司	2020-2021 年度第一批中国建设工程鲁班奖（国家优质工程）

8.4.2 设计类

获奖年度	授奖单位	获奖单位	获奖名称
2019 年 06 月	世界高层建筑与都市人居学会	华润深圳湾发展有限公司	全球杰出建筑奖（最佳高层建筑 300m-399m）
2019 年 07 月	MIPIM ASIA	华润深圳湾发展有限公司	最佳写字楼项目
2019 年 08 月	广东省注册建筑师协会	悉地国际设计顾问（深圳）有限公司	第九届广东省建筑设计奖·建筑方案奖公建一等奖
2021 年 07 月	广东省工程勘察设计行业协会	深圳市勘察测绘院（集团）有限公司	2021 年度广东省优秀工程勘察设计奖（工程勘察与岩土工程）一等奖
2021 年 07 月	广东省工程勘察设计行业协会	悉地国际设计顾问（深圳）有限公司 合作单位：KPF 奥雅纳工程咨询（上海）有限公司 科进顾问（亚洲）有限公司	2021 年度广东省优秀工程勘察设计奖（公共建筑设计）一等奖
2021 年 09 月	中国建筑学会	悉地国际设计顾问（深圳）有限公司 奥雅纳工程咨询（上海）有限公司	2019-2020 年度中国建筑学会建筑设计奖公共建筑类一等奖 结构类一等奖 暖通空调类一等奖 电气工程类一等奖

8.4.3 施工类

（1）科学技术奖

获奖年度	授奖单位	获奖单位	获奖名称
2017年11月	中国施工企业管理协会	中建三局第二建设工程有限责任公司	2016年度中国施工企业管理协会科学技术奖科技创新成果二等奖——中央制冷机房模块化预制及装配化施工技术研究应用
2018年12月	中国施工企业管理协会	中建三局集团有限公司	2017年度中国施工企业管理协会科学技术进步奖二等奖——基于智能集成平台状态下核心筒斜墙段施工技术
2019年06月	广东省土木建筑学会	中建三局集团有限公司	广东省土木建筑学会科学技术奖一等奖——中国华润大厦工程关键技术
2019年06月	广东省土木建筑学会	中建三局集团有限公司	广东省土木建筑学会科学技术奖一等奖——新型可变自适应微凸支点智能控制顶升模架研究及应用
2021年08月	广东省钢结构协会	中建三局集团有限公司	超高层密柱框筒锥形结构设计施工关键技术及应用
2022年07月	深圳市住房和建设局	中建三局集团有限公司、悉地国际设计顾问（深圳）有限公司、华润深圳湾发展有限公司	深圳市“十三五”工程建设领域科技重点计划项目（深圳市工程建设科技示范项目）
2022年07月	深圳市住房和建设局	中建三局集团有限公司 广东省建筑设计研究院 华润深圳湾发展有限公司	深圳市“十三五”工程建设领域科技重点计划项目（BIM技术应用）
2023年01月	华夏建设科学技术奖励委员会	中建三局集团有限公司、悉地国际设计顾问（深圳）有限公司、清华大学	华夏建设科学技术奖二等奖

（2）詹天佑故乡杯奖

获奖年度	授奖单位	获奖单位	获奖名称
2019年6月	广东省土木建筑学会	中建三局集团有限公司	广东省土木工程詹天佑故乡杯奖

（3）示范工程奖

获奖年度	授奖单位	获奖单位	获奖名称
2016年01月	广东省安全协会	中建三局集团有限公司	广东省AA级安全文明标准化工地
2016年01月	广东省安全协会	中建三局集团有限公司	广东省房屋市政工程安全生产文明施工示范工地
2019年11月	中华人民共和国住房和城乡建设部	中建三局集团有限公司	住房和城乡建设部绿色施工科技示范工程
2019年11月	广东省住房和城乡建设厅	中建三局集团有限公司	广东省建筑业新技术应用示范工程
2019年12月	广东省建筑业协会	中建三局集团有限公司	广东省建筑业绿色施工示范工程
2020年01月	中国建筑集团有限公司	中建三局集团有限公司	中国建筑集团有限公司科技推广示范工程

（4）科技鉴定

获奖年度	授奖单位	获奖单位	获奖名称	鉴定级别
2016 年 10 月	广东省科技鉴定	中建三局第二建设工程有限责任公司	中央制冷机房模块化预制及装配化施工技术	国内先进
2016 年 10 月	广东省科技鉴定	中建三局第二建设工程有限责任公司	基于 BIM 的薄钢板风管工厂预制施工技术	国内先进
2017 年 06 月	湖北省科技鉴定	中建三局第二建设工程有限责任公司	基于数字化建造的机房全预制模块化及自动耦合快装技术	国际先进
2017 年 09 月	广东省科技鉴定	中建三局集团有限公司	超高层可调式外挂塔基支撑架及智慧监测施工工法	国内领先
2017 年 09 月	广东省科技鉴定	中建三局集团有限公司	基于智能集成平台状态下核心筒斜墙段施工工法	国际先进
2017 年 09 月	广东省科技鉴定	中建三局集团有限公司	新型可变自适应微凸支点智能控制顶升模架研究与应用	国际先进
2017 年 10 月	广东省科技鉴定	中建钢构有限公司	圆筒形外框密柱钢结构施工变形控制技术研究与应用	国内领先
2017 年 10 月	广东省科技鉴定	中建钢构有限公司	超高层圆锥状预应力张弦结构塔冠施工技术研究与应用	国内先进
2018 年 04 月	湖北省科技鉴定	中建三局第二建设工程有限责任公司	冷热站机电工程逆作施工技术	国际先进
2019 年 04 月	湖北省科技鉴定	中建三局第二建设工程有限责任公司	超大型综合体机电工程现代化高品质创新管理技术应用研究	国际先进
2019 年 09 月	广东省科技鉴定	中建三局集团有限公司	无平台环境下锥形塔冠外挂塔吊大臂结构拆除施工技术	国内领先

（5）国家、省部级工法

获奖年度	授奖单位	获奖单位	获奖名称
2015 年 12 月	中华人民共和国住房和城乡建设部	中建三局集团有限公司	微凸支点智能控制顶升模架系统施工工法
2016 年 12 月	广东省住房和城乡建设厅	中建三局第二建设工程有限责任公司	中央制冷机房模块化预制及装配化施工工法
2017 年 12 月	广东省住房和城乡建设厅	中建三局集团有限公司	超高层可调式外挂塔基支撑架及智慧监测施工工法
2017 年 12 月	广东省住房和城乡建设厅	中建三局集团有限公司	新型可变自适应微凸支点智能控制顶升模架体系施工工法
2017 年 12 月	广东省住房和城乡建设厅	中建三局集团有限公司	基于智能集成平台状态下核心筒斜墙段施工工法
2018 年 12 月	广东省住房和城乡建设厅	中建钢构有限公司	超高层圆锥状预应力张弦结构塔冠施工工法
2018 年 12 月	中国建筑集团有限公司	中建三局第二建设工程有限责任公司	冷热站机电工程逆作施工工法
2019 年 12 月	广东省住房和城乡建设厅	中建三局集团有限公司	无平台环境下锥形塔冠外挂塔吊大臂结构及其拆除施工工法

（6）专利

获奖年度	授奖单位	获奖单位	获奖名称	专利类别
2014年07月	中华人民共和国国家知识产权局	中建三局集团有限公司	装配式楼梯	实用新型专利
2015年09月	中华人民共和国国家知识产权局	中建三局集团有限公司	深基坑内支撑钢管立柱和混凝土灌注桩同时施工工艺	发明专利
2016年07月	中华人民共和国国家知识产权局	中建钢构有限公司	一种钢结构高空测量操作平台	实用新型专利
2016年07月	中华人民共和国国家知识产权局	中建钢构有限公司	一种用于支撑锥体异形钢结构施工的临时支撑装置	实用新型专利
2016年07月	中华人民共和国国家知识产权局	中建钢构有限公司	伸缩型工作平台	实用新型专利
2016年12月	中华人民共和国国家知识产权局	中建三局第二建设工程有限责任公司	成排管道整体支撑与自动耦合体系	实用新型专利
2016年12月	中华人民共和国国家知识产权局	中建三局第二建设工程有限责任公司	一种装配式叉车可360度旋转的管道提升装置	实用新型专利
2017年03月	中华人民共和国国家知识产权局	中建钢构有限公司	一种防护网安装连接装置	实用新型专利
2017年04月	中华人民共和国国家知识产权局	中建三局集团有限公司	一种组合式建筑工地车辆冲洗设施	实用新型专利
2017年08月	中华人民共和国国家知识产权局	中建钢构有限公司	一种预留钢结构施工临时支撑系统	实用新型专利
2017年11月	中华人民共和国国家知识产权局	中建三局第二建设工程有限责任公司	组合式不锈钢风管倒装结构	实用新型专利
2018年01月	中华人民共和国国家知识产权局	中建三局第二建设工程有限责任公司	机房安装逆施工方法	发明专利
2018年09月	中华人民共和国国家知识产权局	中建三局集团有限公司	无平台环境下锥形塔冠外挂塔吊大臂结构及其拆除方法	发明专利
2019年05月	中华人民共和国国家知识产权局	中建三局集团有限公司	一种锚索减压式慢速沉淀注浆的施工方法	发明专利

（7）BIM奖

获奖年度	授奖单位	获奖单位	获奖名称
2015年04月	BUILDING SMART	中建三局集团有限公司	香港国际BIM大奖
2015年12月	中国建筑业协会	中建三局集团有限公司	首届中国建设工程BIM应用竞赛一等奖
2015年12月	中国建筑业协会	中建三局集团有限公司	首届中国建设工程BIM应用竞赛三等奖
2016年04月	中国图学学会	中建三局集团有限公司	龙图杯一等奖
2016年12月	中国安装协会	中建三局第二建设工程有限责任公司	“安装之星”全国BIM应用大赛一等奖
2016年12月	中国图学学会	中建三局第二建设工程有限责任公司	龙图杯第五届全国BIM大赛优秀奖
2016年12月	中国建筑业协会	中建三局第二建设工程有限责任公司	中国建设工程BIM大赛二等奖
2017年08月	BUILDING SMART	中建三局第二建设工程有限责任公司	香港国际BIM大奖
2017年09月	中国建筑信息模型科技创新联盟	中建三局第二建设工程有限责任公司	第三届“科创杯”中国BIM技术交流暨优秀案例作品展示会大赛一等奖（运维组）

（8）优秀质量管理奖

获奖年度	授奖单位	获奖单位	获奖名称
2013 年 01 月	广东省质量协会	中建三局集团有限公司	广东省优秀 QC 小组
2014 年 05 月	广东省建筑业协会	中建三局集团有限公司	广东省优秀质量管理小组一等奖
2014 年 05 月	广东省建筑业协会	中建三局集团有限公司	广东省工程建设优秀质量管理小组一等奖
2014 年 07 月	国家工程建设质量奖审定委员会	中建三局集团有限公司	全国优秀质量管理小组一等奖
2015 年 05 月	广东省质量协会	中建钢构有限公司	2015 年广东省 QC 二等奖
2015 年 10 月	广东省质量协会	中建三局集团有限公司	2015 年度广东省优秀质量管理小组
2016 年 05 月	广东省建筑业协会	中建钢构有限公司	2016 年广东省工程建设优秀质量管理小组二等奖
2016 年 05 月	广东省建筑业协会	中建三局集团有限公司	2016 年广东省工程建设优秀质量管理小组二等奖
2017 年 07 月	中国质量协会、中华全国总工会	中建三局集团有限公司	2017 年全国优秀质量管理小组
2017 年 05 月	广东省建筑业协会	中建三局集团有限公司	广东省工程建设优秀质量管理小组一等奖
2017 年 05 月	广东省建筑业协会	中建三局集团有限公司	广东省建设工程优秀质量管理小组活动优秀推进者
2017 年 09 月	中国质量协会、中华全国总工会、中国科学技术协会、中华全国妇女联合会	中建三局集团有限公司	2017 年全国优秀质量管理小组
2017 年 09 月	中国建筑业协会	中建钢构有限公司	2016 年度全国建设工程项目管理一等成果
2018 年 05 月	广东省建筑业协会	中建三局集团有限公司	广东省工程建设优秀质量管理小组一等奖
2018 年 07 月	中国施工企业管理协会	中建三局集团有限公司	2018 年全国优秀质量管理小组二等奖

（9）软件著作权

获奖年度	授奖单位	获奖单位	获奖名称
2017 年 08 月	中华人民共和国国家版权局	中建三局第二建设工程有限责任公司	基于 BIM 的物业管理系统 V1.0